한국의 원전－밖에서 본 진실

한국의 원전 – 밖에서 본 진실

초판 인쇄 2021년 10월 22일
초판 발행 2021년 10월 29일

지은이 김천욱
펴낸이 최국주
펴낸곳 동명사
출판등록 1950년 11월 1일(제1–76호)
주소 (우 10881) 경기도 파주시 회동길 50(문발동)
전화 031–955–7200(대표)~2, 7203(편집부), 7204(물류)
팩스 031–955–7205
전자우편 webmaster@dmsbook.com
홈페이지 www.dmsbook.com

ISBN 978–89–411–8224–5 93550
값 16,000원

東明社

머리말

저자가 원자력과 인연을 맺게 된 것은 우연에 가깝다. 1958년 대학 4학년 여름방학이 되면서 저자는 졸업하면 군대에 가야 한다는 생각으로 가득했다. 입학동기 대부분은 학보로 군에 복무중이고 같이 졸업할 동기생들은 15명 남짓했다. 입학할 때에는 몰랐지만 군복무를 마쳤거나 면제된 동기도 있었다. 사관학교 교관요원으로 입대하는 동기도 있어 혹시나 하고 1호관 옆 게시판에 보니 "원자력 이용에 관한 학술토론회" 광고가 붙었다. 저자는 원자력에 관한 지식은 현대물리학에서 배운 지식수준이었으나, 공부하기로 결심하고 토론자로 신청했다. 토론의 주제는 여러 개 있었는데, 저자는 기계공학을 바탕으로 원자력발전을 주제로 하여 토론한 결과 우수토론상을 받게 되었다. 이 토론을 준비하면서 국제원자력기구에서 기증한 원자력 관련서적을 탐독했는데, 참으로 좋은 책이었다. 그때 지식이 평생을 갔다.

그리고 오랜 동안 저자는 전공인 고체역학에 대한 공부로 다른 학문 분야는 생각도 못하고 지냈다. 1972년 3월 미국 플로리다 대학교에서 공학박사 학위를 받고 연세대학교에 복직하면서 머릿속에는 온통 원통쉘

(cylindrical shell)연구뿐이었다. 그러나 내 프로그램을 돌릴 대형컴퓨터는 얻을 수 없어 고민하던 중 과학기술처에서 연락이 왔다. 고리원전 1호기 심사를 하는데, 도와달라는 것이었다. 저자는 혹시 연구대상이 있을까 하는 호기심 속에 원자로시설안전심사위원회 위원이 되었다. 그리고 미국 웨스팅하우스에서 제작하는 고리원전 1호기 설비를 심사하기 시작했다.

심사위원으로 당면한 장애는 두 가지였다. 하나는 웨스팅하우스의 비협조이고 다른 하나는 원자력 전공자들의 배타적 견제였다. 웨스팅하우스는 한국의 기술수준을 깔보고 유사한 자료를 보냈으나 불쾌한 것으로 끝났다. 그러나 원자력 전공자들의 견제는 집요하여 결국 원자력분야에서 멀어지게 했다. 그래도 몇 건의 사고처리는 맡아서 처리했다. 공기지연으로 국가적 손해라니 어쩔 수 없었다. 그리고 원자력은 잊은 지 오래되었다. 저자가 심사하고 수리한 원전이 안전하게 가동되는 것에 만족하면서도 원전 관련소식에는 무심하지 못했다.

2002년 2월 정년으로 연세대학교 교수직을 퇴임하고 한가한 날을 보내면서 이제는 원전 같은 끔직한 테마에서 완전히 해방되어 내 취미인 역사탐방을 즐기고 있는데, 세상은 온통 탈원전 시비로 어수선해졌다. 문재인 대통령의 아집에 가까운 탈원전정책이 원자력관련업계뿐 아니라 많은 국민적 희생을 들여 키워 온 종합기계공장–두산중공업–을 망하게 하고 있다. 두산중공업은 현대양행으로 시작하여 한국중공업을 거치면서 국가적 지원 하에 겨우 완성한 세계적 종합기계공장이다. 그런데, 정치적 이유 하나로 30년 이상 육성한 공장이 하루아침에 부실기업으로 전락하게 된 것에 아연했다.

지난 대선에서 문재인 후보가 탈원전을 들고 나온 것은 선거 전략상 상수였다. 대통령선거를 얼마 앞둔 제주도 학회에서 나는 학회 스폰서인 부산 기업가부부와 운동을 하고 있었다. 그런데 그 부인이 '판도라'라는 영화를 보았다면서 부산 시민들이 몹시 두려워하고 있다고 했다. 그래서 저자는 웃으면서 "예, 다행히 우리는 천우신조하여 일본과 다른 종류의 고리원전을 가지고 있습니다. 그런 쓰나미가 와도 절대로 터지지 않습니다."라고 했다. 그리고 '판도라'를 보았다. 문재인 대통령 후보를 울렸다는 그 영화였다. 산더미 같은 쓰나미, 그리고 도망가는 사람들, 고리원전 격납용기를 뚫고 솟구치는 불길, 그 불길이 무엇인지도 모르고 달려드는 용감한 소방관들의 희생, 도로를 메워 정체된 고속도로의 자동차행렬, 그리고 멀리 인천국제공항에서의 탈출극 모두 계산된 선동영화의 잘 꾸며진 장면들이었다. 그러니 어찌 눈물 많은 문재인 후보만 울렸겠는가. 그 울음 속에는 부산시민의 수십만 표를 얻을 기막힌 선거 전략이 짜여 지고 있었는지도 모른다. 저자가 그 부인에게 설명했어도 부인은 안심하지 못하는 표정이었다. 그런데도 원자력전문가 집단은 국민에게 설득력 있는 설명을 내어놓지 않았다.

박정희 대통령이 한국의 핵개발을 비밀스럽게 추진하다가 좌절되었을 때, 그 심정은 이렇게 비통하지는 않았으리라. 잘 알지도 못하면서 원전만이 살길이라 주장하든가, 아니면 일본의 예를 그대로 옮겨 우리도 터진다고 선동하는 정치꾼들의 발작이 다가오고 있다. 그런데 원자력전문가들에게서도 정확한 설명이 나오지 않는다. 특히 근년의 북한의 핵무기개발에 대한 뉴스를 보면 한국인이 얼마나 핵에 관해 무지한지 알 수 있다. 누군가는 핵에 대한 진실을 말해야 하겠기에 공학도의 한 사람으로 상식의 범위에서 원자력을 국민 앞에 보여드리려고 한다.

저자는 비전문가이므로 그 설명도 이해도 위키피디아의 수준은 넘지 못하고 있다. 그래서 많은 자료를 위키피디아에서 구했으며 참고한 자료목록은 참고문헌에 명시했다. 미국에서 리처드 로즈(Richard Rose)의 "원자폭탄 만들기(The Making of the Atomic Bomb)"가 인기를 얻으며 1988년 논픽션부문 퓰리처상을 수상한 것을 보아도 미국인의 독서수준은 상당히 높다. 그러나 원자력발전소를 이해하는 데에는 그렇게 전문지식이 필요하지 않다. 백과사전적 기술인 위키피디아의 정보면 충분하다고 생각한다.

저자가 위키피디아를 뒤지면서 놀란 것은 한국의 원전이 생각 이상으로 위기에 처했다는 사실이다. 국내 언론에서는 한국의 APR-1400이 미국 NRC에서 승인된 것을 높이 평가했으나 그 원자로형의 건설은 국내 뿐 아니라 아랍 에미리트에서도 정체되어 있다. 중국의 원자력발전기술은 날이 갈수록 발전하는데, 대통령이 바뀐다고 해서 쉽게 다시 살아날 것 같지 않다. 저자가 위키피디아의 자료를 사용했어도 분석이나 판단에 따른 기술은 저자 스스로 했으니 책임은 저자에게 있다. 저자는 원전만이 유일한 해법이라고 생각하지 않는다. 특히 경제성면에서는 나라마다 차이가 있다. 미국은 이미 천연가스발전이 경제적이고 독일도 곧 러시아의 천연가스로 화력발전이 경제성을 가질 것이다. 저자가 한국의 원전이 반드시 필요하다고 생각하는 것은 원전이 절실히 필요하기 때문이다. 이제는 국민들이 모두 원자력을 이해하여 다른 나라 예에 따라 흔들리지 않기를 바라는 마음에서 이 책을 집필하게 되었다.

이 책은 원전에 대한 진실을 원자력 전문가가 아닌 기계기술자의 눈에서 본 그대로 적은 것이다. 기계공학을 전공한 후배들 중에서 원자력관련 연구를 하는 사람은 찾기 어렵다. 그 정도로 원자력은 폐쇄적이다. 그러면서도 정확한 정보는 국민에게 전하지 않아 거짓 정보가 횡횡하고 있다. 원전이 사라진다면 얼마나 많은 대한민국의 산하가 태양광발전패널로 도배를 할지 알 수 없다. 지금도 아름다운 푸른 산기슭에는 도처에 번쩍이는 검은 장막이 우리들 시야를 가린다. 70년을 가꾼 자랑스러운 금수강산이기 때문에 더욱 가슴이 막힌다.

제1장에서는 원자폭탄 이야기를 썼다. 원자력발전이 거기서 출발했기 때문이다. 더욱이 북한이 이미 핵무기 보유국이 되어 리스트에 올라있다. 한반도의 평화를 위해서도 북한의 비핵화는 반드시 필요하기 때문에 비교적 자세히 기술했다. 중동의 핵무기개발에 대해서도 기술했는데, 앞으로 세계가 그 결과를 주목하여야 하기 때문이다. 그리고 원자력에 대한 공포도 원자탄으로부터 시작되었으므로 그 내용을 이해하는 것이 필요하다고 생각한다.

제2장에서는 핵물질의 제한과 평화적 이용에 관하여 기술했다. 이것은 현재 핵무기확산금지조약(NPT)의 기본이기도 하고 원자력발전소의 기원이기도 하다. 원전에는 다양한 종류가 있다. 이해를 위해 가능하면 모두 기술하려고 했다. 최근에는 증시에까지 제4세대 원자로가 등장하는 모양이다. 북한의 핵물질 생산을 이해하는 데에도 도움이 될 것이다.

제3장에서는 한국의 원자력발전을 기술했다. 한국 원자력발전사는 참으로 화려하다. 고리 1호기를 입찰하면서 격납건물이 공중공격을 받아도 견딜 수 있게 하라고 해서 군사정부의 겁주기로 반발하기도 했다. 그 후 미국 9.11테러가 발생하면서 그 우려가 기우가 아니었음을 느끼며 미소를 지었다. PWR로 한국의 원자로형이 정착된 것도 우연이었는데,

세계에서 가동 중인 원전은 지금 거의 모두 PWR형 원자로이다. 우리가 선견지명이 있었던 것도 아니었다. 그래서 당당히 판도라를 비판할 수 있다. 절대로 지진이나 해일에 원자로가 폭발하는 일은 없기 때문이다. 오해가 많은 원전사고에 대해서는 가능한 대로 자료를 수집하여 자세히 기술하려고 했다. 이 장은 한국원전발전사이므로 저자의 경험과 평가가 들어있다. 또 중복 기술된 부분도 있는데, 특히 '한국형원전'에서 그렇다. 20세기말 한국의 전 산업이 기술개발위주로 형성되고 있었기 때문이다. 독자의 넓은 이해를 바란다.

이제는 정치꾼들이 아니라 우리 국민 모두가 핵폭탄의 두려움을 알아야 할 때이다. 그리고 핵물질만 있으면 핵폭탄 만들기는 절대 비밀이 아니다. 그래서 완전한 비핵화는 핵동결만 아니라 핵물질의 생산금지로 이어져야 한다. 북한이 핵실험을 하지 않고 있어 이를 낙관하는 사람도 있으나, 북한은 이미 6차 핵실험을 마쳤고 간이수소폭탄 실험도 성공했다. 더 이상 지하 핵실험장에서 할 폭탄이 없는 것이다. 북한의 핵무장이 기본적으로 완성되었다고 보는 것이 옳다.

우리가 건설한 원전은 한국인의 자랑스러운 자산이다. 언젠가 모두 폐쇄되어 장승처럼 서 있을지 모르지만 그래도 우리의 자랑이다. 이 원전이 계속 한국의 자랑이 되려면 국민의 지지가 절대로 필요하다.

끝으로 저자의 무리한 편집요구를 수용해 준 동명사 여러분에게 감사를 드린다.

2021년 9월 30일

안산자락에서

김 천 욱

목차

제1장

절대무기-원자폭탄

1.1 비밀병기 경쟁-맨해튼프로젝트(Manhattan Project)

유럽의 전운(戰雲)은 1933년 히틀러가 집권하면서 감돌기 시작했다. 그 참혹한 제1차 세계대전이 끝난 지 15년도 되지 않았는데, 히틀러는 독일 국민의 복수심을 자극하며 집권에 성공한 것이다. 그는 특히 유대인을 배척했는데, 결국 제1차 세계대전 패전책임을 독일내 공산주의자들과 유대인의 반역으로 돌리고 프랑스에 점령당하여 착취당하고 있는 라인란트의 회복 등을 약속했다.

1933년 4월 히틀러는 '반 유대인 법'을 공포하여 유대인이 독일 대학에서 근무하는 것을 금했다. 이 법은 결국 수천 명의 유대인 과학자들을 대학 교단에서 쫓아냈는데, 이들은 대학에서 쫓겨나 갈 직장이 없었다. 아인슈타인(Albert Einstein)은 이미 유럽의 유명인으로 영향력이 컸었는데, 먼저 터키 수상에게 부탁하여 대학에서 쫓겨난 유대인 과학자들 수천 명을 터키에서 받아주도록 하였다. 그 자신은 결국 독일로 돌아가지 못하고 미국으로 건너와 1933년 10월 프린스턴 대학교의 고등연구소(Institute for Advanced Study)에서 연구원(resident scholar)으로 일하게 되었다. 히틀러의 반유대인 정책은 결국 독일에서 우수한 100여명의 과학자들이 미국으로 망명하는 길을 택하게 만들었는데, 이들이 결국 원자폭탄 개발의 기폭제가 되었다. 이탈리아 로마대학교의 물리학자 페르미(Enrico Fermi)도 1938년 스웨덴 수도 스톡홀름에서 노벨물리학상을 받고 아내와 가족을 데리고 미국으로 망명했는데, 아내가 유대인이었기 때문이었다.

헝가리 태생의 물리학자 스질라드(Leo Szilard)는 부다페스트 공과대학교와 베를린 훔볼트대학교에서 수학하고 프리드리히 빌헬름 대학교에서 물리학으로 박사학위를 받아 독일에서 활동하고 있었다. 그는 많은 아이디어로 특허를 받았는데, 전자현미경(1928), 직선가속기(1928), 사이클로트론(cyclotron-1929)과 특히 아인슈타인과 함께 냉장고를 발명했다. 히틀러가 집권한 후 영국으로 망명했다가 1938년 미국으로 이주하였다.

스질라드는 1933년 중성자가 발견된 직후 중성자로 원자핵을 때리면 핵분열을 일으키면서 2개 이상의 중성자가 새로 생겨 핵연쇄반응(nuclear chain-reaction)을 일으킬 수 있다고 예견했다. 1938년 12월 17일 독일의 Otto Hahn과 조수 Fritz Strassmann은 우라늄-235에 중성자를 충돌시켜 핵분열을 일으키는데 성공했다. 스질라드의 이론적 예견이 실험으로 증명된 것이다. 그러나 스질라드의 미국 생활은 그가 여전히 독일 국적이어서 안정되지 못했다. 그는 뉴욕에서 닐스 보어(Niels Bohr)가 가져온 핵분열 실험결과를 들었다. 그는 우라늄이 핵분열 연쇄반응을 지속시킬 물질로 보았다. 그는 컬럼비아대학교 물리학과 과장 페그람(George B. Pegram)의 허락을 받아 3개월간 실험실을 빌려 쓰면서 개인적으로 돈을 빌려 순수한 우라늄과 흑연 제조공정을 개발하기 시작했다. 그는 시카고 대학교의 페르미에게 흑연을 감속재로 한 우라늄 연쇄반응시험을 해 줄 것을 부탁했다. 그에게는 대규모 실험을 할 장소도 비용도 없었기 때문이다. 그가 이렇게 실용적 태도를 가진 것은 비록 떠나기는 했어도 젊어서 부다페스트 공과대학교 시절의 공학교육의 영향이었을 것이다. 그는 끊임없이 고안하고 도전했다.

미국에서 자신의 이론이 실험적으로 증명된 것을 알게 된 스질라드는 우선 히틀러가 이 폭탄을 가진다면, 누구도 그의 광란을 막을 수 없을 것이라 생각했다. 히틀러는 이미 라인란트를 점령했고 재무장했을 뿐 아니라 오스트리아를 합병하고 체코슬로바키아를 무혈점령하고 폴란드에 시비를 걸고 있는 상태였다. 전쟁이 임박했는데도 프랑스는 영국만 쳐다보고 독일군이 침공할 경우 영국군의 대륙파견만 조르고 있었다. 그런데 이 악마가 원자폭탄을 가진다면, 상상하기조차 무서운 결과를 가져올 것이었다. 그리고 우선 유대인은 지구상에 갈 곳이 없어지는 것이다.

스질라드는 히틀러의 박해를 피해 미국에서 떠돌고 있는 헝가리 과학자들과 의론하고 텔러(Edward Teller)의 도움을 받아 1939년 7월 가장 영향력이 있는 프린스턴 대학교의 아인슈타인을 찾았다. 그는 전에 독일에서 아인슈타인과 냉장고의 특허를 같이 출원한 적이 있는 지인이었다. 스질라드는 아인슈타인으로 하여금 루스벨트(Franklin D. Roosevelt) 대통령에게 핵분열의 위험성을 알리고 미국이 히틀러에 앞서 이를 전략무기화할 것을 건의하는 편지에 서명하게 했다. 이 편지는 'Einstein—Szilard Letter'로 알려졌는데, 역사적 편지가 되었다. 만일 그런 편지가 없었다면, 미국은 아마도 일본이 진주만을 공격할 때까지 원자폭탄 개발을 시작하지 못했을 것이다. 스질라드는 노벨물리학상 수상자는 아니었으나 원자폭탄개발의 선구자로서 리처드 로즈(Richard Rhodes)가 그의 '원자폭탄 만들기(The Making of The Atomic Bomb)'에서 그를 주인공으로 등장시킨 이유이다.

루스벨트 대통령의 반응은 의외로 신속했다. 미국은 아직 중립국(1939. 9. 3. 선언)이고 독일이 폴란드를 침공했으나 안전을 보장했던 영국과 프랑스가 독일에 선전포고만 하고 군사행동은 하지 않았던 1939년 가을에 루스벨트 대통령은 참모들과 의론하고 드디어 엄청난 규모의 맨해튼프로젝트(Manhattan Project)를 발족시켰다. 우선 예산이 20억 달러였는데, 이 액수는 1939년도 미국 방위비가 30억 달러였던 것을 고려하면, 다른 나라에서는 상상할 수 없는 규모였다. 독일에서도 핵무기개발이 진행되었으나 실험실 수준을 벗어나지 못하고 전쟁에서 패했다. 히틀러는 특수병기의 발명에 큰 관심을 가지고 지원했는데, 특히 로켓과 제트기였다. 그러나 그가 원자폭탄을 생각하지 못했던 것은 독일 물리학자들이 히틀러의 광기를 두려워하여 의도적으로 기피하였기 때문이다. 소련에서도 저명한 물리학자가 원자폭탄 개발제안서를 스탈린에게 제출했었다. 그러나 만일 히틀러가 원자폭탄의 위력을 알았다면 그냥 지나치지 않았을 것이다. 일본에서도 리껜(理研)을 중심으로 연구실 수준의 연구는 진행되고 있었다.

1939년 이제 세계는 절대무기의 시대에 다가가고 있었다. 스질라드가 이론적으로 유도하고 오토가 실험으로 증명한 우라늄핵의 붕괴에서 질량손실이 일어나고 그것이 에너지로 전환되는 것은 이미 증명되었다. 물리학계는 이미 아인슈타인의 유명한 질량–에너지 등가공식인

$$E = mc^2 \tag{1}$$

를 인정하고 있었다. 여기서 c = 광속(light velosity)으로 약 3억 m/s라는 상상할 수 없는 빠르기이다. 비록 핵분열로 미량의 질량이 소멸되어도 그 결과 얻어지는 에너지는 엄청난 것이었다. 만일 원자핵을 연쇄적으로 분열시킬 수 있다면 그것으로 얻어질 에너지는 화학반응으로 얻어지는 화약의 폭발로는 상상할 수 없는 엄청난 크기의 에너지를 얻을 수 있게 될 것이다. 엘리트 물리학자들은 이미 핵폭탄을 생각했다. 그리고 만일 그것이

개발된다면 군사적으로 엄청난 우위를 차지할 수 있을 것이었다.

이론적으로 이 핵분열(fission)반응은 다음 방정식으로 표시될 수 있다.

$$^{235}U + n \rightarrow {}^{95}Sr + {}^{138}Xe + 2n + 180MeV \quad (2)$$

여기서, ^{235}U : 우라늄동위원소, 핵분열물질

n : 중성자(neutron)

Sr : 스트론티움(Strontium)

Xe : 세논(Xenon)

MeV : 메가 일렉트론볼트

로 ^{235}U 1kg을 핵분열 시킨다면 무려 74 TJ의 에너지를 방출하는 것이다. 이것은 고성능화약인 TNT로 환산하면, 74/4.184=17.686 kt에 해당하는 실로 엄청난 폭발력이다.

1941년 12월 6일 미국 국방연구위원회(National Defence Research Committee)는 원자폭탄을 개발하는데 국력을 경주하기로 결정했다. 바로 진주만이 일본해군의 공격을 받기 하루 전이었다. 이 결정은 공식적으로 1942년 1월 대통령의 결재를 받았고 시카고 대학교의 콤프턴(Author H. Compton)이 책임자가 되었다. 콤프턴은 1942년 초 시카고 대학교에 금속연구소(Metallurgical Laboratory)를 조직하고 전국의 과학자들을 집결시켜 Pu생산에 전력투구하기로 했다. 그는 야심차게 1943년 1월까지 연쇄반응(chain reaction), 1944년 1월까지 Pu생산, 1945년 1월에 원자폭탄 생산 계획을 세웠다.

맨해튼프로젝트는 참으로 신속하게 진행되었다. 극비사항이었으므로 미국적의 모든 물리학자와 화학자 그리고 무기제조 기술자들을 소집하였는데, 총인원 13만 명이었다. 프로젝트 매니저는 육군공병단의 그로브스 소장(Lesile Groves)이었고 폭탄제조책임자는 캘리포니아 대학교

버클리의 오펜하이머(Oppenheimer) 교수였다. 먼저 테네시주의 오크리지(Oak Ridge)에 우라늄처리의 메인공장을 두고 시카고 대학교의 금속연구소(Metallurgical Laboratory)에서 핵물질 Pu−239생산공정을 담당하기로 했다. 시카고 대학교에는 이미 이탈리아에서 망명한 페르미(Fermi)가 있었고 스질라드도 연구원으로 있어 Pu−239생산을 위한 원자로(reactor)를 만들고 있었다.

핵분열물질의 원료인 우라늄광석도 비밀리에 확보해야 했다. 만일 독일 당국이 알아챘다면, 과학에 문외한인 히틀러도 곧 미국의 의도를 감지하고 개발에 나설 것이었다. 불행하게도 그 넓은 미국 땅에서는 우라늄이 아직 나오지 않고 있었다. 가장 유명한 광산이 아프리카의 벨기에콩고(Belgian Congo)에서 생산되는데, 벨기에는 이미 히틀러에게 항복했으므로 비밀리에 1,100톤의 광석을 수입했다. 캐나다의 온타리오주의 엘도라도 금광에서도 소량의 우라늄광석을 구입할 수 있었다. 우라늄광석에서 천연우라늄을 만드는 것은 아무런 장애가 없었다.

Pu−239는 천연으로 만들어지는 것이 아니고 우라늄(U−238)에 중성자(neutron)를 조사하여 만드는 인위적 물질이다. 즉,

$$ {}^{238}_{92}U + {}^{1}_{0}n \rightarrow {}^{239}_{92}U^{\beta}_{23.5min} \rightarrow {}^{239}_{93}Np^{\beta}_{2.356d} \rightarrow {}^{239}_{94}Pu \qquad (3) $$

여기서, ${}^{238}_{92}U$: 천연우라늄의 주성분, 우라늄동위원소

Np : 넵투니윰(Neptunium)

Pu : 플루토늄(Plutonium)

의 과정을 거쳐 약 3일이면 또 다른 핵분열물질(fissile)인 Pu−239를 얻을 수 있다. 그러나 아직은 이론이었다. [그림 1]에서는 U−235핵의 연쇄반의 개념을 보여준다.

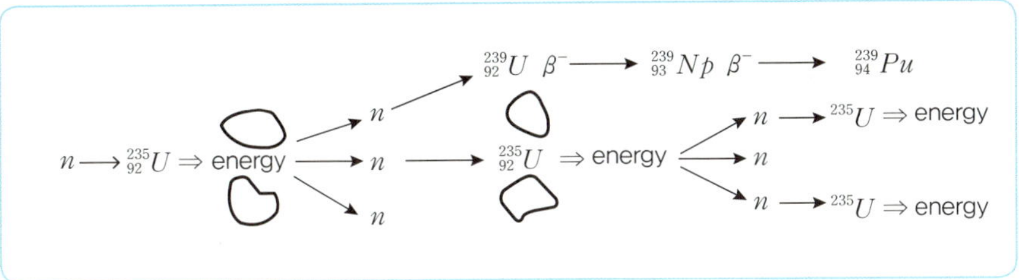

[그림 1] U-235핵이 중성자와 충돌하여 핵분열을 일으키는 개념도.

1942년 5월 18일 캘리포니아 대학교 버클리의 오펜하이머 교수 일행은 시카고 대학교를 방문하여 원자폭탄에 대해 토의하면서 핵분열폭탄(fission bomb)이 이론적으로 가능하다고 결론을 내렸다. 이어 여름회의(conference)를 버클리에 소집하였는데, 원자폭탄의 다양한 개념적 스케치가 나왔다. 이 스케치는 지금 보면 상당히 유치한 원자폭탄 모델인데 당시로서는 오펜하이머의 천재성을 보여주는 아이디어였다. 그는 로스 앨러모우스(Los Alamos)에서 원자폭탄을 개발하면서 요원들에게 이 스케치를 먼저 가르쳤다.

한편, 1942년 12월 2일 페르미는 시카고 대학교 운동장 스타디움 밑에서 Pile-1 원자로를 가동하는 데 성공했다. 이 원자로(CP-1)는 흑연을 감속재로 한 플루토늄(Pu) 생산용이었다. 원료는 우라늄이었는데, 천연우라늄은 절대량의 U-238과 극소량(약 0.72%)의 U-235로 구성되어 있다. 중성자가 천연우라늄 속의 U-235에 충돌하여 핵분열을 일으키면, 고속의 중성자가 튀어 나오는데, 이 중성자는 너무 빨라 U-238에 잘 잡히지 않는다. 이 빠른중성자(fast neutron)를 흑연에 충돌시켜 감속시키면 다시 U-235에 일부가 잡혀 핵분열이 계속되고 나머지 중성자는 U-238에 흡수되어 새로운 원소인 Pu-239를 생성하게 된다([그림 1] 참조).

페르미는 스질라드와 협의하며 원자로를 개발했는데, 공동명의로 미국 특허청에 특허신청서도 제출했다. 페르미(Enrico Fermi)는 일찍이 로마대학교에서 우라늄에 중성자를 타격하면 β-선이 나오면서 새로운 물질이 생성되는 것을 발견하여 1938년 노벨물리학상을 받은 물리학자이다. 그러나 그가 스웨덴의 스톡홀름에서 상을 받자 이탈리아도 유대인 축출법이 공포되어 유대인인 아내와 가족을 데리고 미국에 망명했었다. Pu-239 생산에는 그가 적임자였다. 그는 스질라드와 함께 Pu 생산공정에 대한 특허권을 미국정부에 제공했고 미국 정부는 듀퐁사에 그 특허를 임대하여 Pu-239를 생산하게 했다. 이제 미국은 또 다른 핵분열물질인 Pu-239생산에 본격적으로 진입했다.

Pu-239생산을 맡은 듀퐁(DuPont)사는 오크리지(Oak Ridge)에 파일럿플랜트만 건설하여 성공한 후 본격적인 생산은 워싱턴주의 핸포드 기지(Hanford site)에서 하도록 했다. 그것은 만일 플루토늄 생산과정에서 방사성 사고가 난다면, 오크리지는 인구가 밀집된 녹스빌(Knoxville)에 너무 가깝기 때문이었다. 그 정도로 위험성이 있는 설비였다. 그래서 워싱턴주의 오지인 핸포드에 공장을 짓기로 했다. 핸포드공장은 옆에 콜롬비아강(Columbia R.)이 흐르고 있어 냉각수도 문제가 없었다. 즉, 강물로 직접식히는 단순설계였다.

맨해튼프로젝트는 3개의 센터와 16개의 연구소를 거미줄처럼 연결하고 주어진 시간표에 따라 폭탄개발에 진력을 다했다. 미국만이 가능한 소직과 신속성이었다. 1943년 12월까지 겨우 2 mg의 Pu-239를 실험실적으로 제조했는데, 핸포드에 원자로(reactor) D와 F를 1944년 12월과 1945년 2월에 각각 준공하고 몇 달 후에는 몇 개의 폭탄을 만들기에 충분한 양의 Pu-239를 확보했다.

한편, U-235의 분리는 가능한 모든 방법이 동원되었다. 비교적 다양한 방법이 있었고 질량차에 의한 분리여서 쉬울 것 같았으나, Y-12(electromagnetic separation), S-50(thermal diffusion), K-25와 K-27(gaseous diffusion) 플랜트를 모두 사용하여 겨우 필요한 양의 U-235를 로스 앨러모우스에 보낼 수 있었다. 그 중에서 가스확산법이 결정적 생산 공정이었는데, 이것은 미국이 아니면 어려운 작업이었다. 원심분리법(centrifuge)도 1942년 4월까지는 유일한 분리방식으로 생각했었으나, 초고속회전에서 원심분리기가 파괴되면서 좌절되었다. 원심분리기는 여러 가지 기술적 곤란 때문에 1942년 11월 군사정책위원회에서 결국 탈락시키고 포기했다.

그러나 전후 소련에서는 독일 과학자와 기술자를 납치하여 우라늄농축용 원심분리기를 개발했다. 1956년 이들 포로들이 해방된 후 그중 하나인 기계기술자 Gemot Zippe가 버지니아 대학교에서 소련에서 개발한 원심분리기를 공개함으로써 서방 세계에 알려지게 되었다. 소련은 원자폭탄 개발을 비밀로 하였기 때문에, 원심분리기의 원조(元祖)에 대해서는 공개한 것이 없었으나 소련 기술자들의 발명도 포함된 것으로 보고 있다. 집페(Zippe)는 공개 후 미국 국적을 거부하고 유럽으로 돌아와 그의 원심분리기를 상업화했다. Zippe-type centrifuge는 알루미늄을 사용한 기계로 시작했으나, 개량을 거듭하여 고장력강을 몸체로 하는 기계로 발전했다. 현재 상업적으로 널리 사용하게 되었으며 후발국인 중국이나, 파키스탄 그리고 북한까지 이 방법으로 U-235를 농축하고 있다.

1945년 초까지 원자폭탄은 투박한 설계 밖에는 완성되지 않았다. 핵물질은 일정한 크기가 되면 연쇄반응을 지속하여 폭발할 수 있는 크기가 되는데 이 질량을 임계질량(critical mass)이라 한다. 이상적인 임계질량은 100% 핵분열물질이 구형(sphere)일 때 측정되는데, 실제의 원자폭탄은 85%의 순도를 가지게 되고 또 원통형(cylindrical)도 있어 임계질량이 커졌다. 로스 앨러모우스에서는 임계질량을 측정하여 충분한 크기의 폭탄으로 만들어야 했는데, 임계질량을 실험할 수 있는 정도의 Pu-239는 1945년 5월 31일에야 겨우 도착했다. 그 정도로 원자폭탄 개발 일정이 촉박했다.

원자폭탄 제조의 비밀작업을 로스 앨러모우스에서 착수하면서 1943년 봄 핵심 과학기술자들에게 원폭의 개념을 버클리의 서버(Robert

Serber)교수가 설명하였다. 그 교재 이름이 'Los Alamos Primer'였으니, 원폭제조의 필수과목이었다. 이 교재에서 등장한 간단한 스케치를 보면, 폭탄은 임계질량 이상으로 만들되, 사전에 폭발하는 것을 방지하기 위해 두 조각으로 나누었다가 폭발 직전 고성능화약을 써서 결합한 후 중성자를 쏘는 것이었다. 그들 스케치는 폭탄에 직접 사용하지 못했으나 개념만은 확실했다.

임계질량은 U-235의 경우 52 kg으로 지름 17 cm의 구형이지만, 실제 설계에서는 원통형으로 하였고 순도도 85%여서 넉넉하게 설계하여야 했다. 그것도 초임계로 하였을 때 우주선(cosmic ray) 등에 의해 자연 폭발되면 큰일이므로 두 조각으로 나누었다가 폭발 직전에 합쳐 중성자를 쏘아야 했다. 당시에는 반사체(reflector)를 사용한다든가, 다른 형태의 폭탄을 설계한다든가 할 여유가 없었다. 가장 간단하면서도 확실한 형태로 2개의 아임계질량의 U-235를 화약을 사용하여 합친 후 폭발하게 하는 것이었다. 이 포신모양의 원자폭탄은 10 kt TNT 이상의 위력을 가질 것으로 전망되었고 7월 3일 우라늄폭탄이 완성되었다. 그 구조는 고성능화약으로 원통형 타깃에 있는 U-235에 튜브 모양의 U-235 탄환(bullet)을 쏘아 합친 다음 중성자를 쏘는 것이었다. 그 개념도를 아래 [그림 2]에서 보여준다.

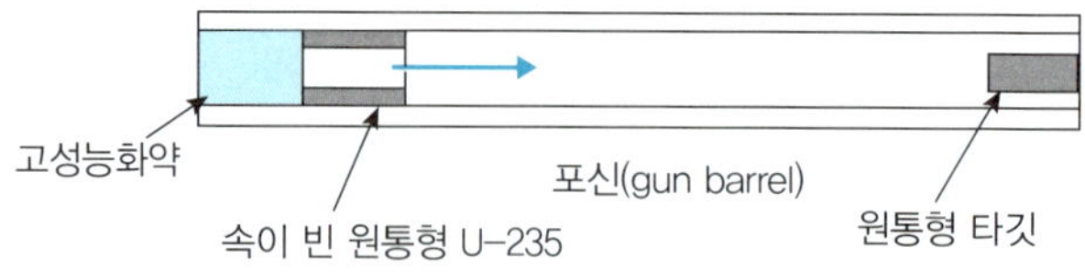

[그림 2] 우라늄 원자폭탄의 개념도-속이 빈 원통형(hollow cylinder) 우라늄탄환이 포신(gun barrel)을 따라 고속으로 발사되어 원통형 타깃에 합쳐지는 것으로 대포 모양의 결합무기(gun-type assembly weapon)이다. 당시 원자폭탄의 모양이 가늘고 길어 리틀 보이(little boy)라는 별명을 붙였다.

그러나 실제의 폭탄은 고성능폭약으로 이 핵물질을 합치고 폭발 타이밍도 조정하는 등 많은 부속들이 들어가 아주 길고 큰 폭탄이 되었다. 이 폭탄은 결국 특수 제작한 신형 B-29에 탑재하게 되었다. U-235 폭탄인 '리틀 보이'는 구조도 간단하고 설계에 자신이 있었으므로 폭발 실험을 하지 않은 채, 일본에 투하하기 위해 순양함 인디애나폴리스호(Indianapolis)에 바로 싣기로 했다.

그러나 Pu-239폭탄은 그렇게 간단하지 않았다. 임계질량은 10 kg으로 U-235에 비하여 아주 작았으나, 우라늄처럼 간단히 만들어지지 않았다. 1942년 이미 Pu-239폭탄에 대해 논란이 시작되었다. 논란의 핵심은 플루토늄의 순도(purity) 문제였다. 실제로 원자로에서 생산된 플루토늄에는 동위원소인 Pu-240이 상당량 함유되어 있었고, Pu-240은 주 재료인 Pu-239보다 더 빨리 폭발할 가능성이 있었다. 이 가능성에서 검토한 결과 우라늄탄과 같이 포신형태로 할 경우 주행거리가 너무 길어 주물질인 Pu-239가 임계질량이 되기 전에 소량의 Pu-240이 미리 터지면 플루토늄탄은 실패하는 것이었다.

1944년 7월 17일 로스 앨러모우스 회의에서 Pu탄은 대포모양(gun-type)으로 만들 수 없다고 결론을 내렸다. 이제 플루토늄탄의 개발은 급하게 되었다. 로스 앨러모우스 연구소는 재조직되어 플루토늄탄 개발에 들어갔다. 결국 구형으로 만드는 방법을 사용하였는데, 구형용기의 중심에 Pu-239를 구형쉘 모양으로 만들어 외부의 화약이 터져 이 구형쉘을 압축하여 구형으로 만든 다음 폭발하게 하는 설계였다. 이것을 내파형(內破型, implosion type)이라 했다. 이 과정에서도 조각이 합쳐지는 시간이 아주 짧아야지 조금 늦어지면 핵분열이 일어나는 대신 조각이 깨어져 버리므로-fizzle 현상-폭발에 실패하게 된다. 그러니 자연히 큰 구형의 폭탄이 되어 별명이 '뚱뚱이(fat man)'로 되었다. 즉, 큰 구형 용기 속에서 화약이 폭발하면, 구형 모양의 쉘로 된 U-238이 내부로 밀려들면서 코어에

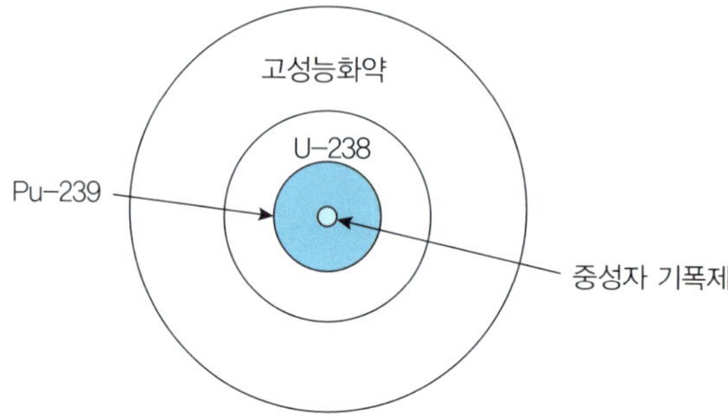

[그림 3] 내파형 플루토늄 폭탄의 개념도–화약을 터뜨려 U-238을 밀어 Pu-239를 압축하며 폭발을 유도한다.

있는 Pu–239를 압축한다. 실제로 Pu–239의 초임계질량(super critical mass)은 15 kg이지만, 뚱뚱이는 그 41%인 6.2 kg 밖에 사용하지 않고 밀려드는 U–238이 반사체(reflector)가 되어 중성자를 집중시켜 연쇄반응으로 이어지는 구조였다. 이 구조의 핵폭탄은 실제로 폭발시험장 트리니티(Trinity)에서 실험하기 전에는 확신할 수 없었다. 뚱뚱이(fat man)는 1945년 7월 16일 실험이 성공한 후에야 부품으로 수송기에 실려 티니안으로 운송되었다. [그림 3]에서는 Pu–239폭탄인 뚱뚱이의 개념도를 보여준다.

플루토늄탄은 설계가 확정된 후에도 많은 기술적 난관을 이겨내야 했다. 실제로 금속학자들은 플루토늄 금속으로 주조한 경험이 없었는데, 조직을 살펴보니 상온에서도 결정조직이 여러 종류 섞여 있었다. 그리고 이들 결정의 밀도가 각기 달랐다. 이 플루토늄 조각들이 화약의 힘으로 운동하게 되는데, 질량이 다르면 속도에 차이가 생길 것이고 결국 초임계질량으로 만들기 전에 부분 폭발이 일어날 수도 있었다. 이 문제는 결국 미량의 원소를 플루토늄에 첨가하여 합금으로 하여 해결했는데, 로스 앨러모우스 엔지니어들의 노력이 가상했다. 이제 제작된 두 종류의 원자폭탄 중에 우라늄탄은 그냥 실전배치하고, Pu–239폭탄만은 트리니티(Trinity)에서 실험으로 확인하게 되었다.

세계 최초의 핵실험 코드(code)명은 트리니티(Trinity)라 했는데 기독교의 삼위일체를 말하는 단어이다. 오펜하이머는 이런 대량살상무기를 실험하면서 신(God)에게 성공을 빌었는지 모르겠다. 그만큼 과학기술자들의 고민도 많았다. 1945년 4월 12일 루스벨트 대통령의 급작스런 사망은 히틀러에게 일말의 희망을 주었으나 원자폭탄 만들기는 계획대로 진행되었다. 트루먼(Harry S. Truman)이 대통령 선서를 한 직후 국무회의를 마치자 육군장관 스팀슨(Henry Stimson)으로부터 "엄청난 위력을 가진 폭탄을 개발 중"이라는 보고를 받았다. 트루먼은 그때 처음으로 맨해튼프로젝트를 알게 되었다. 이어 국무장관이 된 번즈(James Burns)로부터는 이 폭탄이 전쟁이 끝났을 때 미국을 유리하게 할 것이라고 들었다. 그것은 점증하는 스탈린의 위협에 대응하는 무기가 될 수 있다는 암시였다.

그러나 원자폭탄실험에 대해 스질라드와 일부 유럽출신 과학자들은 폭발실험 자체도 반대했다. 이런 폭탄이 있다는 것이 알려지면, 소련도 곧바로 개발하여 세계는 다시 공포 속에 빠져들 것이라 염려했다. 그들은 번즈 국무장관에게 이야기했지만, 그의 의견은 달랐다. 엄청난 자금을 쓴 프로젝트를 최종단계에서 중단하고 일본에게 경고메시지만 보낼 수 없다고 했다. 일본은 엄포만으로는 절대로 항복하지 않을 것이기 때문이다. 결국 일본에 원자폭탄을 사용하기로 결정했다. 그리고 그 도시는 대도시가 아닌 군수공장이 집결된 곳으로 하기로 했다.

트루먼 대통령은 7월 15일 독일의 포츠담에서 스탈린과 처칠을 만나 전후 처리문제를 협의하기로 하고 있었다. 트루먼은 만일 이 회의 중간에 핵실험이 성공한다면 소련이 대일본전쟁에 나서지 않아도 된다는 것을 암시하려고 했다. 그렇게 되면 소련의 참전 없이 일본의 항복을 받아내고 유럽에서의 소련의 무리한 요구도 거절할 수 있을 것이기 때문이었다. 그래서 프로젝트 매니저 그로브스 소장은 핵실험 일자를 회담이 끝나기 전인 7월 16일로 확정했다.

7월 13일(금) 리틀 보이(우라늄탄) 부품들은 비밀리에 이동하고 있었다. 샌프란시스코 근처의 해군기지에서 순양함 인디애나폴리스호(Indianapolis)에 실려 일본에 투하하려고 수송하기 위해서였다. 그러나 아직 플루토늄탄에 대해서는 확신이 없어 트리니티 실험결과를 보고 나서 결정하기로 했다.

7월 16일(월) 새벽 어둠 속에서 폭발요원들이 바쁘게 움직였다. 참관인들은 이미 새벽 2시에 폭발장소인 제로(zero)에서 20 마일 떨어진 콤파니아 언덕에 도착해 있었다. 5시 30분 지름이 2 m가 넘는 뚱뚱이 플루토늄탄이 실험되었다. 폭탄은 철제타워에 설치되어 있었는데, 화구가 생기면서 1000분의 1초에 지상에 닿고 팽창을 시작했다. 3.5초에 버섯구름에 목 부분이 나타나기 시작했다. 페르미는 폭풍에 날아가는 종이의 거리를 측정하여 위력이 TNT 10,000톤에 해당한다고 계산했다. 관계자들은 모두 서로 축하했다. 그러나 과학자들은 곧 걱정하기 시작했다. "이런 폭탄이 앞으로 계속 만들어 질 것이고 그 사용은 과학자들의 손을 떠나는 것이다." 원자폭탄 제조책임자인 오펜하이머는 특히 더 했다. 그는 후에 청중 강연에서 원자폭탄은 악한 자를 징벌한다고 만든 것이지만, 결국 그 자체가 악(evil)이라는 느낌을 이야기 했다. 이제 인류는 새로운 세계에 들어서고 있는 것이다.

트리니티 핵실험이 진행되고 있는 동안 리틀 보이는 순양함 인디애나폴리스에 선적되고 있었다. 10일 후면 공군기지가 있는 티니안(Tinian)에 도착할 것이고 오래지 않아 일본에 투하될 것이다. 뚱뚱이는 조립된 완제품이 아니고 부품으로 운송하여, 티니안에서 일본 고꾸라를 향해 출격하기 전까지 조립해야 했다. 두 폭탄 모두 핵심 핵분열물질은 작았으나 이를 폭발시키기 위한 각종 장비와 폭약 때문에 상당히 큰 폭탄이 되어 특수 B-29에 실어야 했다.

1.2 원폭투하

원자폭탄 투하계획은 참으로 아슬아슬하게 진행되었다. 1945년 7월 16일 미국 순양함 인디애나폴리스호는 U-235탄인 Little Boy를 싣고 7월 26일 타니안(Tinian)에 도착하여 원자폭탄을 하역하였다. 그러나 '리틀보이'는 완전히 조립된 것이 아니었다. 즉, 혹시나 실수로 중도에 임계상태가 될까 염려하여 2개의 부분으로 하여 티니안 현장에서 조립하도록 했다. 그 작업을 위해 2명의 물리학자가 로스 앨러모우스로부터 파견되었다. 당시 이 해역은 미해군이 통제하고 있었으나 4일 후 돌아가는 길에 순양함 인디애너폴리스호는 일본 잠수함의 어뢰를 맞고 격침되었다. 해군 1,196명이 사망했고 생존자는 316명 뿐이었다. 미군해역인데도 수색이 늦어졌기 때문이었다. 만일 일본 잠수함 출동이 조금만 빨라 티니안으로 오는 인디애나폴리스호를 격침시켰다면 히로시마에 떨어진 원자폭탄은 면할 수 있었을 것이다.

이에 미군당국은 Pu-239탄인 Fat Man은 해체하여 항공기로 수송했다. 원자탄을 투하할 도시로는 비교적 공습이 적었던 도시로 군사적 중요성이 있는 도시였다. 처음에 고꾸라(小倉), 히로시마(廣島), 니이가따(新潟), 교오또(京都)로 하였으나 교오또는 역사적 도시라 하여 나가사끼(長崎)로 변경되었다.

원자폭탄 개발을 주장했던 물리학자들도 원자폭탄이 완성되자 이를 사용하지 못하게 하려고 백방으로 노력했다. 루스벨트 대통령에게 편지를 쓰게 한 스질라드도 원자폭탄은 단지 위협용으로 사용하고 투하하기 전에 경고로 항복을 유도하라고 탄원하기 시작했고 닐스 보어도 영국 처칠 수상에게 탄원하려고 했으나, 전쟁 막바지의 지도자들은 모두 외면했다. 아인슈타인도 죽기 전에 친구에게 가장 후회되는 일이 루스벨트 대통령에게 보낸 원자폭탄 개발 촉구편지에 서명한 것이라고 했다. 그래도 일본에 투하된 2개의 원자탄이 천황의 항복선언을 유도함으로써 많은 생명을 구한 것은 분명하다.

한편 원자폭탄을 싣고 일본으로 향할 티니안 비행장에서는 B-29점검이 실시되었다. 원자폭탄이 너무 무거워 신형 B-29 11대를 태평양에 새로 배치했다. 티니안 비행장은 6개의 활주로가 있는 거대한 공군기지였다. 그리고 7월 중순까지 폭탄 조립 및 시험시설들이 완비되었다. 이제 일본에 폭탄을 투하하는 것은 포츠담에 가 있는 미국 수뇌부의 결정에 달렸다. 트루먼은 이제 원자폭탄이 있으므로 소련이 일본에 선전포고를 하기 전이라도 일본의 항복을 이끌어낼 수 있을 것이라 기대했다. 아이젠하워도 폭탄사용을 기피하고 싶어 했다. 경고만으로 항복시킬 수는 없을까. 그래서 일본이 미국의 경고를 무시할 경우 언제 폭탄투하가 가능한지 물었더니, Pu탄이 8월 6일까지는 준비될 것이고 제2탄은 8월 24일까지, 그리고 9월에는 3개가 준비 가능할 것으로 보고되었다.

드디어 태평양 전략공군사령관에게 원자폭탄 투하지시가 하달되었다. 요약하면,

1. 8월 3일 이후 육안폭격이 가능한 날에 최초의 특수폭탄 투하
2. 표적 도시는 히로시마, 고꾸라, 니이가따, 나가사끼 중 하나
3. 추가 폭탄은 준비되는 대로 상기 도시에 투하.

그리고 1945년 7월 26일 일본의 무조건 항복을 촉구하는 '포츠담선언'이 발표되었다. 이 선언은 미국, 영국, 중국의 국가원수 명의로 되었다. 아직 소련은 중립국이었다. 그 내용을 요약하면,

1. 연합국의 일본영토점령, 2. 영토의 제한, 3. 일본군의 무장해제 및 해산, 4. 전범자의 처벌, 5. 일본인에 의한 신정부 수립이었다. 천황체제의 존속은 약속하지 않았다.

포츠담선언 발표와 폭탄투하 사이에 1주일을 둔 것은 일본이 항복을 수락할 시간적 여유를 준 것이었다. 만일 일본이 원폭투하 전에 항복한다면, 원폭사용의 죄책감을 면하려고 했다. 그러나 일본의 반응은 '포츠담선언의 무시(ignore)'였다. 일본 수상 스즈끼는 "묵살"이라는 단어를 사용했다. 결국 거부한 것이다. 이제 남은 것은 원자폭탄으로 항복선언을 강요하는 것 뿐 이었다.

8월 5일 14시 리메이 장군이 8월 6일 폭탄투하가 있을 것이라 확인했다. 이제 폭탄을 실을 차례였다. 폭탄은 9,700파운드나 되는 육중한 것이었으나, 구조는 단순하여 길이가 10.5피트이고 지름이 29인치인 쓰레기통 같았다. 폭탄을 실은 B−29 82호에는 아직 이름이 없었다. 이날 폭격지휘관인 티베츠(Paul Tibbets) 대령은 그의 어머니 이름을 따서 에놀라 게이(Enola Gay)라고 페인트로 크게 그렸다. 8월 6일 자정 티베츠는 폭탄의 위력에 대해 승무원에게 설명하고 반드시 보안경을 쓰라고 했다. 폭발시 섬광이 눈을 상하게 할 것이기 때문이었다. 폭탄은 항공기가 위험지역을 벗어나기까지의 시간을 고려하여 높은 고도에서 낙하산에 달아 떨어뜨릴 것이었으나, 얼마나 폭풍이 거셀지는 몰랐다.

8월 6일 새벽 2시 27분 엔진에 시동을 걸고 30분에 이륙했다. 7시 30분 파슨스는 폭탄실로 내려가 리틀 보이의 안전장치를 뽑아 작동시켰다. 이제 폭탄은 항공기와는 무관하게 되었다. 8시 15분 히로시마 상공에는 20% 정도의 구름이 끼어 있어 시계는 양호했다. 비행고도는 31,000피트였다. 폭격의 조준점은 오오따가와(太田川)가 갈라지는 T자형 강에 놓인 다리였다. 그러나 지금 평화기념공원이 있는 곳에서 북으로 700 m 정도 떨어진 곳이었다. 티베츠 대령은 폭탄을 투하한 후 폭심에서 빠져나오는 것이 우선이었다. 폭탄은 8시 16분 2초에 폭발했다. 그들이 히로시마를 돌아보았을 때에는 자욱한 보라색 연기로 덮여 있었다. 도시 주변의 산에서도 연기와 불꽃이 치솟았다.

원자폭탄이 투하될 당시 히로시마에는 28만의 민간인과 43,000명의 군인이 있었다. 그러나 폭격 직후 적어도 7만 명이 사망했는데, 그 중에는 징용으로 끌려온 한국인 노동자 수천 명도 포함되었다. 군사도시였으나 군인 사망자는 10%도 되지 않았다. 그리고 그 해 말까지 화상과 각종 질병으로 사망자가 늘어나 14만 명까지 집계되었다.

그러나 일본은 항복하지 않았다. 이제 제2의 원자폭탄 투하가 진행되었다. 한편 모스크바에서는 조건부 항복을 주선해 달라는 일본의 요구에 스탈린은 선전포고로 응했다. 소련으로서는 이렇게 빨리 미국이 일본에 원자폭탄을 투하할 줄 예상하지 못했기 때문이었다. 만주를 공략할 모든 준비가 되었는데, 자칫 늦어져 일본이 항복해 버린다면, 극동에서의 마지막 잔치에 소련은 배제될 것이기 때문이었다. 소련 외상 몰로토프는 사또 일본대사에게 8월 9일 자정에 소련이 일본에 선전을 포고한다고 선언했다. 일본으로서는 마지막 희망이 사라지는 순간이었다. 항복은 하되 천황은 지킨다는 명분이 사라졌다. 이제는 죽음만이 남았다고 군부는 생각했다. 그것은 일본의 파멸을 의미했다.

티니안에서는 이제 '뚱뚱이(Fat Man)'를 투하할 준비가 진행되고 있었다. 뚱뚱이는 히로시마에 투하된 리틀보이 보다 덩치도 크고 복잡했다. 조립하는데 시간이 많이 걸렸으나 8월 9일 투하할 준비를 마쳤다. Pu탄의 투하를 서두른 것은 8월 9일 이후 일본 규슈의 날씨가 악화될 것이라는 기상예보 때문이었다. 그리고 리틀 보이를 싣고 왔던 순양함 인디애나폴리스의 침몰도 큰 영향을 미쳤다. 빨리 일본의 항복을 받아야 미군의 희생이 끝날 것이기 때문이다.

8월 8일 밤 10시에 폭탄을 B-29에 적재했다. 표적은 지금의 기따규슈(北九州)시로 되어 있는 고꾸라(小倉) 병기창이었다. 메이지유신 이래 가장 먼저 공업화된 지역이다. 두 번째 표적이 나가사끼(長崎)였는데, 미쓰비시 조선소가 있었고 특히 진주만을 공격한 어뢰가 생산된 곳이기도 했다.

기장 스위니(Charles Sweeney) 소령은 8월 9일 새벽 3시 47분 티니안을 이륙했다. 표적인 고꾸라 상공에 도착하자 지상 안개와 연기가 가려 시야확보가 되지 않았다. 연기는 인접한 야하다(八幡) 제철소에 나온 연기였다. 그리고 일본 전투기가 발진하고 대공포가 불을 뿜기 시작하여 스위니는 제2 표적인 나가사끼(長崎)로 가기로 하고 항로를 돌렸다.

그러나 나가사끼에도 구름이 덮여 있어 시야확보가 안 되었으므로 레이더에 의한 폭격을 감행하려고 할 때 구름에 틈이 생기면서 우라까미(浦上)계곡이 보였다. 북쪽에 미쓰비시 우라까미 군수공장이 그리고 남쪽에 미쓰비시 제철/병기창이 보였다. 8월 9일 오전 11시 2분 지상 1,800피트 상공에서 '뚱뚱이'가 폭발했다. 나가사끼는 항구도시로 우라까미계곡 양쪽에는 비교적 높은 산이 있어 원자폭탄의 위력은 컸으나 피해는 히로시마보다 적었다. 폭발 즉시 35,000명이 사망했는데, 그 중에는 징용으로 끌려간 2,000명의 한국인 노동자도 있었으나 일본 군인은 150명밖에 되지 않았다. 그러나 이 도시에는 600명의 중국인 징용자와 400명의 연합군 포로들도 있어 희생자는 늘어났다. 연말까지 7만 명이 죽었고 다음 5년 동안 총 14만 명이 죽었다.

원자폭탄이 떨어진지 오래지 않아 트루먼 대통령은 전국에 방송으로 원자폭탄의 일본 투하를 알렸다. 그러면서 위력이 고성능폭약 TNT 2만 톤에 해당한다고 발표했으나 일본은 믿지 않았다. 폭격이 있은 다음날 일본 육군의 정보담당 장군과 핵물리학자 니시나 박사가 현장을 조사했다. 여기서 니시나 박사는 원자폭탄임을 확인했다.

그래도 일본 군부는 항복하지 않고 최후의 결전을 준비하고 있었다. 이제는 천황이 나서야 하는 시점이었다. 천황은 더 이상의 저항은 일본을 영원히 파멸로 이끈다고 확신하고 항복 의사를 8월 10일 스위스를 통하여 미국에 전달했다. 그러나 조건이 있었다. "천황의 특권은 유지한다."는 것이었다. 이 조건부 항복에 국무장관 번즈가 반대했다. 이제 원자폭탄도

투하되었고 소련군도 참전했는데, 포츠담선언을 수정하는 것은 국내의 반발을 불러일으킬 것이었다. 그래도 더 이상 원폭투하는 하지 않기로 결정했다. 그리고 천황의 특권에 대한 분명한 제거가 없는 애매한 수정안이 일본측에 전달되었다. 그러나 일본 군부의 반발은 계속되었다. 트루먼은 이제 전쟁종결에 대해 비관하기 시작했다.

드디어 천황의 포츠담선언 수락이 방송되었다. 그 사이 도쿄에서는 젊은 장교들의 쿠데타가 있었으나 방송을 막지 못했다. 1945년 8월 15일 정오였다. 저자도 라디오 앞에서 어눌한 천황의 목소리를 들었으나 무슨 소리인지 알아듣지 못했다. "견딜 수 없는 일을 견디고…"로 시작된 천황의 목소리에 어른들이 소리 지르며 일본이 항복했다고 했다. 이제 우리는 일제의 속박에서 해방되는 것이었다. 오후에 거리에는 군중들이 밀려나왔다. 어디에 숨겨놓았었는지 태극기 물결이었다. "대한독립 만세"였다.

한편 항복한 일본 땅에 미군조사단이 히로시마와 나가사끼를 방문하여 조사했다. 원폭의 피해를 현장에서 조사하려는 것이었다. 이 조사단에는 의료팀도 함께했다. 원자폭탄의 효과 즉 의학적 피해의 정도를 조사하는 것이었다. 이들 조사단에 대해 일본 의사는 정면으로 항의했다. "우리는 겨우 개나 토끼 등에게 방사능 피해조사를 실시했는데, 당신들은 사람에게 직접 실험했군요." 히로시마에 떨어진 원자폭탄은 그 엄청난 열 때문에 지역 전체를 저기압으로 만들어 폭발 후 4시간 뒤에 비가 내렸다. 그런데 이 비는 방사성 낙진을 함께 했다. 결국 폭격에 살아남은 6만 여명이 방사능 피해와 화상이 겹쳐 죽었다. 그리고 70년간 후유증으로 또 6만 명이 죽었다.

조사를 마치고 미국 상원에서 증언한 원폭 책임자 그로브스 소장은 히로시마 폭격으로 7-12만 명이 죽고 부상자는 7만5천 명에서 20만 명일 것으로 추산된다고 했다. 나가사끼는 산이 많아 희생자는 히로시마의 반 정도였다. 어떤 의원이 "원자폭탄을 막을 방법은 없는가?"고 물었을 때,

그는 "지금 현재로서는 없습니다."라고 대답했다. 원폭의 아버지 오펜하이머는 이후 그의 생애를 핵무기가 얼마나 인간에게 위험한가를 대중에게 알리려고 하였다. 미국이 제작한 다큐멘타리 '히로시마원폭 75년 후'는 이 상황을 자세히 설명한다. "다시는 핵폭탄이 사용되면 안 됩니다."

1.3 핵확산

1) 수소폭탄

핵폭탄이 필요하다고 루스벨트 대통령에게 핵무기 개발을 권고했던 과학자들 중 특히 유럽의 저명한 물리학자들은 핵폭탄이 정작 성공하자 당황하기 시작했다. 아인슈타인을 설득하여 서명하게 한 헝가리 태생의 스질라드(Szilard)는 더욱 죄책감에 시달렸다. 덴마크의 닐스 보어(Niels Bohr)도 조국이 히틀러에게 유린당하는 것을 참을 수 없었으나 원자폭탄 투하에는 반대했다. 그러나 허사였다. 우선 미국적의 실무자들은 20억 달러라는 거대한 예산을 써서 쓸모없는 연구만 했다는 비난을 피해야 했다. 그들에게는 일본의 항복을 이끌어내고 수십만 명의 미군을 구했다는 명분이 필요했다. 그래서 유럽 출신의 과학자들은 외로웠다. 그렇다고 오펜하이머 같은 미국 태생의 과학자들의 마음이 편한 것은 아니었다. 오펜하이머는 자기가 원자폭탄의 아버지라는 사실에 고민했다. 그리고 로스 앨러모우스를 떠났다.

소련이 원자폭탄에 깊은 관심을 가지고 독일에서 관련 자료와 기술자들을 잡아들이고 있다는 정보가 미군당국을 긴장시켰다. 아직 원자폭탄에 관한 1급 정보가 소련에 넘어간 것은 모르고 있었으나, 소련의 움직임은 수상했다. 독일이 자랑하던 로켓분야뿐 아니라 핵물질에 관하여도 모두 뒤지고 있었고 독일의 유일한 우라늄광산도 손에 넣었다. 과학자들은 어떻게 해서라도 핵폭탄의 확산은 막고 싶었으나 불가능했다. 이미 소련은 핵개발을 시작하고 있었기 때문이다. 이제 핵무기 경쟁은 불가피하게 되었고 세계는 멸망의 공포를 가지게 되었는데, 특히 핵무기 개발에 참여했던 과학자들이 가장 심했다. 특히 로스 앨러모우스 연구소장으로 핵폭탄제조의 총책이었던 오펜하이머(Robert Oppenheimer)는 계속 우울해 했다.

원폭제조에 참여하였던 저명한 과학자들이 대학으로 돌아가고 있었다. 그러나 텔러(Edward Teller)는 연구하던 열핵(thermonuclear)무기 개발에 미련을 두고 있었다. 그는 헝가리 부다페스트 출신으로 이미 공산주의 특히 소련의 공포를 알고 있었다. 소련이 이미 핵개발에 나서고 있는 것이 분명한데, 전쟁이 끝났다고 뿔뿔이 헤어지는 것은 불안했다. 그는 분명 원자폭탄의 비밀은 곧 알려질 것이고, 개발은 시간문제이므로 '수퍼폭탄(Super Bomb)'을 미국이 보유하여야 소련을 견제할 수 있다고 생각했다. 그래서 그는 시카고 대학교에 갔다가 다시 돌아왔다. 맨해튼프로젝트 진행 중에 여러 명의 과학자들이 수소를 이용한 막대한 에너지의 '융합반응(fusion)'에 대해 연구했었다.

텔러는 앞으로의 핵무기를 다음의 여러 종류의 핵폭탄을 두고 연구했다. 첫째는 순수핵분열 무기인데, 이미 일본에 투하한 2종의 원자탄으로 증명되었다. 그러나 너무 서둘러서 개발하여 어떤 규모가 적정한지, 또 얼마나 큰 용량의 핵폭탄을 만들 수 있을지 아직 몰랐다. Pu–탄을 개발하면서 중성자도 반사체(refractor)를 사용하면 중성자를 절약할 수 있다는 것은 알게 되었다. 중성자를 절약하게 되면 임계질량을 줄일 수 있어 작은 원자탄을 만들 수 있을 것이었다. 그러나 지금은 소련이 원자탄을 개발하고 있으므로 더 크고 무서운 핵폭탄이 필요한 시기였다. 그는 소련은 힘으로만 누를 수 있다고 생각했다. 조국 헝가리가 그렇고 폴란드와 체코슬로바키아도 결국 공산당의 손에 넘어가 버렸다.

두 번째 폭탄은 폭발이 한 번에 끝나지 않고 연쇄반응을 일으키는 방식이었다. 이제 핵폭탄 개발은 시간적 여유가 있으므로 로스 앨러모우스에서는 더 큰 위력의 핵무기를 연구했다. 여기서는 1차 핵폭탄 주변의 반사체도 고려했다. 가장 효과적인 것이 반사체로 천연우라늄의 주 성분인 U–238을 사용하는 것인데, 이것은 U–238이 느린중성자(thermal neutron)뿐 아니라 1차 폭발에서 나오는 빠른중성자(fast neutron)에 반응하여 Pu-239로 변환되면서 2차 핵분열이 일어나 위력이 중대하기 때문이다. 이것은 결국 1차 폭발의 열에너지를 이용한 핵물질의 재생이므로 열핵무기로 정의하였다. 즉, 폭발이 순간적으로 일어나지만, 내용은 단계를 가지고 전파되는 것으로 단계열핵무기(staged thermonuclear weapon)가 되는 것이다. 열핵무기에는 천연우라늄뿐 아니라 핵융합을 이용한 수소폭탄까지도 전개될 수 있는 것이었다. 즉, 1단계에서 핵분열에 의한 폭발을 일으키고 여기서 생긴 열로 삼중수소(Tritium)를 가열하여 핵융합이 일어나게 하는 원리였다. 텔러의 목표는 소련이 감히 도전할 수 없는 초강력폭탄(super bomb)의 개발이었는데, 결국 성공하게 되었다.

우선 현재 핵분열폭탄은 5 kg 정도의 Pu-239를 폭발시켜도 다 핵분열을 일으키는 것이 아니고 반 정도는 깨어져 나가므로 40-50 kt의 위력을 발휘할 수 있다. 그러나 천연우라늄을 반사체로 사용하면 중성자의 일부를 흡수하여 Pu-239로 변환되어 2차 핵분열을 일으키므로 전형적인 2단 열핵무기(two-stage thermonuclear weapon)로 사용할 수 있었다. 그러나 이 정도의 위력으로는 소련을 압도할 수 없으므로 3중수소를 이용하여 핵융합반응을 일으키게 하는 3단계 열핵무기를 개발해야 했다. 이 핵폭탄에는 수소(Hydrogen)가 사용되므로 수소폭탄이란 별명을 가지게 되었다. 수소폭탄은 제2세대(second generation) 핵무기이다. 특징은 더 크고, 더 작은 치수와 가벼운 핵폭탄을 개발하는 것이었다. 핵융합의 특성은 열화된 우라늄을 핵무기의 기본연료로 사용할 수 있게 만들었다.

핵융합은 D-T반응인데 이 두 수소동위원소가 융합되기 위해서는 막대한 온도의 에너지가 필요했다. 이 열에너지의 공급원이 핵분열이다. 핵분열물질이 연쇄반응을 일으키면 약 1억(100×10^6) Kelvin(절대온도)의 발열체가 된다. 이 열로 2중수소와 3중수소를 융합시키는데, 가볍기 때문에 더 큰 핵폭탄을 만들 수 있다. 핵분열로 생긴 막대한 열과 압력으로 이중수소와 3중수소을 결합시키면 헬리움(Helium-He)이 발생하면서 손실질

량이 열로 변하여 막대한 에너지를 발생시킨다. 이 핵융합반응은 태양열의 근원이기도 하다. 즉,

$$^{2}D + {}^{3}T \rightarrow {}^{4}He + n + 17.6\ MeV \tag{4}$$

여기서, D = 2중수소(Deuterium-양자와 중성자 각 1개)

T = 3중수소(Tritium-양자와 2개의 중성자 결합)

그런데 3중수소는 리시움(Lithium-Li)을 중성자로 때려서 얻는다. 즉,

$$^{6}Li + n \rightarrow {}^{4}He + {}^{3}T + 5\ MeV \tag{5}$$

여기서, Li = 리시움(Lithium)

수소는 기체이므로 다루기 여간 어렵지 않으나 리시움은 염으로 만들면 안정된 고체이므로 다루기 아주 편리하다. 그래서 소련의 사하로프(Shaharov)는 처음부터 3중수소 대신 리시움을 사용했다. 미국의 수소폭탄 개발은 1951년 Teller-Ulam configuration으로 완성되었다. 수소폭탄 설계가 완성된 것이다. 그 설계개념은 방사케이스 속에 핵물질을 넣고 위에서 1차 핵분열로 에너지를 마련한 후 아래에 있는 2차 핵물질에서 핵융합이 일어나게 하는 구조였다. [그림 4]에서는 수소폭탄의 개념도를 보여준다.

최초의 수소폭탄 실험은 1952년 11월 1일 남태평양 마셜군도에 있는 환초 Elugelab Island에서 실시하였다. 이 실험은 소련을 겁주려는 것이어서 언론에 크게 광고했다. 위력은 10.4 Mton으로 일본 나가시끼에 투하된 Pu-탄의 450배 위력이었다. 이제 수소폭탄은 크기가 TNT 몇 킬로톤(kt)이 아니고 메가톤(Mt)으로 바뀌었다. 이 최초의 수소폭탄은 핵연료로 수소가스를 사용하여 73톤의 거대한 덩어리였는데, 이를 개량하여 1954년 실험에서는 3중수소 대신 고체의 리시움 중수소화물(lithium deuteride)을

사용하여 최대위력 15 Mt를 과시했다. 그러나 이런 거대한 수소폭탄은 운반이 곤란하므로 소형화가 진행되어 1960년부터는 핵잠수함 탑재 폴라리스(Polaris) 미사일에 장착할 정도로 되었다(W47 핵탄두).

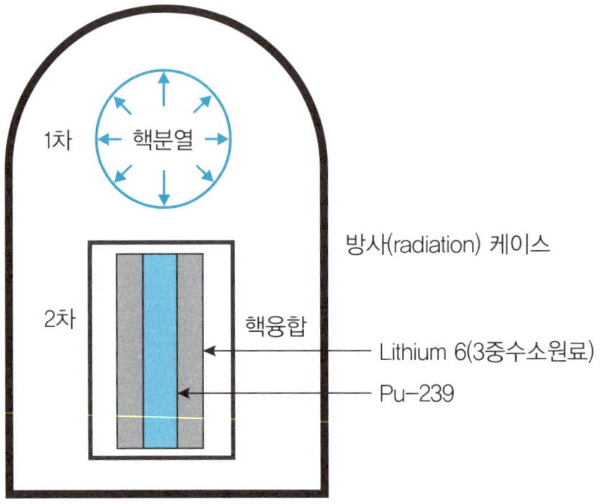

[그림 4] Teller-Ulam 수소폭탄 개념도(1951년 3월 9일 발표).

미국이 소련의 진출을 의식하여 핵무기개발에 열을 올리고 있는 사이 소련도 핵무기 개발을 서둘렀다. 1938년 독일의 Otto Hahn과 Fritz Strassmann의 핵분열 실험소식을 들은 소련의 물리학자들도 즉각 새로운 폭탄의 출현을 예견했다. 1940년에 이미 핵무기개발 제안서가 스탈린에게 제출되었으나 독일의 침공으로 정신이 없어 아무런 진전이 없었다. 플료로프(Flyorov)는 1942년 다시 스탈린에게 제출하였으나, 본격적인 개발이 시작된 것은 일본의 히로시마와 나가사끼에 원자폭탄이 투하된 뒤였다. 당시 스탈린은 스파이를 통해 맨해튼프로젝트를 상세하게 알고 있었다. 그래서 트루먼이 포츠담에서 귀띔을 했을 때 태연했는데, 정작 3주 만에 일본에 투하되자 크게 당황했다. 소련이 참전하기 전에 일본이 항복한다면, 막강한 소련육군을 서유럽에 대한 압력수단으로 쓰는데 한계가 있게 되었다.

소련은 우선 1946년 10월 25일 모스크바 근처에 원자로를 건설했다. 그리고 거기서 생산한 Pu-239로 미국의 뚱뚱이(Fat Man)을 닮은 Pu-탄을 1949년 8월 29일 카자크스탄의 야외시험장에서 성공적으로 폭발시켰다. 이제 소련도 핵무기를 가진 나라가 된 것이다. 소련은 동유럽을 점령함으로서 우라늄광산 확보에 성공했다. 우라늄광산은 동독을 비롯하여 러시아, 체코슬로바키아, 불가리아, 폴란드에 있었다.

사하로프(Andrei Sakharov)가 주도한 소련의 수소폭탄 개발은 진도가 아주 빨랐다. 그는 처음부터 3중수소 대신 리시움염을 사용했으며 1955년 11월 22일 최초의 수소폭탄 실험에 성공했다. 위력은 1.6 Mt로 미국의 수소폭탄에 비해 아주 작았으나 곧 따라잡아 1961년 10월 30일에는 세계 최대의 핵폭탄인 'Tsar Bomba(황제폭탄)'를 터뜨렸는데, 무려 50 Mt였다. 그러나 이 폭탄은 어떤 탄도탄에도 실을 수 없는 그냥 과시용이었다. 이제 미국과 소련은 핵무기 개발에서 경쟁자가 되었다.

맨해튼프로젝트에 처음부터 참여하였던 영국은 전쟁이 끝나자 미국이 핵무기정보를 외국에 반출하지 못하게 맥마흔법(Mcmahon Act-1946)으로 규제하자 당황했다. 사실 원자폭탄개발은 영국이 미국보다 일찍 시작했고 맨해튼프로젝트에 적극 참여하면서 모든 정보를 제공했는데, 전쟁이 끝나자 미국이 외면한 것이다. 미국은 물론 NATO를 통하여 보호하지만, 영국의 독자성은 없어졌다. 영국은 결국 독자적으로 핵무기개발에 나서 우선 Pu탄을 제조하여 1952년 10월 3일 최초의 원자폭탄실험에 성공했다. 소련에 이어 3번째였다. 결국 1958년 미영상호방위조약이 체결되면서 영국은 미국의 핵우산 속에 들어갔다. 폴라리스(Polaris)미사일도 1963년 4월 6일 협정(Polaris Sales Agreement)으로 구매할 수 있게 되었다.

프랑스는 드골(Charles de Gaulle)이 대통령이 되면서 독자개발로 들어섰다. 여기에는 수에즈운하 사건에서 미국에 외면당한 것도 작용했다. 1960년 2월 13일 최초의 원자폭탄 실험을 사하라 실험장에서 실시했다.

수소폭탄은 위력이 크므로 태평양에서 1968년 8월 23일 실시했다. 이후 계속 핵탄두를 늘려 보유량에서 세계 3위가 되었다.

중국도 소련의 지원으로 핵무기 보유국이 되었다. 모택동은 1954-1955년의 대만해협 위기에서 미국에 맞서기 위해 핵무기가 필요하다고 느꼈다. 그래서 1958년부터 소련의 기술자들의 자문을 받아 내몽고의 바오토우(Baotou)와 감숙성의 란주(Lanzhou)에 우라늄농축공장을 세우고 감숙성의 지우콴에는 Pu생산공장을 세웠다. 타림분지에는 Lop Nur핵실험장도 마련했다. 최초의 원폭실험은 1964년, 수소폭탄은 1967년에 실험했다. 이제 유엔 안전보장이사회 상임이사국 5개국이 모두 핵보유국이 되었다. 서로 상대를 멸망시킬 수 있다고 협박하며 냉전시대에 돌입했다.

미국의 핵무기 개발은 이제 공군의 전략핵무기(strategic nuclear weapon), 해군의 전략핵무기와 육군의 전술핵무기(tactical nuclear weapon)였다. 공군과 해군의 전략핵무기는 대륙간탄도비사일(ICBM)에 탑재할 정도의 비교적 작고 가벼운, 그러면서도 위력은 큰 핵탄두가 필요했다. 폴라리스 미사일은 이제 탄두 3개를 장착한 다탄두미사일이 되었다. 그런데 탄두 하나의 위력이 1 Mt급이라니, 사용하지 말아야 할 괴물이다. 한편, 육군에서는 대구경포에서 발사할 수 있는 아주 국소적 파괴력의 소형핵포탄이 필요했다. 그래서 결국 핵무기는 아주 작아졌는데, 한 사람이 메고 다닐 정도의 크기까지 작아졌다.

2) 전후 핵무기 개발경쟁

스질라드가 그렇게 우려한 대로 소련의 핵무기개발은 철저했다. 스탈린은 비밀경찰 두목인 베리아에게 맡겨 극비로 진행했다. 소련은 독일을 점령하자 전쟁배상이라는 이유로 모든 산업시설, 과학기술자, 지하자원 등 모든 것을 차지하고 가져갔다. 서방연합국은 제1차 세계대전의 처리로 베르사이유조약이 체결되었을 때 프랑스의 무리한 전쟁배상금 요구가 결국 독일의 재무장과 히틀러의 등장, 그리고 제2차 세계대전으로 이어졌다고 믿어 패전국에 대한 전쟁배상을 포기했다. 심지어 수십 년 동안 일본의 침략과 만행에 시달려 온 중화민국도 포기했다. 그러나 소련은 포기하지 않았고, 핀란드에서도 받아냈고 만주에 진주했을 때에도 우선 산업시설부터 떼어갔다. 북한에 진주했을 때에도 많은 중공업시설은 물론 나중에는 돼지고기까지 가져갔다. 북한에 대해 말로는 해방군이라 하며 북한에서 가져가는 물자는 반드시 보상한다고 했으나, 결국 전쟁무기로 상환했다.

미군 정보당국도 독일에 진주하자 로켓과학기술자들과 물리학자 등 주요 인재를 다투어 미국으로 데려갔다. 로켓전문가 폰 브라운(Wernher von Braun) 박사와 그 일행이 미군에 투항하여 미육군의 로켓개발에 참여한 것은 유명하다. 그는 앨러바마주 헌츠빌의 레드스톤 로켓개발연구소에서 근무하며 Jupiter-C의 개발에 성공했는데, 결국 소련의 스푸트니크(Sputnik) 발사 성공 후에 익스플로어호(Explorer 1)를 성공적으로 우주에 쏘아올림으로써 비로소 대접을 받기 시작했다.

한편 오스트리아 태생의 독일 기계엔지니어 집페(Gernot Zippe) 박사는 전쟁 중 독일의 핵무기개발계획에 참여하여 뮌헨 대학교에서 기계공학 박사학위를 받기도 했다. 전쟁 직후 미군은 독일의 과학기술자들을 소련에 빼앗기지 않으려고 특별 관리하였는데, 원심분리기술은 고려의 대상이 아니었다. 뮌헨은 미군정 관리하에 있었는데 특별 관리자 명단에 있지 않아 집에 있다가 소련 첩자에게 유인되어 소련군의 포로가 되었다. 그는 소련 기술자들과 함께 값싼 우라늄농축 원심분리기를 개발하여 U-235 분리에 성공했다.

1956년 그가 소련에서 석방되어 귀국하자 서방세계가 아직도 원심분리기 기술이 낙후되어 있음을 발견하고 놀랐다. 그는 미국 버지니아 대학교에서 그의 기억을 재생하여 Zippe-type 원심분리기를 개발하는데 성공했는데, 미국 정부의 시민권 제의를 거절하고 고국에 돌아가 산업화하였다.

Zippe식 원심분리기는 기계공학의 정수를 모아놓은 탁월한 설계이다. 우선 천연우라늄을 6불화우라늄(Uranium Hexafluoride)으로 만들어 가스화시킨다. 이렇게 가스화된 우라늄은 U-238과 U-235 사이에 0.86%의 질량차를 가진다. 이 가스를 원심분리기에 넣고 회전시키면 질량이 큰 U-238이 바깥쪽으로 밀리고 안쪽에는 U-235가 남는다. 이제 이 원심분리기 통(rotor)은 밑에서 자장에 의해 고속으로 회전시키는데, 1초에 1,500회전(90,000 RPM)으로 회전한다. 이 회전만으로는 분리가 잘 되지 않으므로 가스의 성질을 이용하여 아래 부분을 가열하여 온도차에 의한 자연대류현상이 일어나게 한다. 즉, 가벼운 U-235는 올라가고 무거운 U-238은 내려가면서 유체유동이 일어난다. 이렇게 분리된 가스층을 두 개의 출구로 구분하여 다음 단계로 이어간다. 이 단계를 수천 번 반복하면 점차로 U-235가 많아지는 가스가 모이는데, 이렇게 농축하면 가장 효율적이다.

고속회전에 견딜 수 있게 소련에서는 알루미늄관을 사용했는데, 회전원통이 길기 때문에 밸런싱이 아주 어려웠고 공진현상에 의한 파괴도 있었다. 그러나 Zippe는 이것을 마크네틱 베어링 등 비접촉식 베어링을 사용하여 해결했다. 유일한 접촉부는 로터 아래 회전력을 받는 부분인데, 보석을 이용한 스러스트베어링(thrust bearing)으로 했다. [그림 5]에서 그 원리를 설명한다.

Zippe가 동료들과 합자하여 상업용 원심분리기를 개발했는데, 알루미늄 대신 고장력강(maraging steel)을 사용함으로써 회전속도를 더 높여 분리효율을 향상시켰다. 그리고 로터가 진공 속에서 회전하도록 하여 공기저항을 줄였다. 이 특허는 영국 핵연료회사인 Urenco에서 채용하여 원전용 농축우라늄을 공급하고 있는데 시장의 29%를 점유하고 있다. 현재 Zippe식 원심분리기는 농축우라늄을 제조하는데 가장 값싼 방법으로 알려져 있으며 파키스탄과 북한에서 그의 특허를 도용하여 사용하는 것으

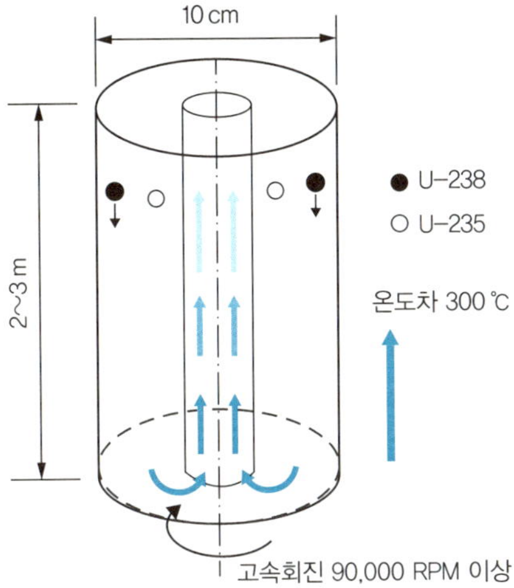

[그림 5] Zippe type 원심분리기의 개념도(공기저항을 피하기 위해 진공 속에서 운전).

로도 알려졌다. 북한이 한 때 고강도의 알루미늄관을 수입한 적이 있는데, 원심분리기 제조에 사용한 것으로 보인다. 그의 원심분리기가 북한과 이란의 핵개발에 사용되자 여론은 그를 비난했는데, 그는 2004년 5월 19일 영국 BBC 라디오방송과의 인터뷰에서 이렇게 말했다. "식칼로 감자껍질도 벗기지만, 이웃을 죽일 수도 있다. 원심분리기를 인류의 이익을 위해 사용하는 것은 전적으로 정부에 달려있다."

이렇게 핵폭탄의 비밀이 알려지자 각국이 모두 핵폭탄을 가지려고 혈안이 되었다. 미국에서는 여러 곳의 연구소에서 핵폭탄의 추가개발에 나섰다. 우선 서둘러 개발했던 U-235탄인 '리틀 보이'와 Pu-239탄인 '뚱뚱이'에 대한 재검토에 들어갔다. 거기서 놀라운 사실이 밝혀졌다. 비록 이들 두 폭탄은 폭발에 성공했지만, 핵물질이 모두 연쇄반응을 일으킨 것이 아니고 그 일부만이 핵분열을 일으켰고 나머지는 그냥 깨어져 버린 것이었다. 만일 핵물질(nuclear fuel)을 모두 핵분열시킬 수 있다면, 더 큰 위력도 더 작은 핵폭탄도 만들 수 있을 것이다. 그래서 핵분열의 효율을 높이기 위한 방안이 강구되었다. 그것은 첫째 핵분열로 발생하는 중성자를 흩어지지 않게 막아 다시 핵연료에 충돌하게 하는 것이었다. 중성자가 반사하게 하는 것은 반사체(reflector)라 했고 도망가지 못하게 막는 것은 탬퍼(tamper)라 했다. 우선 이 두 가지 목적에 사용되는 것으로 천연우라늄을 사용했다. U-238은 중성자를 막아줄 뿐 아니라 때로는 고속중성자에 의하여 Pu-239로 변환되기도 했다.

히로시마에 투하된 '작은 소년(Little Boy)'은 이론 임계질량 52 kg 보다 큰 64 kg의 U-235를 사용하였는데, 순도가 약 80%여서 U-235의 실질량은 51 kg이었다. 간신히 금속의 임계하중을 맞춘 것이었다. 기폭(detonate)하기 전에 U-235는 2개의 아임계질량(sub-critical)으로 나누었다가 그 중 하나는 나중에 포신을 통해 합쳐진다. 그리고 기폭되어 핵폭발(nuclear explosion)이 일어난다. 이 포신형 핵분열무기(gun-type fission weapon)는 비효율성에도 불구하고 모양이 포탄으로 적합하기 때문에 1992년까지 미국에서 사용되었다.

또 하나의 핵폭탄이 플루토늄탄(Pu-239탄)은 그 구조가 너무 크지만, 내폭성(implosion-type)이 가지는 장점 때문에 사용되었다. 1945년 7월 트리니티실험 때에는 하도 급해서 폭발하기만 하면 되었으나, 전쟁이 끝나고 핵폭탄을 본격적으로 개량하기 시작하면서 Pu-239핵폭탄에 대한 연구가 진행되었다. 우선 플루토늄은 원자로만 있으면 생산이 가능했다. 천연우라늄을 원료로 하는 흑연감속로는 물로 냉각시키지 않고 가스로 냉각시키는 설계가 채용되면서 원자력발전을 빙자하여 여러 나라에서 개발하든가 설치하기 시작했다. 일본도 한 때 영국제의 흑연감속로를 계약하였으나, 내진성문제와 미국의 압력 때문에 결국 포기하고 말았다.

인도에서도 캐나다의 중수형 감속로를 도입함으로써 천연우라늄을 원료로 하는 원자로를 가지게 되었고 사용 후 핵연료를 화학적으로 처리하여 Pu-239를 축적하였다. 인도로 간 중수감속재 실험로는 1970년대 우리나라에도 제안된 적이 있었다. 우리는 부득이 포기했고 인도는 수용하여 결국 Pu-239를 기본으로 한 핵폭탄개발에 성공했는데, 이것은 핵무기 확보의 첩경이 되었다. 소련도 꾸준히 Pu-239를 생산한 것으로 알려졌다.

Pu-239의 또 하나의 특징은 임계질량이 작다는 것이다. 나가사끼에 투하한 플루토늄탄 '뚱뚱이(Fat Man)'는 6.2 kg의 Pu-239를 사용했는데, 임계질량의 41%에 지나지 않았다. 이유는 천연우라늄 U-238로 둘러싸서 반사체로 사용했기 때문이다. 그러므로 처음에 임계질량에 미달하여도 기폭되는 동안 내파에 의하여 임계로 되는데, 천연우라늄의 탬퍼(tamper)가 중성자가 흩어지는 것을 막고 중심으로 향하는 모멘텀이 코어의 Pu-239를 압축하기 때문이었다. 천연우라늄은 핵분열로 발생하는 고속중성자에 의해서 약 20%가 Pu-239로 되어 핵분열을 일으키는 것으로 추정했다. 그래서 이 내폭성핵무기는 계속 향상되면서 수소폭탄 개발에도 개념적으로 사용되었다.

내폭(implosion) 핵폭탄의 핵심으로 핵분열물질과 그것을 둘러싼 반사체(reflector)로 구성된 코어부분을 피트(pit)라고 한다. 1950년대에는 우라늄(U-235)만 써서 피트를 만들었으나, 1960년대부터는 플루토늄으로 만든 것이 피트의 지름이 가장 작아져 표준이 되었다. 그 모양을 [그림 6]에서 보여준다.

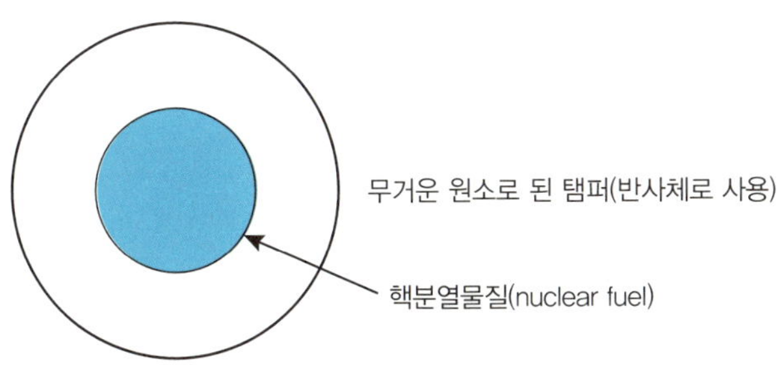

[그림 6] 핵폭탄의 핵심인 코어의 구조.

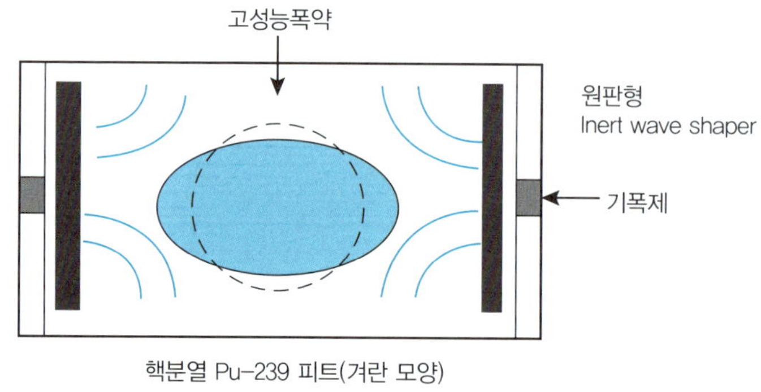

[그림 7] 미국의 W48로 지정된 핵분열무기(1963–1992).

핵분열무기는 1960년대에 활발하게 소형화되었다. 그것은 핵폭탄의 원리와 실체가 충분히 알려졌기 때문이다. 이제 핵폭탄은 핵물질만 있으면 어느 나라에서도 만들 수 있는 것이 되고 말았다. 따라서 핵무기의 확산을 막으려면 핵물질 생산부터 막아야 했다. 이런 기술적 진보에서 핵분열을 가장 효율이 좋게 사용하는 방법이 고안되었는데, 2점직선내폭(Two-point linear implosion)이다. 이것은 원래 육군의 핵포탄용으로 개발된 것이었다.

이 핵폭탄은 원통형의 용기 내에 양단에 기폭제가 있어 고성능폭약을 폭발시키면 양쪽에서 안으로 파동이 전파되면서 겨란 모양의 피트를 압축하여 최종적으로 구형을 만든다. 이 과정에서 피트의 질량이 23% 정도 증대하는데 이것이 임계질량을 낮추어 핵분열로 이끌어간다. 실제 포탄에서는 지름이 6인치 내지 10인치로 되어 155 mm 자주포에서도 사용할 수 있는 크기로 되었다.

더 발전한 핵무기는 핵융합이 증폭시키는 핵분열무기(Fusion-boosted fission weapon)이다. 핵무기의 크기를 줄이려면 중성자의 효율적 사용이 문제가 되는데, 목적 지향형으로는 중성자를 더 많이 생산하는 단계를 두어 증폭시키면 가장 효과적인 소형 핵무기가 될 수 있다. 일반적으

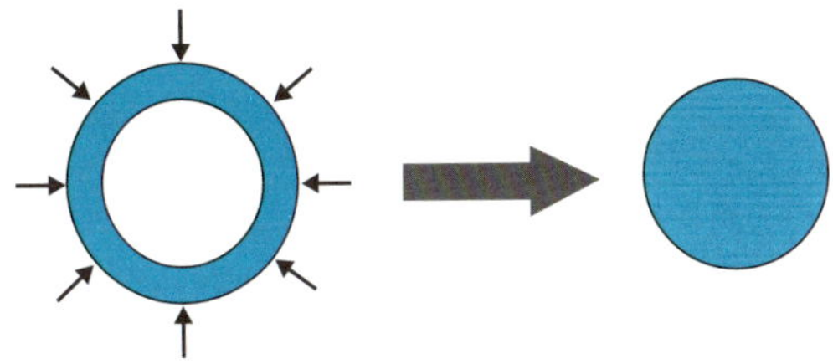

[그림 8]　중공(中空–hollow) 구(球–sphere)를 사용한 개량형 내폭구조.

로 피트의 구조는 속이 찬 구형(solid sphere) 보다 속이 빈 구형(hollow sphere)이 임계질량을 낮출 수 있어 효과적이다. 1945년 '뚱뚱이'를 제작할 때에는 미처 효율은 따지지 못했는데, 전후 시간여유가 있자 다양한 실험이 이루어졌다. '뚱뚱이'에서는 외부에서 폭약으로 밀어 넣는 기구에 알루미늄(Al)을 사용하고 폭약을 무려 3톤이나 사용해서 크기가 그렇게 커졌는데, 이제는 속이 빈 쉘(shell) 모양으로 천연우라늄을 탬퍼로 사용하여 크기를 크게 줄일 수 있게 되었다. 사용하는 폭약의 양도 크게 줄었다. [그림 8]에서는 그 개념을 보여준다.

이제 거의 완벽한 설계의 핵폭탄이 탄생했다. 그 동안 실험한 각종 설계의 장점을 종합한 제품이었다. 이 핵폭탄은 큰 겨란 모양의 타원체로 설계되었다. 폭탄의 핵심에는 핵융합체를 소량 넣었는데, 2중수소와 3중 수소를 50대 50으로 하여 가스 상태(gas)로 펌핑했다. 폭탄의 양측에서 기폭되면 파동이 전파되어 내부 피트를 압축하는데, 천연우라늄이 아니고 베릴리움의 구형쉘이 플루토늄을 압박하고 핵분열이 일어나면 고열과 압력이 핵융합물질을 반응시켜 중성자를 발생한다. 이 양은 적어도 도망갈 곳이 없으므로 모두 플루토늄에 들어가 증폭효과를 가져온다. 이런 설계는 핵심인 피트의 질량을 반으로 줄여도 되었고 화약도 줄일 수 있었다. 또 베릴리움 대신 천연우라늄을 사용해도 무방했다. [그림 9]에서는 미국에서 개발한 Swan Device의 개념도를 보여준다.

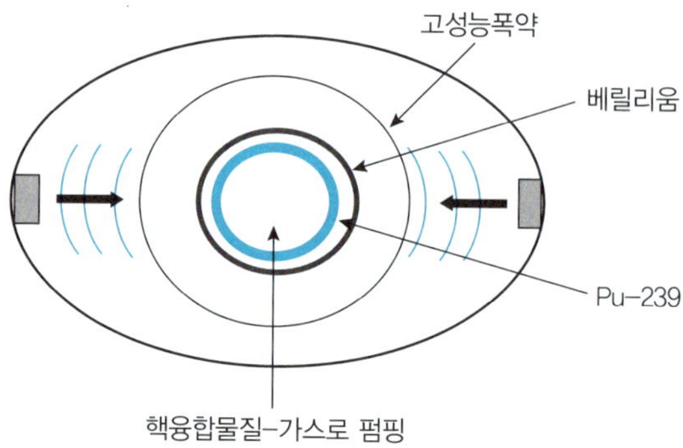

[그림 9] 핵융합증폭 핵분열무기의 개념도-Swan device(1956).

미국은 새 핵폭탄을 네바다시험장이 아닌 해외에서 하였다. 태평양전쟁에서 승리한 후 일본이 소유했던 마셜군도(Marshall Islands)를 보니, 산호초로 만들어진 작은 섬들이 모여 있는데, 살고 있는 주민도 많지 않고 또 멀리 떨어져 있어 핵폭탄의 피해도 최소로 할 수 있었다. 소련을 겁주려면 큰 위력의 핵폭탄이 필요한데, 이런 큰 위력의 핵폭탄은 미국 내에서 하기에는 부담이 너무 컸다. 일본의 히로시마와 나가사끼의 피폭자들에 의한 피해보고는 상세히 전달되어 미국인 누구도 방사성의 피해를 원하지 않았기 때문이다.

3) 핵실험

미국은 서둘러 1945년 네바다주(Nevada)에 핵실험장을 마련하고 Pu-239탄을 실험하였으나 전후 개발되는 대형 핵무기의 실험은 국내에서 하지 않고 새로 점령한 마셜군도의 환초(atoll)에서 하기로 하고 핵실험장을 준비했다. 핵실험장 이름은 태평양 핵실험장(Pacific Proving Ground)인데 마치 신차 성능시험장처럼 표현했다. 이 실험장은 비키니환초(Bikini Atoll)를 중심으로 한 이웃 환초들인데, 환초는 산호들이 쌓여 만든 둥근 섬들로 농경지가 없어 주민이 별로 없었다. 많은 실험이 비키니환초 주변에서 이루어져 비키니 핵실험장으로 알려졌다.

마셜군도(Marshall Islands)는 1592년 이후 스페인의 영토였으나 1885년 태평양으로 진출하려는 신생 독일제국에게 매도되어 독일 태평양 식민지의 발판이 되었다. 1920년 제1차 세계대전 후 영토 처리에서 전승국인 일본에게 넘어가 태평양전쟁의 한가운데 들어갔다. 1944년 미군에게 점령된 후 미국에서 관리하면서 가장 외딴 비키니 환초 주변에 핵실험장을 마련한 것이다. 미국은 1958년 핵실험을 더 이상 실시하지 않고 1979년에는 자치권이 주어지고 이어 독립했다. 나라 이름은 마셜군도공화국(Marshall Islands Republic)으로 수도는 마주로(Majuro)이고 국민 58,413명(2018년 조사)의 과반수가 살고 있다. 1991년 유엔회원국이 되었고 화폐는 미국 달러이다. 그 정도로 관광업이 주요 산업이다.

미국은 소련이 핵개발에 착수한 이상 더 빨리 그리고 더 큰 위력의 핵무기를 개발하려고 연구를 계속했다. 그런데 이 신무기는 위력을 가늠할 수 없어 새로 마련한 비키니환초에서 하기로 했다. 무엇보다 해군 함대에 대한 핵무기의 위력이 궁금했는데, 일본의 패전으로 취득한 낡은 군함들이 많아 이들을 상대로 핵무기 실험을 하기로 했다. 핵실험명은 교차로작전(Operation Crossroads)으로 1946년 7월 1일부터 시작되었다. 이 실험은 1945년 7월의 트리니티 핵실험 이후 처음 하는 것으로 비밀이었으나 곧 알려지게 되었다. 실험은 함대 상공에서 핵폭탄을 폭발시키는 것이었는데, 관찰한 화학자는 '핵 재앙(nuclear disaster)'이라 평했다.

처음에 미국은 비키니환초에 거주하는 주민에게 실험이 끝난 후 귀가할 수 있다고 하였으나, 결국 방사성오염으로 귀가시키지 못하고 이웃 환초에 거주하며 미국정부에서 주는 보상금으로 생활하게 되었다. 최초의 수소폭탄 실험은 Ivy Mike였는데, Teller–Ulam설계를 실험하는 것이었다. 트루먼 행정부에서 본격적으로 개발되어 이제 실험이 진행되고 있었다.

미국 원자폭탄의 아버지로 불리는 오펜하이머는 이때 프린스턴 대학교의 고등연구소장으로 있었는데, 국무성에서 군비축소 문제를 자문하기 위한 원원회를 조직하자 패널위원이 되었다. 오펜하이머는 적극적으로 미국의 수소폭탄실험을 반대하고 나섰다. 그는 최소한 Ivy Mike의 실험을 연기하려고 노력하였으나 실험계획이 이미 너무 진전되어 도저히 중단시킬 수 없었다. 1952년 11월 1일 비키니 환초 이웃의 엘루겔라브섬(Elugelab Island)에서 최초의 수소폭탄 실험이 실시되었다. 이 실험결과는 10.4 Mt이었다. 그러나 핵융합보다는 탬퍼로 사용한 우라늄의 핵분열에 의한 에너지가 77%에 달하여 핵분열에 의한 방사성 낙진을 가져왔다. 당시 설계자인 텔러는 캘리포니아의 버클리에 있었는데, 실험이 성공했다는 첫 소식을 들었다. 그는 로스 앨러모우스에 남아 프로젝트를 주관하고 있는 그레이브스 소장에게 전보를 보냈는데, 단지 "그것은 아이야.(It's a boy.)"였다. 이제 수소폭탄 개발이 본격적으로 시작되고 있을 뿐이라는 이야기였다. 이 실험이 있은 지 며칠 후 미국 대통령선거에서 아이젠하워 장군이 당선되었다. 그는 그가 좋아하는 죠지아주 오거스타 내셔널 골프장에서 비밀보고를 받았는데, 최초 수소폭탄 실험의 결과는 "섬이 날아가 버렸다."라는 것이었다.

본격적인 수소폭탄 실험은 고성작전(Operation Castle)으로 명명한 일련의 핵실험이었는데, 첫 실험이 캐슬 브라보(Castle Bravo)였다. 이 실험은 텔러가 설계한 수소폭탄이었다. 핵융합물질로 액체 3중수소가 아닌 고체 리시움염(Lithium deutride)을 사용한 것이었는데, 예상 보다 위력이 너무 강하여 핵실험 측정 장치들이 파괴되는 엄청난 위력을 보였다. 위력은 15 Mt으로 히로시마나 나가사끼 원자폭탄의 1,000배였다. 소련을 능가하려는 텔러의 목적이 성공된 날이었다.

그러나 이 예상 밖의 강력한 위력은 각종 부작용을 낳았다. 첫째로 폭발의 섬광을 400 km 밖에서도 볼 수 있었는데, 버섯구름이 14,000 m까지 오르고 18,000 km^{2}의 지역을 오염시켰다. 미국은 인근 산호초의 주민을 48시간 후 소개시켰는데, 1957년 미국 원자력위원회(Atomic Energy Commission)에서는 귀향을 허가했으나 다시 소개하고 말았다. 결국 비키니 환초 인근의 15개 환초에 낙진에 의한 오염이 심각했다. 1,311명의 방사성 피해 손해보상 소송이 진행되었고 결국 미국 정부는 $4,300만의 보상금을 지불했다. 또 인근에서 조업하던 일본어선 '다이고 후꾸류 마루'도 오염되어 6개월 후 1명은 사망하고 1명은 기형아를 낳게 되어 국제소송이 걸렸다. 미일 양국정부는 보상금에 합의하고 미국정부가 $2억1,530만을 지불하고 마감했다. 일본 정부는 어선 탑승원에게 1인당 200만 엔의 보상금을 주었다. 이렇게 수소폭탄에 의한 피해가 확산되자 미국은 더 이상의 대형 폭탄은 시험하지 않고 결국 비키니 환초를 비롯한 태평양 실험장은 1958년 폐쇄하고 말았다.

그러나 소련에서는 미국보다 더 큰 수소폭탄을 실험하여 핵무력을 과시했다. 가장 큰 것이 '황제 폭탄(Tsar Bomba)'으로 1961년 10월 30일 실험하였는데, 위력이 무려 50 Mt였다. 그러나 이것은 폭탄이 아니라 폭발장치였다. 즉, 어떤 수단으로도 운반하여 적국에 떨어뜨리는 폭탄이 아니었다. 미국과 소련은 그 후에도 수소폭탄을 폭격기에 탑재하여 투하할 수 있게 개량하고 탄도미사일 탄두로 소형화하는 작업을 계속했으며 1960년대 초에 이르러서는 더 이상의 핵무기 개발은 의미가 없게 되었다.

이미 핵분열탄도 아주 소형화되어 사람이 등에 메고 다닐 수 있는 정도의 크기로 되어 이제는 미사일 공격이 아니라 테러리스트에 의한 위협 수단으로 되고 말았다. 특히 소련연방의 해체는 우크라이나, 벨라루스, 카자크스탄에 있던 소련의 핵무기를 러시아가 회수하여 폐기하는 과정에서 일부 핵탄두가 유실되었다는 의심을 받았으나, 실제로 미국 내에서 테러에 의한 핵공격은 일어나지 않았다. 그러나 엉뚱한 곳에서 핵공격의 위협이 나타났다.

1.4 북한의 핵무기개발

북한은 이미 1950년대에 핵무기에 대한 관심을 가지고 있었다. 김일성은 우선 핵물리학연구소를 발족시켜 적극적으로 인재를 양성했다. 1963년 북한은 소련에 핵무기개발에 대한 원조를 요청했으나 거절당하고 대신 평화적 이용을 위한 과학기술자 훈련에는 동의를 얻었다. 소련 기술자들이 영변원자력과학연구소 건설에 협력했다. 1963년 IRT-2000 연구용원자로가 영변 기지에 건설되기 시작하여 1965년 완공되었다. 이 연구용 원자로에서는 사용 후 연료봉에서 각종 동위원소뿐 아니라 Pu-239도 소량 생산하게 되었다. 즉, 소련은 미국과 달리 사용 후 핵연료봉의 화학처리를 막지 않았다. 이 소형 원자로는 1974년에 8 MW로 용량을 증대시켰다.

1979년 북한은 영변에 제2원자로 건설에 들어갔는데 영국제 Magnox형 원자로로 탄산가스냉각 흑연감속로로 평가되었다. 이 원자로는 Pu-239생산이 주 목적이고 발전용으로도 사용되는 것이었다. 북한의 원자로는 모두 흑연감속재 경수로인데, 이제는 황해북도 평산의 우라늄광에서 정련하여 직접 산화우라늄인 Yellow cake을 만들 수 있게 된 것이다. 그리고 이 원료를 소결(sintered)하여 펠렛으로 만드는 제조공정이 완성되었다. 드디어 북한이 흑연감속로에 의한 플루토늄(Pu-239) 생산체제를 갖추게 되었다(IAEA 1996 보고서).

북한의 핵무기개발은 1980년에 시작되었다. 1985년 NPT에 가입했으나, 1992년 1월까지 국제원자력기구(IAEA)의 핵안전조치협정(Safeguards Agreement)을 수용하지 않았다. 북한은 협정에 따른 보고서를 5월에 제출하였으나 IAEA는 1993년 북한의 비핵화선언은 충족되지 않는다는 결론을 내렸다. 북한이 IAEA의 특별조사를 거부하자 유엔 안전보장이사회에 보고했다. 1993년 3월 12일 북한은 드디어 NPT에서 탈퇴하였다. 미국 내에서는 북한의 영변핵과학연구소의 핵무기 관련 시설을 폭격하자는 논의도 있었으나 협상파가 우세하여 북한과 핵무기 동결에 대한 협상을 하기에 이르렀다. 한국은 이미 1992년 '한반도비핵화성명'을 발표하고 한국 내의 전술핵무기를 한반도 밖으로 반출한 뒤였다.

1994년 10월 21일 북한은 제네바에서 미국과 협상하여 합의서(Agreed Framework)에 서명했다. 미국측 대표는 갈루치(Robert L. Gallucci) 대사였고 북한측 대표는 외무성 부상인 김석주였다. 갈루치는 죠지타운대학교 교수 출신으로 군축문제에 있어 협상파였다. 당시 미국은 북한이 영변 핵물리연구소에 Pu생산용 원자로를 가동하고 있고 또 2기를 새로 건설하고 있는 것만 알았지, 지하에 비밀스럽게 우라늄 농축원심분리기를 설치하고 있는 것을 모르고 있었다. 한국과 북한은 1992년 '한반도비핵화에 대한 공동성명'을 발표하면서 플루토늄 처리시설뿐 아니라 우라늄농축시설도 배제한다고 분명히 선언했다.

미국이 제네바에서 합의한 것은 플루토늄 생산시설의 동결과 경수로 완공 후 완전폐기가 골자였다. 미국측은 북한이 영변에 원자로를 설치하는 것은 Pu생산이 목적이 아니라 발전이 목적이고 미국의 경수로를 설치할 기회가 없어서 부득이 흑연감속로를 설치하고 있다는 것을 인정한 것이다. 미국은 Pu생산이 어려운 경수로로 대체해줌으로써 북한의 핵물질 개발을 막으려고 하였다. 만일 북한이 핵분열 물질인 Pu을 확보한다면, 그것을 이용하여 원자폭탄을 제조하는 것은 필연적이라고 보았다. 이미 인도가 그 길을 가고 있었기 때문이다. 여기에 미국은 북한과의 국교정상화도 약속했다. 상당히 유화적이고 북한정권을 인정하는 외교협상이었다.

미국과 북한이 제네바에서 합의한 내용은 다음과 같다.

미국은,

• 매년 50만 톤의 중유를 제공하여 발전용 연료로 사용하게 한다.

• 2003년 완공목표로 2,000 MW 경수로를 제공한다(유상-20년 거치).

• 미국의 핵무기 불사용

- 국교정상화 추진

이에 대하여 북한은,

- 흑연감속로 동결(가동 중인 5 MW 원자로 및 건설 중인 50 MW 및 200 MW 원자로)
- NPT잔류
- 한반도비핵화 공동선언(1992) 이행
- 경수로 완공시 흑연감속로 폐기
- 정치 및 경제관계 정상화
- 폐연료봉 재처리 금지 및 경수로 제공전 IAEA안전규정 준수

1957년 휴전 이후 가장 발전된 미북한 관계였다. 그러나 그 진전은 순조롭지 못했다.

우선 미국은 이 합의를 상원에서 조약(treaty)으로 승인 받지 못했다. 미국에서는 김일성의 사망으로 북한 정권이 붕괴될 것으로 여기는 경향이 농후했다. 미국은 핵무기비확산조치의 일환으로 여긴 반면, 북한은 미국과의 국교정상화로 생각했다. 북한은 영변에 가동 중인 5 MW 원자로의 가동을 중단했다. 또한 영변과 태천에 건설하는 계획도 포기했다. 그리고 NPT탈퇴에 대한 북한내 비준을 연기했다. 상당히 합의를 준수하려고 노력한 흔적이 보였다.

그러나 미국측 대처는 지연되어만 갔다. 우선 미국이 약속한 연간 50만 톤 중유공급이 예산이 의회의 승인을 받지 못해 지연되었다. 처음에 미 국방성은 의회동의가 필요 없는 비상금으로 중유를 보내려고 했다. 1996년부터 의회는 중유대금을 마련했으나 늘 부족했다. 북한은 한국전쟁 이래 계속된 경제제재를 해제하기를 기대했으나 미국 의회의 반대로 무산된 것으로 인식하게 되었다. 또한 북한에 경수로를 공급하기 위한 KEDO가 한국과 일본의 참여로 1995년 3월 15일 설립되었으나 미국

의회의 반대로 출연금을 납입할 수 없었다.

북한은 1998년 5월 미국이 경수로 제공을 하지 못한다면, 다시 핵연구를 재개하겠다고 했다. 북한에 제공하는 경수로는 김영삼 대통령의 지나친 낙관으로 결국 한국이 떠맡아 공급하게 되었는데 한국전력의 적극적인 로비 결과였다. 북한에 한국형 표준원자로 2기를 건설하는 것에 결국 미국이 동의했고 1995년 3월 9일 한반도에너지개발기구(KEDO)가 설립되었다. 6월 6일에는 KEDO이사회에서 울진원전 3, 4호기를 참조발전소로 하며 한국전력을 주계약자로 한다는 안을 의결했다. 그러나 국내에서 원자력연구소가 주체가 되어야 한다는 논란으로 혼선을 야기했다. 결국 한국전력이 주계약자가 되기로 확정하고 원자로 2기 건설비용을 계산하니 71억 달러가 되었다. 그러나 정부측의 이의도 있어 결국 공사비 49.2억 달러에 준공 후 경비로 2.2억 달러를 별도로 계상했다.

1997년 8월 21일 KEDO는 북한 함경남도의 신포현장에서 경수로 공사의 첫 삽은 팠으나, 진행은 순조롭지 않았다. 우선 비용분담 문제였는데, 미국이 상징적인 선에서 부담하고 일본이 상당한 선에서 부담하기로 되어 있었다. 결국 한국이 80% 이상 부담하게 되는 것이다. KEDO측 예산은 미국이 5%, 일본이 25%, 그리고 한국이 70%를 부담하는 것으로 추진하고 있었으나, 총공사비에서 논란이 일었다. 드디어 한국의 외환위기는 1998년부터 수년간 공사비 투입을 어렵게 했다. 2000년까지 다량의 자금이 공급되지 않아 공기는 예정보다 훨씬 늦어지고 있었다.

2002년 2월 드디어 미국이 북한이 원자로는 정지시켰으나, 우라늄농축설비는 가동하고 있음이 밝혀지면서 KEDO사업도 중단되고 말았다. 위트(Joel S. Wit) 국무성 담당관은 "우리는 북한이 우라늄농축시설을 1998년부터 시작한 것을 감추고 있다는 사실을 알고 있었다."고 했다. 즉, 북한이 Pu생산은 중단하면서 또 다른 핵물질인 우라늄-235를 비밀리에 생산하기 시작했다는 것이어서 양국 간의 신뢰는 무너지고 있었다.

협상대표였던 갈루치(Gallucci) 교수는 미국이 북한에 대한 약속을 지켜야 한다고 역설했으나 경제봉쇄는 풀리지 않았고, 국교정상화도 진전이 없자 북한은 제네바 합의이행(Implementation of the agreement)을 깨겠다고 선언했다. 첫 경수로 건설은 1997년 8월 시작했으나 계획보다 많이 늦어졌다가 결국 2002년 말 중단되고 말았다.

2002년 1월 미국대통령 부시(George W. Bush)는 그의 첫 의회연설에서 북한을 "악의 축(Axis of Evil)으로 표현했다. 2002년 10월 국무성 차관 켈리(Kelly)는 북한으로 가서 우라늄농축 프로그램을 평가하겠다고 했다. 이에 대해 북한은 켈리 차관이 증거도 없이 비난한다고 하며 적대적으로 되었다. 미 CIA보고서는 북한이 원심분리기공장을 세우고 있으며 연간 1~2개의 핵폭탄제조가 가능하다고 평가했다. 2002년 12월 결국 중유수송은 중단되었다.

2003년 1월 10일 북한은 다시 NPT탈퇴를 선언했다. 제네바합의가 깨어진 것이다. 이 합의로 영변의 플루토늄 생산시설은 1994년부터 2002년까지 8년간 동결하였다. 그러나 1990년대 후반 시작한 우라늄 농축시설은 막지 못했다. 2005년 2월 10일 북한은 최종적으로 핵폭탄을 자위수단으로 제조했다고 핵보유를 선언했다. 2006년 10월 9일 북한은 최초의 핵실험을 실시했다. 2006년 1월 31일 KEDO는 경수로 건설프로젝트를 종결했다. 총 공정진도 34.5였으니 그 비용은 대부분 한국전력이 부담하고 말았다. 4천 300만 달러에 달하는 장비도 그대로 두고 떠났다. 허망한 대북경제원조의 실패였다.

이 과정을 보면 북한으로서는 클린턴 행정부의 능력을 불신했을 수도 있다. 그리고 비밀리에 파키스탄과 거래했을 수도 있다. 결국 복잡한 외교적 이유로 제네바합의는 결국 깨어지고 말았는데, 만일 미국이 서두르지 않고 차분히 합의를 이행했다면 한반도에 진정한 평화가 오지 않았을까 하는 아쉬움이 있다. 그러나 세상에는 북한이 플루토늄은 충분히 확보했으니까 생산시설을 폐기하고 대신 비밀리에 우라늄농축 시설을 설치하고 있었다고 알려지면서 미국이 속은 것으로 되어 제네바합의는 미국 외교사의 실패로 되고 말았다.

그 사이 북한은 핵분열물질을 Pu-239에서 U-235로 전환하고 있었다. 즉, 원심분리기를 이용한 우라늄농축에 들어간 것이다. 여기에는 파키스탄의 협력이 있었다. 파키스탄은 일찍이 인도와의 핵무기경쟁에서 U-235을 기반으로 한 원자폭탄 제조에 성공하였다. 여기에는 칸(Abudul Qadeer Kahn)이 있었다. 그는 파키스탄 정부의 지원을 받으며 원심분리기에 의한 우라늄농축 기술을 팔고 있었다. 알려지기로는 북한이 파키스탄이 원하는 미사일 기술을 주고 원심분리기술을 얻었다고 하나, Kahn에 대한 달러지불도 있었을 것이고 이 달러는 한국에서 지원한 각종 원조가 바탕이 되었을 가능성이 있다.

1990년대 중반 북한은 소위 고난의 대행진을 하며 극심한 경제적 어려움에 있었다. 이런 경제상태에서 원심분리기의 자체제작은 상당한 어려움이 있었을 것이다. 북한이 알루미늄관을 다량 수입한다는 정보는 일찍부터 있었다. 이런 전략물자의 구매는 달러와 같은 경화(硬貨)가 아니고는 구할 수 없는 물자였다. 2002년 파키스탄은 1990년 후반에 북한에 핵무기생산기술을 전수했다고 확인했다. 결국 제네바 합의는 공식적으로 폐기되었다. 북한 함경남도 신포에 건설하던 경수로 2기공사도 중단된 채 각종 건설장비는 그대로 북한에 넘어갔다. 허무한 대북원조였다. 공교롭게도 김대중 정부의 햇볕정책이 왕성하던 시기였다.

2003년 북한은 NPT탈퇴를 선언했고 2005년 핵무기 보유를 인정했다. 2006년 10월 9일 북한은 최초의 핵실험이 성공했다고 발표했는데, 함경북도 길주군 만탑산의 지하핵실험장에서 실시된 것으로 관측되었다. 핵폭탄의 크기는 1 kt 이하로 추정되었다. 2007년 1월 6일 북한은 핵무기 보유를 확인했다. 결국 제네바합의는 핵분열물질의 교체에 필요한 시간을 번 것뿐이었다.

미국은 단독회담의 실패를 6자회담(six-party talks)에서 만회하려고 했다. 즉, 한국, 러시아, 일본, 중국을 참여시킨 다자회담에서 그들 우방인 중국이 압력을 행사해 북한이 비핵화에 동의하도록 희망했던 것이다. 러시아는 이미 북한이 핵무장하는 것을 달가워하지 않고 있었다. 러시아는 핵확산의 위험을 안고 갈 의향이 없었다. 그러나 중국은 북한과의 동맹관계를 고려할 때 영향력을 행사할 수도 있었다. 그러나 6자회담도 2009년 결국 허무하게 끝나고 북한은 더욱 핵무장에 박차를 가했다. 한반도의 비핵화는 요원해졌다.

2009년 5월 25일 북한은 제2차 핵실험을 실시했다. 지진계의 강도로 보아 원자폭탄의 크기는 2~7 kt에 이르는 것으로 추정되었다. 적어도 북한은 1945년 당시의 미국의 핵무기능력에 도달한 것이다. 돌연 2012년 2월 북한은 영변핵과학연구소에서의 우라늄농축을 지연시킬 수 있다고 시사했다. 미국의 비위를 맞춘 것이었다. 그래서 미국은 인도적 민간원조는 재개하도록 허용했다. 그러나 북한은 장거리미사일 실험을 공개함으로써 결국 규제완화는 2012년 4월 다시 끊기고 말았다.

2013년 2월 11일 북한의 지하핵실험이 또 포착되었다. 진도 5.1로 상당한 크기의 핵폭탄이었는데, 북한은 탄두소형화에 성공했다고 발표했다. 북한 방송에서는 '수소폭탄성공'이라 자찬했으나 독일 정보통에서는 크기 14 kt 정도로 위력이 향상된 것은 틀림없으나 열확산핵폭탄으로 추정했다. 북한은 착실하게 강대국의 핵무기개발을 추적하고 있었다. 이 사이에 북한은 미국 핵무기개발의 본산인 로스 앨러모우스 연구소의 소장을 7회나 초청하여 원심분리기에 의한 우라늄농축 현장을 보여주었다. 그것은 미국 핵무기의 최고 인사를 초청하여 북한의 핵무기개발 실태를 확인시켜주는 것이었다. 그 동안 한국정부를 비롯하여 미국정부도 북한의 핵무기개발을 축소하여 평가하려고 노력했다. 그것은 두 정부의 대북한 핵확산 억제의 실패를 숨겨보려는 노력이었다. 그러나 북한은 핵무기전문가에게 핵무기개발능력을 직접 보여줌으로써 외교적 우위를 노리고 있었다.

2016년 1월 6일 미국지질연구소는 진도 5.1의 인공지진을 포착했다. 이것은 분명 북한의 지하핵실험이었다. 북한은 수소폭탄실험이 성공했다고 주장했으나 서방 정보통에서는 인정하지 않았다. 2016년 3월 9일 북한 중앙방송에서 김정은이 미사일공장을 방문하여 핵탄두를 살펴보며 관계자를 격려하는 비디오가 방영되었다. 이 비디오의 화면에 나타난 핵탄두는 구형(sphere)으로 지름이 약 80 cm 크기였다. 전문가의 의견으로는 증폭원자폭탄(핵분열형)으로 추정하였다. 그래도 그 정도 크기의 핵탄두라면 중장거리 미사일에 장착하여 충분히 주변국들을 위협할 수 있었다.

2017년 9월 3일 진도 6.3의 인공지진이 또 포착되었다. 이 강도는 기존보다 10배나 강한 것으로 크기는 250 kt는 되는 것으로 추정되었다. Teller−Ulam형의 열핵폭탄으로 인정할 수밖에 없었다. 북한은 스스로 열핵폭탄의 성공이라고 발표했다. 북한이 수소폭탄을 보유했는가는 이제 문제가 되지 않는다. 만일 수소폭탄을 제조했다면, 그것은 길주군의 핵실험장에서 실험할 수 없기 때문이다. 진도 6.3이 이미 검출되었는데, 더 이상 큰 인공지진을 일으킨다면 길주군뿐 아니라 청진시 그리고 백두산까지 영향을 미칠 수 있을 것이다. 북한이 미국을 위협하기 위해 그런 무모한 모험을 할 나라는 아니기 때문이다.

북한은 황해북도 평산에 우라늄광산(매장량 400만톤)을 가지고 있으며 여기서 제련하여 산화우라늄(yellow cake)으로 제조하고 있다. 또한 평양과 남포 사이에 있는 강선농축공장에서는 U−235의 생산을 활발히 하고 있다. 또한 Pu생산을 위해 영변에 50 MW의 원자로와 태천에 200 MW의 원자로를 건설하고 있는데, 흑연감속로로서는 비교적 안정적인 가스냉각로로 알려졌다. 이것이 완성된다면 적어도 1년에 50개의 Pu핵폭탄을 제조할 수 있을 것이다.

미국 트럼프 대통령은 화려한 미래를 보여주며 일시에 북한의 비핵화를 얻어내려고 했으나 결국 실패했다. 북한은 이미 핵보유국이며 경제봉쇄조처만으로는 비핵화를 기대할 수 없는 상태가 되었다. 특히 북한은 2020년 10월 10일 군사퍼레이드에서 세계에서 가장 거대한 기동형 대륙간탄도미사일(road-mobile ballastic missile)을 선보이며 미국을 위협했다. 이것은 분명 미국에 대한 위협이지만, 지척에 있는 한국에 위협이 되지 않는다고 할 수 없다.

핵무기 경쟁시대의 전략은 완전한 보복뿐이다. 그래서 세계는 제3차 세계대전을 애써 피하고 있는 것이다. 북한이 만약 한국에 대해 핵공격을 한다면, 미국의 핵보복은 북한의 종말을 가져올 것이 분명하다. 미국은 명분이 없어 북한의 핵능력을 제거하지 못하는데, 명분만 준다면 미국인의 안전을 위해서라도 반드시 핵보복을 할 것이기 때문이다. 그러나 한국인의 운명은 어떻게 되겠는가. 설마 동족인데, 그런 무모한 실수를 할 수 있겠는가고 하지만 스질라드를 비롯한 원자핵물리학의 최고 권위자들이 핵무기 보유 자체를 악(evil)으로 본 것은 결코 그들이 비관론자이기 때문이 아니었다. 한반도의 완전한 비핵화는 평화통일에 앞서 가장 시급한 민족의 과제이다.

1.5 중동의 핵위기

1) 이스라엘의 핵무장

이스라엘에 핵무기가 있는가 하는 문제는 수수께끼이지만 세계는 이스라엘이 분명 핵무기를 보유하고 있다고 믿고 있다. 이스라엘은 연구용 원자로를 가지고 있으나 발전을 위한 것은 아니라고 믿고 있다. 그것은 이스라엘이 NPT에 가입하고 있지 않기 때문이다. 이스라엘은 연해에서 가스가 나오기 시작하고 있으므로 구태여 원자력발전소를 건설할 이유가 없는 것으로 판단된다. 이스라엘은 네게브 사막의 디모나(Dimona)근처에 네게브핵연구소를 가지고 있는데, 중수감속원자로를 연구용으로 운용하고 있다. 그러나 세상에서는 이 원자로가 핵무기 개발을 위한 Pu-239를 생산하고 있다고 믿고 있다.

이스라엘이 핵무기 개발을 시작하였다는 증거는 없으나 1948년 이후 착수한 것으로 보인다. 세간에서는 이미 80-400개의 핵탄두를 가지고 있으며 운반수단도 마련한 것으로 판단하고 있다. 그것은 이스라엘이 자국의 방위를 위해 핵무기를 사용할 준비가 되었다는 것을 의미하며 아랍세계와의 극한적인 대결로 보아 중동에서의 핵전쟁의 가능성이 매우 높은 것으로 평가된다. 이런 이유에서 미국은 중동에서 핵무기 개발에 대하여 매우 예민한 반응을 보여왔다. 북한이 노골적으로 핵실험을 하고 핵탄두를 공개하며 대륙간탄도미사일을 열병식에서 과시하지만 미국이 이에 대응하지 않는 것은 한반도에서의 핵전쟁의 위험이 크지 않기 때문이다. 즉, 미국의 핵억제력이 충분히 북한의 핵무기 사용을 억제하고 있다고 판단하기 때문이다. 그러나 이스라엘의 경우에는 만일 이스라엘과 이란이 핵무기를 동원하게 되면 미국의 개입이 불가피해질 개연성이 높기 때문에 미국은 이란의 핵에 대하여 예민하다.

이스라엘은 핵무기에 대해 인정도 부정도 하지 않는 정책을 고수하고 있다. 이스라엘 공군은 작전 오페라(Operation Opera)와 작전 과수원(Operation Orchard)을 통해 이라크와 시리아의 원자로를 파괴한 바 있다. 작전명 오페라는 1981년 6월 7일 이스라엘 공군이 이라크 바그다드 서남쪽 17 km에 있는 건설 중인 원자로를 기습 파괴한 작전이다. 작전명 과수원은 2007년 9월 6일 자정을 바로 지나 시리아의 알 키바르(Al Kibar)기지에 있는 원자로시설을 파괴했다. 이것은 이스라엘이 절대로 이스라엘에 대한 핵위협을 좌시하지 않겠다는 의지로 경우에 따라서는 핵전쟁도 불사할 것이기 때문에 미국의 안보에 크게 영향을 미치는 것이다.

이스라엘은 1948년 건국초기부터 원자력개발에 착수하였다. 프랑스의 협조를 얻어 네게브 사막에 비밀리에 핵연구소를 짓기 시작했다. 이곳에는 연구용 원자로와 재처리 시설이 1950년대 말에 건립한 것으로 판단된다. 이곳에서의 핵무기개발의 단서가 노출 된 것은 이 연구소에서 근무하다가 해외로 도피한 기술자 Mordechai Vanunu가 모사드에게 납치되어 본국으로 압송되어 반역과 간첩행위로 18년 형을 선고받음으로 세상에 알려지게 되었다. 이스라엘의 초대 대통령 벤구리온(Ben-Gurion)은 "아인슈타인과 오펜하이머 그리고 텔러는 모두 유대인인데 미국을 위해 핵무기를 만들었으니 이제는 자기 민족을 위해서도 만들 수 있지 않겠는가."라고 말했다. 그리고 독립전쟁 이전부터 유대인 과학자들을 포섭하기 시작했다. 1949년 일단의 탐사팀이 석유탐사를 한다면서 네게브 사막의 지질조사를 했다. 2년에 걸친 조사에서 그들은 우라늄이 포함된 인광석을 발견했다. 또한 몇 명의 학생을 시카고 대학교의 페르미에게 보내어 수학하게 했다.

1952년 벤-구리온은 베르그만(Ernst David Bergmann)을 이스라엘 원자력위원회(Israel Atomic Energy Commission)의 위원장으로 임명했다. 베르그만은 독일 태생으로 베르린대학교에서 화학전공으로 1927년 박사학위를 받았다. 그는 뛰어난 유태인 과학자였는데, 나치가 집권하자 1933년 영국으로 망명했고 이듬 해 팔레스타인에 정착했다. 그는 대전 중 영국, 프랑스 및 미국과 무기개발에 관여했고 이스라엘이 독립된 후에는 국방장관의 과학고문으로 일했다. 그가 이스라엘 원자력위원회 위원장이 된 것은 단순히 평화적 이용을 위한 것이 아님은 분명했다.

1948년 이스라엘이 독립한 후 1962년까지 이스라엘과 프랑스는 긴밀히 군사적 협력관계에 있었다. 이스라엘 독립초기의 무기들은 주로 프랑스에서 공급하였다. 이스라엘은 네게브 사막에서 산출되는 인광석에서 우라늄을 뽑아내는데 성공했고 중수생산 기술도 확립했다. 이스라엘은 미국 아이젠하워 대통령의 '원자력의 평화적 이용'에 대해 1955년 7월 12일 터키에 이어 두 번째로 서명한 나라가 되었다. 이 결과 스위밍풀 형태의 연구용 원자로를 설치하게 되었다. 이 연구용 원자로는 후에 Dimona에 프랑스의 협력으로 본격적인 연구용 원자로를 건설하는 기초가 되었다.

이스라엘은 프랑스와 영국이 이집트 대통령 낫세르의 수에즈운하 국유화에 반대하여 수에즈운하를 점령하는 수에즈 위기(Suez Crisis)에서 연합국에 참전하여 시나이반도를 점령했었다. 이 전투가 소련의 간섭과 미국의 종용으로 실패로 끝난 후 프랑스는 이스라엘에게 실용적 원자로인 24 MW EL-102원자로와 핵연료봉 재처리설비를 지원했다. 이 원자로는 연간 22 kg의 플루토늄을 생산할 수 있는 규모였다. 이 원자로가 이스라엘에 도착하자 벤-구리온 수상은 이 원자로의 목적은 해수를 담수로 바꾸어 농업용 관개에 사용할 것이라 했다.

1958년 드골이 프랑스 대통령이 되자 그는 이스라엘에 대한 핵기술 전수를 반대했다. 그러나 이스라엘과 프랑스는 원자로건설에 대한 계약이 진행 중이었으므로 평화적 목적으로 이용한다는 명분을 세워 계속 진행했다. 그러나 우라늄 원료공급은 1963년 중단되었다. 2019년 이스라엘 신문 Haaretz가 보도한 바에 따르면 1963년 여름 미국 대통령 케네디는 이스라엘의 핵무기개발 프로그램에 강한 제동을 걸었다. 이로 인하여

두 나라의 긴장이 고조되었는데, 밖으로는 공개되지 않았다. 실행되지는 않았으나 케네디 대통령은 공수단을 네게브 핵연구단지인 Dimona에 파견할 수 있다고 위협했다고 한다. 케네디 대통령은 미국 전문가가 Dimona 핵연구단지를 방문하여 철저한 조사가 가능하도록 이스라엘정부를 압박했다. 그러나 케네디 대통령이 암살되고 후임으로 죤슨이 대통령이 되면서 이스라엘에 대한 미국의 압력은 실행되지 않았다.

한편 영국도 이스라엘의 핵무기개발을 지원했다고 BBC방송이 보도했다. 보도에 따르면 영국은 핵분열물질의 재처리에 필요한 화학약품과 금지된 물자를 1950년대와 1960년대에 이스라엘에 공급한 것으로 나타났다. 그 물자 중에는 핵물질인 우라늄–235 샘플도 들어있었고 1966년에는 플루토늄도 공급했으며 고도로 농축된 리시움–6도 있었는데, 이것은 열핵무기에 들어가든가 수소폭탄의 원료로 알려진 물질이다. 노르웨이도 Dimona의 중수감속원자로의 중수를 공급한 것으로 알려졌다.

이스라엘은 196년의 6일 전쟁(Six–Day War) 이후 핵무기개발을 전적으로 실시하고 있음이 분명해졌다. CIA보고에 따르면 이스라엘은 6–8주에 하나씩 원자폭탄을 제조할 수 있는 것으로 되어 있다. 또 다른 소식은 이스라엘 총리가 이 전쟁 중에 원자폭탄 2기를 가조립하라고 지시했다고 했다. 플루토늄을 생산하기 위해 이스라엘은 다량의 우라늄이 필요했는데, 1968년 모사드(Mossad)는 200톤의 우라늄광석을 콩고의 광산에서 사들인 것으로 알려졌다.

1969년 미 국방장관 멜빈 레어드(Melvin Laird)는 이스라엘이 그 해에 원자폭탄을 가질 것이라 했다. 닉슨 대통령도 이스라엘 골다 마이어 수상에게 핵무기개발계획을 밝히라고 압력을 가했다. CIA는 이스라엘이 150 MW의 원자로를 가동하여 1년에 40 kg의 플루토늄을 생산하고 있다고 추산했다. 2000년대 중반에 들어와 이스라엘은 이미 75 내지 400개의 핵탄두를 가진 것으로 추산했으며 그 중에는 핵분열폭탄뿐 아니라 전술핵무기와 열핵무기도 포함된 것으로 추정했다. 2014년 지미 카터 전대통령도 "이스라엘은 아마 300개 더 이상의 핵무기를 가지고 있을 것이다."라고 했다. 이제 이스라엘의 핵무기 보유는 의심의 여지가 없다. 그래서 세계는 이스라엘에 맞서 핵개발을 계속 추진하고 있는 이란에 대한 의구심을 버릴 수 없게 되었다. 만일 이란이 핵무기를 갖게 되고 이를 사용한다면, 이스라엘은 분명 핵무기를 사용할 것이고 이런 상황에서 미국과 러시아가 초연할 수 있을까 하는 우려 때문이다. 그것은 또한 중동산유국의 문제와 직결되므로 중동의 핵무기경쟁은 인류의 재난이 될지도 모른다.

2) 이란의 핵개발

이란은 고대 페르시아(Persia)의 후신이다. 옛부터 강국이어서 그리스와 여러 차례 전쟁을 하였으며 알렉산더 대왕에게 정복되어 멸망하였으나 다시 일어나 로마제국과 맞서왔다. 다시는 기원전 5세기의 강세를 되찾지 못했으나 여전히 메소포타미아의 북쪽에 위치한 넓은 국토와 인구로 중동의 강국이다.

20세기 초 이미 헌법혁명을 일으켜 입헌군주제를 채택했고 석유자원을 배경으로 서방세계와 대치해왔다. 이란이 석유국유화를 추진하자 영미가 개입한 쿠데타로 팔라비(Mohammad Reza Pahlavi) 왕조가 강화되어 1979년 이란혁명까지 존속되었다. 이란혁명으로 이슬람교조국가가 되어 미국과 마찰을 빚어왔다.

이란은 역사적으로 이라크와 패권다툼을 해왔는데, 이라크의 후세인정권이 붕괴되면서 이라크의 세력이 약화되자 이란은 아랍세계에서의 패권을 위해 강력한 무장국가로 변신했다. 이란이 핵무기개발을 추진하는 것은 대 이스라엘보다는 아랍의 패권이 목적인지도 모른다. 그러나 이란의 군비강화 특히 핵무기보유는 이스라엘뿐 아니라 아라비아반도의 석유왕국들의 안전에도 막대한 영향을 미칠 것이므로 미국은 강력히 제재하고 있다.

이란의 원자력개발 프로그램은 1950년대 미국의 '원자력의 평화적 이용' 정책에 따라 지원을 받았다. 당시 이란은 팔라비 왕조로 미국과 밀월관계에 있었다. 그러나 1979년 이란혁명이 일어나 이슬람교조국가가 되면서 국제적 원자력 협력은 차단되었다. 그 후 미국과의 갈등은 심화되었고 러시아의 침투가 계속되면서 이란의 핵개발은 의심받기 시작했다.

이란은 현재 몇 개의 원자력 연구소와 2개의 우라늄광산, 그리고 연구용원자로 1기, 우라늄처리시설 및 우라늄농축시설 3개소가 알려져 있다. 1981년 이란당국은 이란의 핵개발은 계속할 것이라 했다. 1980년대 후반 프랑스와 협상이 시작되었고 1990년대에는 아르헨티나와 핵개발 협상이 성사되었다. 이란은 19세기 이래 러시아의 침략을 받아왔는데, 1990년대에는 러시아와 공동연구가 시작되어 러시아의 전문가 파견과 기술정보가 전수되었다.

2000년대에 들어와 이란의 핵개발은 원자력발전소의 건설이 아니라 우라늄농축 프로그램이 은밀히 진행되고 있으며, 그 목적은 연료봉 제작이 아닌 핵무기개발로 의심받기 시작했다. 2003년 IAEA는 이란의 핵프로그램을 조사하기 시작했다. 이란이 NPT의 의무사항(safeguard)을 지키지 않자 유엔 안정보장이사회는 이란이 농축프로그램을 연기하도록 요구했다. 2011년 IAEA는 이란이 2003년까지 핵무기 설계를 목표로 실험을 계획했던 증거가 있다고 보고했다.

이란의 첫 원전인 부셔(Bushehr) 1 원자로는 러시아 정부의 원조로 2011년 9월 12일 공식적으로 가동을 시작했다. 이 원자로의 설계자인 러시아 엔지니어링 회사는 부셔 1 원자로가 2012년 말에 임계상태에 도달하여 전출력을 낼 것이라고 발표했다. 이란은 또한 새롭게 360 MW급 닥호빈 원자력발전소(Darkhovin nuclear power plant)를 건설 중이며 아울러 중간 크기의 원전 몇 기와 광산을 개발할 것이라 공표했다. 이란은 산유국의 하나로 발전용 연료 때문에 원자력발전소를 건설하는 것이 아니다. 특히 소규모 원전을 가동하려고 하는 것은 사용 후 연료봉을 재처리하여 플루토늄을 생산하려는 목적으로 보인다.

2015년 현재 이란의 핵개발 프로그램은 국제제재로 1,000억 달러의 석유대금 동결과 외국투자를 잃게 되었다. 그 사이 유엔 안전보장이사회는 결의 1696(2006년 7월 31일자)로 우라늄농축중단을 통고한 이래 8개의 결의안(resolution)을 통보했다. 2015년 이란은 P+1과 오스트리아 비엔나에서 협상을 체결했다. P+1이란 안전보장이사회 상임이사국인 미국, 영국, 프랑스, 러시아, 중국에 독일이 합류한 국제회의를 말하며 2015년 7월 14일 이란의 농축우라늄 프로그램의 중단을 합의한 바 있었다. 그러나 2019년 IAEA는 이란이 이 합의를 파기했다고 성명했다. 2020년 11월 IAEA는 이란이 원심분리기 기술을 개발하고 있는데 이것은 분명 P+1과 체결한 핵협상(Joint Comprehensive Plan of Action)을 위반하는 것이라 했다. 또한 이란은 JCPOA협상에서 허용한 농축우라늄의 12배 이상을 보유하고 있으며 Natanz에 지하 원심분리기공장을 건설 중이라고 발표했다. 이제 이란은 분명 북한의 핵무기개발 루트를 따르고 있는 것이다.

세계는 이제 핵무기 경연장이 되었다. 그러나 핵전쟁은 국민 모두를 죽이는 결과를 가져올 것이므로 간신히 균형을 유지하고 있다. 그러나 강대국들의 완전한 비핵화 즉 핵무기 폐기는 절대로 없을 것으로 생각된다. [표-1]에서는 현재 핵보유국의 핵무기보유 현황을 보여준다.

[표-1] 핵무기 보유현황

국명	핵탄두		최초 핵실험	운반수단	시험횟수
	전개	총계			
미국	1,700	5,550	1945. 7. 16.	3방식(항공기, 미사일, 잠수함)	1,054
러시아	1,600	6,257	1949. 8. 29.	3방식(항공기, 미사일, 잠수함)	715
영국	120	225	1952. 10. 3.	해군	45
프랑스	280	290	1960. 2. 13.	해군 및 공군	210
중국	미상	350	1964. 10. 16.	3방식(항공기, 미사일, 잠수함)	45
인도	미상	160	1974. 5. 18.	3방식(항공기, 미사일, 잠수함)	6
파키스탄	0	165	1998. 5. 28.	지상 및 공군기지	6
북한	0	45	2006. 10. 9.	지상 및 공군기지	
이스라엘	0	90	1960-1979	3방식 추정	미상

자료: 위키피디아(영문).

제2장

핵물질의 평화적 이용

2.1 원자력의 평화적 이용

1952년 11월 미국 대통령선거에서 승리한 아이젠하워는 유럽의 대독 전쟁을 승리로 이끈 영웅이자 평화추구자였다. 그는 한국전쟁을 종결시키겠다는 공약으로 대통령에 당선되었다. 그가 당선자 신분으로 좋아하는 죠지아주의 오거스타내셔널 골프장에서 비밀보고를 받았는데, 그것은 1952년 11월 1일 태평양 핵실험장에서 막 실시한 최초의 수소폭탄실험 '아이비 마이크(Ivy Mike)'의 결과였다. 내용은 "폭발은 성공했고 위력은 섬 하나를 날려버렸다."였다.

1952년 4월 28일 트루먼행정부의 국무성은 '군축에 관한 권고패널(Panel of Consultants on Disarmament)을 조직했다. 이것은 국무장관 딘 애크슨(Dean Acheson)의 주도로 미국의 군축정책과 유엔 군축위원회(United Nations Disarmament Commission)에서의 역할에 대한 전문가의 자문을 구하기 위해서였다. 패널은 5인의 멤버로 구성되었는데, 좌장은 원자폭탄의 아버지로 불리는 오펜하이머 박사였다. 그는 맨해튼프로젝트의 중심에 있어 미국의 원자폭탄을 직접 설계하고 만든 사람이다. 그는 전후에 프린스턴의 고등연구소(Institue of Advanced Study) 소장으로 있었는데, 이때 패널 멤버가 되었고 자연스럽게 좌장이 되어 핵무기 제한에 대한 여러 문제를 주도했다. 다른 멤버로는 카네기 연구소의 부시(Vannevar Bush), 다트머스대학교 총장 디키(John Sloan Dickey), CIA부국장 덜레스(Allen Dulles), 국제평화를 위한 카네기재단의 죤슨(Josheph E. Johnson)으로 모두 국무성과 관련이 있는 저명 인사였다. 이들 멤버는 국무성, 국방성, 원자력위원회, 그리고 유엔 미국대표단의 관리들과 회동했다.

패널의 좌장인 오펜하이머는 패널을 통하여 임박한 미국의 수소폭탄 실험을 막아보려고 노력했다. 실제로 오펜하이머는 패널이 시작되자 거의 준비가 다 되어 있는 미국 최초의 수소폭탄 실험을 막아보려고 했고 패널의 2차 회의에서는 수소폭탄 실험은 연기하는 것이 좋겠다는 결론을 이끌어내기도 했다. 그러나 미국 최초의 수소폭탄 실험은 이미 준비가 다 되어 있어 결국 막지 못했다. 오펜하이머의 생각은 미국이 수소폭탄을 실험하면 소련이 다투어 개발하려고 해서 세계는 오히려 핵전쟁의 위험을 증대시킬 것이라 생각했다. 그러나 실제로 소련에서는 사하로프(Sakharov)를 중심으로 한 과학자들이 수소폭탄 개발에서는 상당한 진전을 보이고 있었기 때문에 그의 연기론은 의미가 없는 것이었다. 소련은 스파이를 이용하여 맨해튼프로젝트의 거의 모든 자료를 확보하고도 핵분열탄(Pu탄 추정)의 실험을 1949년에야 실시했다. 그러나 수소폭탄 실험은 1955년 11월 22일에 실시하였으니 사하로프를 중심으로 한 소련의 수소폭탄 개발은 처음부터 리시움염(Lithium)을 사용하는 등 미국을 많이 따라잡은 것이었다.

'군축에 관한 권고패널'은 트루먼 행정부에서 시작되었으나 정작 보고서는 새로 대통령이 된 아이젠하워가 읽게 되었다. 그는 이 보고서를 읽고 그것을 국가안보회의(National Security Council) 스탭들에게 읽어 보도록 지시했다. 그 정도로 그는 이 보고서가 가치가 있다고 평가했다.

오펜하이머의 수소폭탄 실험연기는 성공하지 못했으나 후에 내어놓은 보고서는 아이젠하워 대통령을 핵문제에 관하여 깊은 이해를 주는데 성공했다. 아이젠하워는 원자력은 이제 인류를 멸망시키는 것이 아니라 인류에게 행복을 가져올 수 있는 새로운 기술이라는 것을 선전하고 싶었다. 그는 1953년 12월 8일 유엔총회 연설에서 다음과 같이 시작했다.

"나는 오늘 어떤 면에서는 새로운, 그러나 내 생애의 대부분을 군대에 종사하면서 절대로 쓰고 싶지 않았던 언어를 하는 수 없이 말하게 됩니다. 그 새 단어는 '원자무기(atomic warfare)'라는 단어입니다." 그는 '원자를 평화에(Atomic for Peace)'라는 슬로건을 가지고 원자력의 평화적 이용을 미국이 주도하기 시작했다. 그는 패널의 권고에 따라 지금까지 비밀에 붙였던 원자력에 관한 지식의 상당부분을 국민에게 알리기로 하고 관련설비와 정보를 미국 내는 물론 전 세계에 개방하기로 했다. 그 대상은 학교, 병원, 그리고 연구소였다. 그리고 원자력을 이용하여 발전하는 최초의 실험용 원자로를 이 프로그램에 의해 이스라엘과 파키스탄에 건설하도록 했는데, 제조회사는 발전소 전문메이커가 아닌 볼링설비제조사인 미국 기계 및 주조회사(American Machine and Foundry)였다. 당시 제공된 원자로는 스위밍풀(swimming pool) 모양의 아주 기초적인 원자로였다. 'Atom for Peace'는 우표로도 발매되어 아이젠하워 행정부의 원자력의 평화적 이용에 대한 의지를 천명했다. 이런 추세가 대한민국의 초기에 원자력의 이용에 대해 정부가 적극적으로 나선 원인이 되었다.

1949년 8월 소련이 최초의 원자탄을 실험하자 미국 내에서는 정부, 군부 그리고 과학계에서 더 강력한 수소폭탄을 개발할 것인가에 대한 토론이 많았다. 수소폭탄의 개념에 대해서는 맨해튼프로젝트 수행 중에 이미 논의된 바 있었으나 시급한 핵분열폭탄 개발을 우선하기로 하고 미루어 두었던 것이다. 그 결과 트루먼 대통령은 1950년 1월 31일 새 핵무기

개발을 지시했다. 그러나 당시 수소폭탄은 개념뿐이었다. 그러다가 1951년 3월 Teller–Ulam의 설계가 구체화되면서 1952년 꾸준히 발전하여 최초의 수소폭탄 실험으로 이어지게 되었다. 과학계에서는 비록 1950년 1월에 수소폭탄 개발을 막지 못했으나 수소폭탄 반대자들은 이후 수년간 다양한 채널을 통해 수소폭탄의 개발을 저지하려고 노력했다.

오펜하이머가 작성하여 아이젠하워 행정부에 보고한 보고서의 요지는 다음과 같다.

- 원자력의 비밀을 해제하고 국민에게 알릴 것.
- 미국의 동맹국들과 핵문제에 대한 소통을 원활히 할 것.
- 소련의 공중공격에 대비하여 미국의 방위를 강화할 것.
- 유엔에서의 군축활동을 증대시킬 것.
- 소련과의 소통을 강화할 것.

아이젠하워 대통령은 이 보고서를 높이 평가하고 우선 핵관련 정보를 국민에게 알리며 핵무기에 대한 공포감을 심어주는 것이 아니라 적극적으로 평화적으로 이용할 수 있게 국민적 지혜를 모으기로 했다. 이 결과 핵분열을 이용한 발선, 동위원소를 이용한 의료 등을 적극 개발하도록 지원했다.

핵분열을 열원(energy source)으로 이용하는 발전은 마치 폭약을 대기 중에서 조금씩 태우면 폭발하지 않고 타기만 하는 것과 원리가 같다. 즉, 핵분열물질인 우라늄(U–235)을 아주 서서히 반응하게 하면 핵분열에 의한 열만 나오는데, 이 열을 이용하여 물을 끓이면 증기가 되고 이 증기를 사용하여 터빈을 돌리면 발전기를 돌릴 동력을 얻게 된다. 그런데 여기서 미국의 핵확산방지 전략인 원자력발전소가 나오게 되었다.

미국은 해군함정에 사용할 소형원자로를 개발하고 있었다. 그것은 중유를 연료로 하는 전투함에서는 연료공급의 문제가 가장 심각했기 때문이다. 특히 잠수함은 연료가 부족하면 출동할 수 없어 도처에 잠수함 기지를 마련해야 했다. 그래서 제일 먼저 착수한 것이 잠수함용 원자로였다.

미국은 1951년 작전반경 제한이 가장 심한 잠수함에 원자로를 설치하는 문제를 확정했다. 잠수함용 원자로는 안전성과 공간제한을 고려하여 개발하였는데, 정부연구소인 베티스 원자력연구소(Bettis Atomic Power Laboratory)가 담당했다. 이 연구소는 첫 잠수함추진용 원자로를 비롯하여 핵항공모함과 순양함까지 다양한 핵동력을 개발했는데, 첫 작품이 미 해군 노틸러스호(USS Nautilus) 잠수함의 핵동력이었다. 용량은 그리 크지 않아 노틸러스호는 배수량 3,533톤의 크지 않은 잠수함이었다. 핵동력도 10,000 kW로 시속 23노트의 일반 잠수함과 별로 다르지 않았다. 그러나 연료공급 없이 거의 무한한 작전거리를 가지게 되자 그 공격적 잠재력에 세계가 놀랐다. 노틸러스호는 1958년 8월 3일 북극을 통과하면서 세계 어느 곳에도 출현할 수 있는 능력을 보여주었다.

노틸러스호의 핵동력 엔진은 웨스팅하우스 전력회사(Westinghouse Electric Corporation)에서 제작하였는데, 그 후 웨스팅하우스에서는 가압수형원자로(PWR–Pressurized Water Reactor)제작의 선두주자로 나서게 되었다. 웨스팅하우스에서 제작하는 원자로는 핵분열물질을 다루는 1차 설비와 1차에서 공급하는 증기로 터빈을 돌리고 발전기를 돌려 전력을 생산하는 2차 설비로 구분되는 형식이었다. 잠수함에 사용할 여러 조건을 고려한 안전한 설계였는데, 비록 투자비는 많아도 값싼 연료비 때문에 경제성을 가지게 되었다.

우리가 흔히 사용하는 물(water)은 엄청난 과학적 잠재력을 가진 물질이다. 물은 온도상승과 함께 열용량이 증가하며 대기압에서 100℃에 끓는다. 이렇게 생성한 증기는 상태만 변한 것이 아니라 엄청난 열용량을 가지게 된다. 증기는 가열하면 압력과 함께 올라가는데, 점차로 일반 가스(gas)와 같은 열역학적 성질을 가지게 된다. 즉, 온도, 압력, 부피 사이에 관계식이 성립하는 것이다. 증기터빈은 고압의 증기를 특수한 터빈(turbine)이라는 기계를 통하면서 압력이 감소하고 대신 터빈에 기계력을 전달하는데, 배출압력은 대기압 보다 조금 높은 압력까지 팽창시킬 수 있다. 현대의 증기터빈은 초임계압까지 증기압력을 높여 열효율을 극대화하는데, 원자력발전소에서는 여러 가지 제한 때문에 비교적 저압의 증기를 사용한다.

증기는 물의 압력이 높으면 생성이 억제 된다. 즉, 압력이 41기압이 되면 250℃의 물도 끓지 않는다. 만일 압력이 88기압이 되면 300℃에서도 끓지 않기 때문에 PWR에서는 이 원리를 이용하여 고압으로 원자로내의 냉각수가 끓지 않게 한다. 그 고압의 고온수를 증기발생기에 넣어 열교환에 의하여 증기터빈에서 사용하는 증기를 발생하는 것이다. 이 증기는 원자로의 냉각수와 직접 접촉하지 않기 때문에 방사성이 거의 없고 따라서 일반 증기터빈과 별반 다르지 않게 가동할 수 있다. PWR에서는 냉각수가 끓지 않고 고압을 유지하기 때문에 용기의 두께도 두껍고 사용하는 설비도 고압용이어서 건설비가 많이 들어간다.

한편, 원자로의 냉각수를 직접 끓여 증기를 발생시킨다면 구조는 훨씬 간단해지고 압력도 낮아 시설비가 저렴하게 될 수 있다. 이 원리를 이용한 원자로가 비등수형원자로(BWR-Boiling Water Reactor)이다. 이 원자로는 증기발생기라는 중간 설비를 거치지 않기 때문에 구조가 비교적 간단하다. 그러나 터빈에 들어가는 증기가 원자로에서 직접 비등한 증기여서 방사성을 많이 띄게 된다. 따라서 터빈설비 주변에 방사성 차폐를 위한 시설과 운전에서의 안전수칙 등이 까다롭다. 비등수형원자로는 전력회사의 원조격인 제너럴일렉트릭(GE-General Electric)이 1950년대 초 아르곤국립연구소(Argonne National Laboratory)와 협력하여 개발했다. BWR의 설계개념은 PWR 보다 조금 늦게 형성되었다. 그것은 해군용이 아닌 민간발전소의 경우 경제성을 우선하여 설계하였기 때문이다. GE에 의하여 실용화된 BWR은 공학적으로는 아주 컴팩트하고 능률적인 설계이다. 원자로

용기도 따로 없고 노심은 콘크리트 기초 위에 받혀져 있고 주위는 건물의 일부인 콘크리트로 차폐되어 있다. 따라서 별도의 돔 모양의 구조물도 필요하지 않았다. 원자로 주변은 3층의 구조물의 중앙에 위치한 열발생설비 모양이었다. 냉각수도 노심 아래에 도너츠 모양(tory spherical)의 둥근 용기이고 여기서 펌프로 밀어 올리게 되어 있다. 따라서 압력용기도 많지 않고 원자로와 같이 건설된 각층에는 각종 설비와 사용 후 연료 저장시설까지 마련되어 있다.

미국에서 두 종류의 원자로가 경쟁하는 동안 다른 나라에서는 천연우라늄을 사용하는 원자로들이 개발되기 시작했다. 영국에서는 플루토늄을 생산하면서 전기도 동시에 생산할 수 있는 원자로를 개발했다. Magnox형 가스냉각 흑연감속로였는데, 동력발전용으로는 부족함이 많았다. 그래도 1950−60년대에는 핵폭탄제조용 Pu가 필요했으므로 이 원자로를 가동하면서 개량한 가스냉각 흑연감속로를 발전시켰다.

소련에서도 마찬가지로 Pu을 사용하는 원자폭탄 제조가 시급했으므로 흑연감속로를 운영하였는데, 경수냉각이었다. 이 원자로 역시 상업용 전기생산에는 효율적이지 않았으나 Pu을 생산하는 목적에서 운영하다가 드디어 체르노빌 원전 화재사고를 겪게 되었다. 소련이 러시아로 개편되면서 원자로 설계도 발전되어 이제는 가압수형인 VVER원자로로 바뀌었다. 이제 원자력발전은 원자력의 평화적 이용의 대표주자가 되어 발전하고 있다.

2.2 원자력발전소(原電, Nuclear Power Plant)

1) 개황

원전하면 우선 떠오르는 영상이 둥근 지붕의 돔(dom)모양의 콘크리트 건물이다. 그러나 이것은 한국이 가압수형원자로(PWR)를 선택한 결과이고 다른 유형의 원전이면 사각형의 건물일 가능성이 크다. 일본 도쿄전력의 후쿠시마 제일원전의 경우도 사각건물에 높은 굴뚝이 보인다. 북한 영변의 원자로도 사각건물 모양을 하고 있다. 한편 미국을 비롯한 서양에서는 원전하면 옆에 거대한 냉각탑이 우뚝 솟아 있는데, 그 모양이 마치 첨성대를 확대해 놓은 것 같다. 그것은 첨성대 모양이 콘크리트 구조물로서는 가장 이상적인 하이포이드쉘(hypoid shell)이기 때문이다. 냉각탑이 그렇게 거대한 것은 원전의 발전용량이 대개 1000 MW 이상이므로 냉각시켜야 할 열용량이 4000 MW 전후이기 때문이다.

냉각탑은 원자로의 일부가 아니고 그냥 더운 물을 뿜어 공기로 식히는 장치일 뿐이다. 북한이 1994년 미국과 핵협상을 하면서 성의로 영변 흑연감속로의 낡은 냉각탑을 폭파한 일이 있었는데, 사람들은 북한이 진정으로 핵물질 생산을 포기한 것으로 착각했었다. 냉각탑이 없다고 해도 강물을 끌어들여 식힌다면 원자로 가동에는 지장이 없다. 북한이 영변원자로의 낡은 냉각탑을 폭파하여 비핵화 의지를 보였다고 생각하는 것은 공학을 모르는 사람들의 눈속임일 뿐이었다.

원전은 열원이 핵반응(nuclear reaction)인 화력발전소(thermal power plant)이다. 화력발전소의 전형으로 원자로에서 발생하는 열로 증기를 발생시켜 전기를 생산하는 발전기에 연결된 증기터빈(steam turbine)을 돌린다. 국제원자력기구(IAEA)에 따르면 2018년 현재 전 세계 30개국에 450기의 원전이 가동되고 있다. 원전은 보통 전력계통의 기본부하(base load)로 생각하는데, 연료비가 아주 작은 비중을 차지하고 부하변동을 급하게 조절할 수 없기 때문이다. 즉, 전력망의 부하의 일정비율을 항상 담당하게 함으로써 원전의 경제성을 유지하게 된다. 다시 말하면 원전은 가능하면 발전중단 없이 계속 가동하는 것이 가장 경제적이다.

원전에서 가장 문제가 되는 것은 사용 후 연료봉처럼 장기간 방사성물질을 저장하여야 하는 것이다. 폐연료봉은 화학처리하여 각종 동위원소를 분리해 내고 나머지는 영구 저장하는 것이 이상적인 폐기물 처리이지만 이 동위원소 중에 핵분열물질인 플루토늄 Pu-239가 있기 때문에 아예 사용 후 연료봉을 처리하지 못하게 하는 것이 현재 실정이다. 그러니 사용 후 연료봉은 원전 구내에 물속에 저장하고 있는데, 가동이 오래되면 이 폐연료봉이 싸여 관리에 어려움이 있다.

원자로형식의 구분은 터빈구동에 필요한 증기(steam)를 원자로에서 직접 생산하느냐 아니면 열교환기를 거쳐 간접적으로 생산하느냐 하는 것의 차이이다. 즉, 증기터빈을 돌리기 위해서는 증기를 생산해야 하는데, 원자로에서 직접 증기를 발생시키는 것이 비등수형원자로(BWR: boiling water reactor)이고, 원자로에서 냉각수를 비등하지 못하게 고압으로 가압하면서 고온수를 열교환기를 통해 증기를 생산하는 형식이 가압수형원자로(PWR: pressurized water reactor)이다. 기타 냉각재가 물이 아닌 경우 열교환기에 의해 증기를 생산하는데 이 경우는 다른 형식이 된다.

원자로에서 직접 증기를 발생시켜 증기터빈을 돌리는 방식은 기계공학적으로는 가장 효과적인 방식이다. 그러나 이 경우 일반 화력발전소와 달리 증기에 방사성물질이 섞여 있어 이를 차폐하여야 하는 문제가 제기된다. 만일 연료봉에서 결함이나 문제가 생기면 곧바로 터빈실로 방사성물질이 누출되므로 안전에 위협을 준다. 뿐만 아니라 노심에서 증발하는 과정에 증기와 물의 열전달 차이로 노심의 냉각시스템이 불안정해질 수도 있다. 또 발생된 증기는 수분이 다량 포함되어 있어 이를 분리하는 설비도 필요하다. 그러므로 비등수형원자로에서는 제어봉을 상부에 설비하지 못하고 밑에서 밀어 올리는 방식을 사용한다.

한편 방사성물질을 차폐하여 따로 다루고, 증기터빈과 발전기가 구동되는 2차 계통에서는 일반 화력발전소처럼 방사성의 위험을 느끼지 않는 간접생산 방식이 우선 고려되었다. 이 경우 원자로의 냉각수는 절대로 비등하여서는 안 되기 때문에 고압으로 누르는 가압기(pressurizer)를 사용하는데, 여기서 가압수형원자로의 명칭이 나오게 되었다.

일반적으로 증기는 온도와 압력이 올라갈수록 고효율의 열사이클(thermal cycle)을 얻을 수 있다. 증기터빈에서 열에너지가 기계적 에너지로 변환되는 과정은 압력강하인데, 배출압력은 대기압을 조금 넘는 저압이다. 원자로에서 생산되는 증기는 원자로의 구조상 중저압이다. 만일 냉각수의 온도를 300℃로 제한한다면 이에 해당하는 포화압력은 87.62 kgf/cm^2으로 상당한 고압이다. 그러므로 가압수형원자로는 원자로용기부터 가압기, 증기발생기를 비롯하여 각종 설비들이 고압에 견뎌야 하기 때문에 중후하고 시설비가 많이 소요된다. 즉, 원전 건설비가 크다. 그러나 원자로에서 직접 증기를 발생시키는 비등수형원자로의 경우에는 이런 시설이 필요 없으나 냉각수의 온도나 압력을 높일 수 없어 적당한 압력으로 가동하고 있다. 따라서 전반적으로 원전의 열효율은 27%를 넘지 못한다. 즉, 73%는 외부 냉각수로 식혀야 가동이 유지된다. 우리나라는 모두 PWR을 채택하고 있으며 냉각능력을 고려하여 모두 바닷가에 원전을 세워 냉각탑 없이 해수를 직접 순환시켜 냉각하고 있다.

PWR에 사용하는 압력용기는 방사성물질을 다루기 때문에 절대로 파손되는 일은 없어야 한다. 따라서 원전용 압력용기에 대한 강도설계규정인 미국 ASME의 Boiler and Pressure Vessel, Division III–Nuclear Vessel의 규정은 일반 화력보일러의 규정인 Division I–Power Boilers 보다 5배 이상의 내용을 가지고 있다. 원자로용기는 어떤 경우에도 파손되어서는 안 된다.

2) 원전 시스템(Systems of Nuclear Power Plant)

원전이라고 해서 기계적 에너지를 간접적으로 전기에너지로 변환시키는 방식에는 일반 화력발전소와 다를 것이 없다. 원전에서 핵분열로 발생하는 열에너지는 냉각재(coolant)를 가열한다. 이 냉각재는 원자로 형식에 따라 물 또는 가스이고 경우에 따라서는 액체금속이 사용된다.

원자로 노심에는 핵연료봉이 삽입되는데 연료봉 주변은 감속재(moderator)로 둘러싸여 있다. 이유는 핵분열에서 발생하는 고속의 중성자를 감속해서 다시 연료봉의 우라늄에 포집되기 위해서이다. 중성자를 감속시키는 방법은 충돌에너지에 의한 감소인데, 중성자가 충돌해도 핵반응이 일어나지 않고 단순히 반발로 에너지만 감속시키는 감속재로 최초로부터 흑연이 사용되었다. 흑연을 감속재로 사용하면 중성자의 속도가 급히 떨어져 아주 저속이 되는데 이 느린 중성자를 열중성자(thermal neutron)라 하며 천연우라늄(U-238)에 포집되어 플루토늄을 생산한다. 그러므로 페르미의 CP-1 원자로 이래 플루토늄을 생산하는 원자로에서는 대체로 흑연을 감속재로 사용한다. [그림 10]에서는 흑연감속원자로의 노심의 구조를 보여준다.

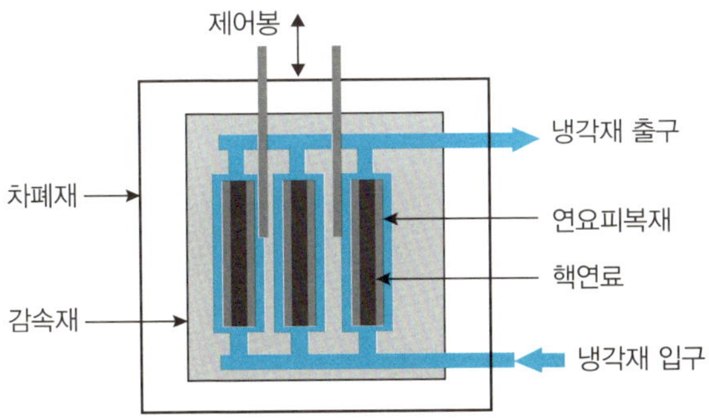

[그림 10] 원자로 노심의 주요구성요소 개념도-흑연감속로인 경우.

한편, 미국에서 PWR을 개발하면서 열중성자까지 감속하지 않아도 U-235의 농도가 어느 정도 높아지면 연쇄반응을 지속시킬 수 있었다. 이 정도의 감속재로는 보통의 물을 사용해도 가능했다. 증기를 발생시키려면 물이 반드시 필요한데, 원자로의 냉각재가 물로도 가능하니 구조상 아주 이상적인 감속재가 되었다. 그러나 물을 감속재로 사용할 경우 U-235의 비율을 3-5% 농축한 농축우라늄을 핵연료로 사용하게 된다. 농축우라늄을 사용한 연료봉은 사용 후 잔유 플루토늄의 양이 극히 미량이어서 Pu생산에는 적합하지 않다. 그러나 미국에서는 핵물질의 확산방지를 위해 사용 후 핵연료봉을 절대로 재처리하지 못하게 하고 있다. 한편, 천연우라늄을 연료봉으로 사용하는 흑연감속로의 경우 사용 후 연료봉에는 상당량의 플루토늄이 잔류하여 충분히 화학처리할 수 있다. 이런 이유에서 미국은 북한이 소련에서 제공한 흑연감속로를 버리고 미국이 제공하는 농축우라늄경수로를 사용하도록 유도하였던 것이다.

원자로에서 핵분열이 시작되면 열이 발생하는데, 만일 이 열을 적절히 냉각시키지 않는다면 결국 노심이 녹아내려 시스템이 붕괴된다. 대개는 그 전에 연료봉 피복재인 지르코니움이 물과 반응하여 수소를 발생하여 폭발할 수도 있다. 그러므로 노심은 반드시 과열되지 않게 냉각재로 식혀주어야 하고 이것이 노심설계의 중심이다. 한편, 노심의 적정가동이 이루어지기 어려우면 핵분열을 중지시켜 원자로를 꺼야하는데 일반 화력발전소의 경우 간단히 연료공급을 중단하면 되지만, 원자로에서는 중성자를 흡수하여 연쇄반응(chain reaction)이 중단되게 해야 한다. 이 목적으로 노심에는 제어봉이 꽂혀있다.

핵연료 중에 1kg의 우라늄(U-235)은 약 1.8×10^{10} kcal의 열에너지를 방출한다. 그러므로 비록 3% 정도의 농축우라늄이라도 막대한 양의 열에너지를 발생하여 원전에서는 연료비는 걱정하지 않는다. 오히려 사용 후 연료봉의 처리가 더 큰 비용을 치룰 수 있다. 실제로 해군에서는 연료봉의 농축도를 크게 높여 20% 정도의 농축도를 사용하는 것으로 알려지고 있다. 그러나 핵잠수함과 같이 용적이 제한되는 곳에서는 심지어 핵분열물질인 95% 수준의 농축우라늄을 사용하기도 한다. 이것은 원자로의 크기와 관련이 있기 때문이다. 그러므로 미국에서 민수용 원전에서 농축도를 5% 이하로 제한하는 것은 일종의 핵확산방지 정책이다.

가) 핵연료

천연우라늄 중에는 약 0.7%의 우라늄 동위원소 U-235가 있는데, 이것이 핵분열물질이다. 나머지 99.3%는 거의 U-238로 되어 있다. U-235에 중성자가 충돌하면 핵이 2개의 다른 원소로 깨어지면서 질량손실(약 1/1000분의 1 정도)에 의한 막대한 열에너지가 발생하는데 이 과정에서 새로운 중성자를 2개 이상 방출한다. 이 중성자가 또 다른 U-235핵과 충돌하면서 연쇄반응이 일어난다. 원자폭탄에서는 이 반응이 지수함수적으로 증대되면서 폭발에 이르게 되는데, 원전에서는 이 반응을 적절히 조절하여 느리게 반응하도록 함으로써 필요한 열에너지를 얻게 된다.

원전에 사용하는 핵연료는 폭발적인 핵분열이 일어나지 않게 U-235의 농도를 낮추어 서서히 핵분열을 일으킨다. 천연우라늄도 비록 U-235가 0.72%에 지나지 않으나 중성자의 속도가 아주 낮아지면 지속적인 핵분열을 가져올 수 있다. 그러므로 핵연료는 원자로 형식에 따라 농축도가 달라지는데, 감속재로 경수(light water)를 사용하는 PWR이나 BWR에서는 대개 산화우라늄을 사용한다.

산화우라늄을 사용하는 이유는 산화우라늄이 금속우라늄보다 융점이 높아 안전하기 때문이다. 핵연료로 사용하는 산화우라늄 UO_2는 우라늄금속을 질산에 녹여 질산우라늄(uranyl nitrate)으로 만들고 이것으로부터 UO_3를 만든다. UO_3는 수소나 암모니아로 가열하여 산소 하나를 빼앗으면 산화우라늄을 얻는다. 산화우라늄은 가루로 만들어 바인더로 소결하여 펠렛(pelet)을 만든다.

펠렛은 지름 7 mm, 높이 10 mm 정도의 작은 원기둥인데 길이 4 m 정도의 긴 지르칼로이(Zircaloy) 튜브 속에 넣어 밀봉한다. 이 연료봉 속에는 헬리움(Helium)을 채워 펠렛 사이를 누르게 한다. 헬리움 가스는 만일 연료튜브가 파열된 것이 있으면 곧 감지할 수 있게 되어 있다. 연료봉은 이 로드(rod)를 한 묶음(bundle)으로 묶는데, 한 묶음에는 179−264개 로드가 사용된다. PWR원자로에는 14×14 또는 17×17로 배열된 묶음 다발이 들어간다. 각 묶음에는 제어봉이 삽입되어 핵분열 속도를 조절한다.

한편 BWR에서는 연료 자체는 같으나 묶음으로 하지 않고 얇은 튜브로 된 원통에 연료봉을 넣고 밀봉한다. 이유는 노심의 밀도변화를 최소로 하기 위해서인데 열유동적 문제를 해결하기 위한 방법이다.

천연우라늄을 연료로 사용하는 중수감속로인 CANDU는 약간 다른 연료봉을 사용한다. 연료봉은 단면은 비슷하지만, 길이가 짧아 지름 10 cm, 길이 50 cm 정도의 묶음을 하나로 한다. 설계에 따라 4500−6000개의 묶음을 사용한다.

흑연감속로에서 대표적인 가스냉각원자로인 Magnox는 천연우라늄을 연료로 사용하는 원자로인데, CO_2 가스를 냉각재로 사용한다. 따라서 고온의 가스를 열교환기를 통해 증기를 생산한다. 그러나 CO_2 가스의 열전달률이 물에 비하여 낮기 때문에 고압의 증기를 생산하는 것은 불가능하다. 이런 이유에서 Magnox원자로는 발전보다는 플루토늄생산을 목적한 것으로 인식된다.

나) 연료피복재

핵분열 과정에서 생긴 파편, 즉 핵분열생성물은 크세논, 스트론티움 등 여러 종류의 원자인데 강력한 방사능을 가지고 있다. 이것이 외부로 누출되지 않게 연료는 피복재로 밀봉한다. 피복재로는 스테인리스강, 알루미늄, 지르코니움합금, 마그네슘합금 등이 있는데, 우리나라에서는 지르코니움 합금인 지르칼로이(Zircaloy)를 사용한다. 한편 천연우라늄을 연료로 사용하는 경우에는 천연우라늄 금속봉을 마그네슘합금으로 피복하는데, 열전달을 좋게 하기위해 코일모양의 핀(fin)을 붙인다. 그러나 연료봉 피복제의 대부분은 지르칼로이 튜브에 핵연료의 펠렛을 넣고 밀봉한 모양이다.

다) 감속재(Moderator)

핵분열에서 생긴 새로운 중성자는 높은 운동에너지를 가지고 있어 U-235핵에 충돌하여도 튕겨져 나가 핵분열을 일으키지 않는다. 중성자와 원자핵의 충돌현상은 핵물리학에서 연구되었는데, 핵분열에서 발생하는 고속중성자(fast neutron)가 U-235에 잡힐 확률적 단면은 1바안(barn)인데 반하여 충분히 감속된 열중성자(thermal neutron)의 단면은 584바안이 된다. 따라서 원자로에서 중성자로 핵분열을 지속하려면, 감속재로 충분히 감속시킬 필요가 있다.

그러므로 이 고속중성자를 다른 가벼운 원자핵에 수십 회 충돌시켜 운동에너지를 소멸하게 하여 중성자의 속도를 감속시킨다. 이렇게 감속된 열중성자는 천연우라늄의 희박한 U-235에도 핵에 포집되어 연쇄반응을 일으킨다. 그러나 U-235의 농도를 조금 높인 농축우라늄에서는 중성자의 속도가 열중성자까지 내려가지 않아도 우라늄-235핵에 포집되어 연쇄반응을 일으킬 수 있다. 이 정도의 속도로 감속하는 데에는 흑연을 사용하지 않고 물(경수)을 사용하여도 충분히 중성자를 감속시킬 수 있다. 물은 증기를 발생시키는 물질이므로 물을 감속재로 사용하는 경수로(light water reactor)는 기술적으로 아주 높은 장점을 가지게 된다.

만일 일반 물이 아닌 중수(heavy water-H_2 대신 H_3가 붙은 물)이면 중성자가 충분히 감속되어 열중성자로 되는데, 전기료가 엄청 싼 캐나다에서는 중수를 경제적으로 생산하기 때문에 캐나다에서 개발한 원자로인 CANDU에서는 중수를 감속재로 사용한다. 처음부터 원자로에는 흑연을 감속재로 사용했는데, 실제로 상업운전할 때에는 흑연감속재에 중성자 충돌로 크랙이 발생하는 등 운전을 저해하는 요소가 많아 Pu−239생산이 목적이 아니라면 흑연감속재는 인기가 없다. 그러나 러시아와 영국에서는 여전히 흑연감속로를 운영하고 있으나 신규 원전에는 가압수형 원자로를 채용하는 추세이다. 북한은 물론 플루토늄생산이 주 목적이므로 영국형 Magnox원자로를 운영하고 있는 것으로 알려졌다.

라) 제어봉(control rod)

핵연료를 그 종류와 형상에 따라 일정량 이상 모아놓으면, 새 중성자를 중개로 하여 핵분열이 지속적으로 일어나는 연쇄반응이 가능하게 된다. 핵분열에 사용되는 중성자와 새 중성자 중에 다시 핵분열에 기여하는 중성자의 수가 균형을 이룬 상태를 임계상태(critical)라 한다. 그러나 임계를 지나친 상태를 그냥 두면 출력이 기하급수적으로 증대하여 원자로는 과열될 우려가 있다. 따라서 중성자가 지나치게 많이 나오면 중성자를 흡수하는 제어봉을 삽입하여 핵분열 속도를 임계상태로 유지시킨다. 이 원리가 원자로설계의 기본이다.

제어봉의 중성자 흡수재로는 붕소(boron), 카드미움(cadmium), 하프니움(hafnium), 은(silver), 인디움(indium), 카드미움합금 등이 있다. 그 모양은 둥근 막대 모양, 판 모양, 십자형으로 조립한 판 모양 등이 있는데, 전동기나 유압기기로 상하방향으로 구동하는 형식이 많다.

마) 냉각재(coolant)

핵연료로부터 발생하는 열을 제거하기 위해 연료봉 주변에 냉각재가 흐르고 있다. 냉각재로는 경수, 중수, 탄산가스, 헬리움, 공기, 유기액체,

액체금속 등 종류가 많다. 냉각재는 펌프나 송풍기로 순환시킨다. 경수로에서는 냉각재가 감속재 역할까지 겸하며 원자로의 안정적 운전에 절대적인 영향을 주기 때문에 냉각재 순환펌프는 매우 중요하다. 냉각재가 손실되는 사고는 원자로 사고의 가장 엄중한 사고로 이어지게 된다.

바) 차폐재(shielding materials)

연료봉으로부터 발생하는 각종 방사선이나 중성자가 외부의 인체나 생물에 위험을 주지 않도록 차단하기 위해 원자로 외부는 차폐재로 둘러싼다. 차폐재로는 연(lead), 물, 철판, 콘크리트, 흑연 등이 있는데, 단독 또는 몇 가지를 조합하여 사용한다. 원전에서 가장 많이 사용하는 차폐재는 콘크리트에 광석이나 철편을 혼합한 특수 콘크리트이다. 영국에서 개발된 Magnox원자로에서는 콘크리트 압력용기로 원자로용기와 차폐를 동시에 하고 있다.

3) 원자로의 종류

중성자의 속도를 기준으로 분류하면 감속재를 사용한 열중성자로와 감속재를 포함하지 않는 고속중성자로가 있다. 감속재를 사용하는 열중성자로는 소량의 핵연료로 임계로 할 수 있다. 한편, 감속재를 사용하지 않는 고속중성자로는 다량의 핵연료를 장입하여야 하는데 핵연료나 구조재 등에 의한 중성자 흡수손실이 적어 여분의 중성자를 우라늄 238에 흡수시켜 플루토늄 239를 생산하는 핵연료 재생산에 이용하게 된다.

원자로를 용도별로 분류하면, 물리나 화학 등의 연구용 원자로, 핵연료나 재료의 시험을 위한 재료시험로, 발전용이나 추진용의 동력을 발생하는 동력로(power reactor), 해수탈염이나 콤비나트의 에너지를 공급하기 위한 다목적로, 동위원소나 플루토늄 239를 생산하기 위한 생산로, 화학공업제품을 제조하는 화학공업로 등이 있다.

가) 연구용 원자로 및 재료시험로

노심 내부나 주변에 시험재나 계기가 다수 설치된다. 판 모양의 연료집합체를 사용하며 노심을 콘크리트로 만든 풀(pool)속에 넣은 스위밍풀 원자로는 연구용 원자로의 일례이다. 동력생산을 위한 증기가 필요 없음으로 가압하지 않아 밀폐하지 않고 개방형이다. 영변핵과학연구소에 설치된 초기의 원자로가 자주 뉴스에서 보여주었는데, 물속에 있는 연료집합체가 뚜렷하게 보이고 가운을 입은 연구원들이 보였다.

재료시험로는 일반적으로 중성자의 밀도가 높은 조건에서 운전되므로 그것에 따라 핵분열의 비율도 아주 높다. 출력밀도가 노심 1L에 대하여 500 kW/L 이상의 것도 있다. 이 경우 스위밍풀 같은 구조로는 안 되고 밀폐된 원자로를 사용한다.

나) 동력로(power reactor)

전기나 추진력을 생산하기 위한 원자로이다. 경수를 사용하는 경수로 외에 다양한 동력로가 있다.

① 가압수형원자로(pressurized water reactor)

냉각수가 비등하지 못하게 약 100 kgf/cm^2의 압력을 가한 경수를 감속재를 겸하여 냉각재로 노심의 열을 증기발생기로 보내어 증기를 생산하는 방식의 원자로이다. 강제순환펌프를 가지지 않은 자연순환방식 원자로도 있다.

② 비등수형원자로(boiling water reactor)

노심부에서 냉각재를 겸하는 감속재인 물을 비등시켜 증기터빈을 직접 구동한다. 강제순환펌프가 없이 자연순환식으로 한 것도 있다.

③ 탄산가스냉각 흑연감속로

영국에서 개발된 천연우라늄을 핵연료로 하는 원자로이다. 흑연을 감속재로 하며 고온의 탄산가스를 냉각재로 하여 노심의 열을 열교환기에 보내 증기를 발생시킨다.

④ 나트륨냉각 고속증식로(breeder reactor)

플루토늄 239를 핵연료로 하여 감속재를 사용하지 않고 용융된 나트륨을 냉각재로 하여 노심의 열을 열교환기를 통해 증기를 생산한다. 아직 상용화되지 못했고 개발 중인데, 우라늄 238을 모두 플루토늄으로 변환시켜 이를 핵연료로 사용하기 때문에 원자로 스스로 연료를 생산한다고 하여 증식로(breeder reactor)라는 이름을 얻었다. 그러나 냉각재인 용융나트륨의 처리가 용이하지 않아 일본에서 사고가 빈발했다. 드디어 1995년 사고 이후 몬쥬핵발전소는 폐기하고 말았다.

4) 경수로(water reactor)

현재 세계에서 가동되고 있는 동력로의 대종은 경수를 감속재로 사용하는 경수로이다. 우리나라는 처음부터 가압수형원자로를 채택하여 이후 모든 원전이 PWR로 건설되었다. 한편 우리보다 앞서 원전건설에 들어간 일본은 비등수형원자로를 시작으로 하여 점차 가압수형원자로를 건설했다. 특히 2012년 발생한 후쿠시마 제일원전사고는 너무나 충격적이어서 국내에서도 탈원전의 목소리가 높아지는 원인이 되었다. 따라서 경수로에 대한 충분한 이해를 바탕으로 한국의 원전을 설명하는 것이 적절하다고 생각한다. 비등수형원자로 또한 일본 후쿠시마 원전의 사고원인과 그 영향을 고려할 때 충분히 이해할 필요가 있어 이를 자세히 설명하려고 한다.

가) 가압수형원자로(PWR: pressurized water reactor)

앞서 설명한 바와 같이 동력로(power reactor)는 터빈을 돌릴 증기를 원자로에서의 핵분열로 발생하는 열로 생산한다. 가압수형원자로는 증기를 제조하는 과정에서 직접 냉각수를 사용하지 않고 열교환기인 증기발생기를 사용하여 간접적으로 증기를 생산한다. 따라서 방사성물질을 다루는 입장에서는 비교적 안전하다. 또 하나 지진과 같은 원자로 비상정지 상태에서 냉각수 공급이 차단되었을 때 비상냉각수의 공급을 자유낙하에 의한 자연냉각으로 하는 것은 원자로의 안전성에서 가장 우수한 비상조치이다. 이제 가압수형원자로의 구조를 자세히 살펴본다.

가압수형 원자로(Pressurized Water Reactor)는 원자로에서 비등이 일어나지 않도록 고온을 물을 고압으로 유지한다. 고온의 물이 끓지 않으려면 임계압(critical pressure) 이상으로 가압하여야 하기 때문에 가압기가 필요하다. PWR은 원래 미해군의 핵잠수함의 동력으로 개발되기 시작하여 민수용으로 Shipping Port에 최초의 원자력발전소를 건설하면서 응용되기 시작했다. 1세대 PWR의 하나였던 드리마일 아일랜드(Three Mile Island) 원자력발전소의 2호기(TMI-2)냉각수 손실사고로 반노심 용융상태가 된 후 20년간 미국의 원자력발전소 건설은 거의 중단되었다. 그러나 이 사고는 설계상 중대한 미스에 의한 것이 아니라 원전운전상 반드시 지켜져야 할 운전규칙의 미비에 있었다. [그림 11]에서는 전형적인 PWR의 구조를 보여준다.

PWR의 핵심인 노심(core)은 수백 개의 연료봉 다발로 구성되어 있다. 연료봉에서 핵분열이 지속되면서 열이 발생하면 원자로 하부로부터 유입되는 순환수(275℃)가 위로 올라가면서 열을 받아 315℃의 고온수로 되면서 냉각수 역할까지 겸한다. 이 고온수는 증기발생기에 들어가 열교환을 통해 증기를 발생시킨다. 증기발생기에서 열전달을 마친 순환수는 다시 노심으로 유동하는 구조이다. 증기발생기에서 만들어진 증기는

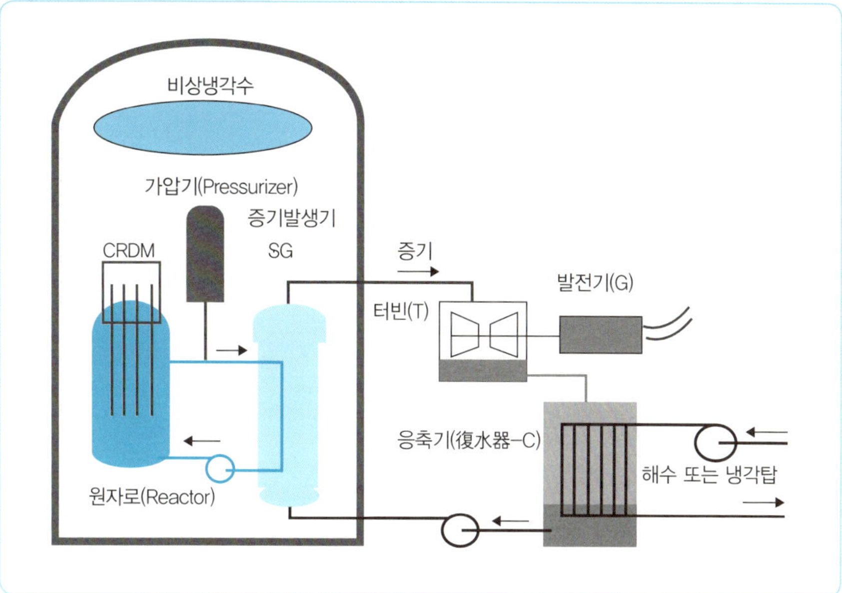

[그림 11] 가압수형 원자로(PWR)의 개념도.

900 psia(63.27 kgf/cm^2)의 압력으로 터빈을 돌리고 난 후 저압의 증기는 응축기에서 물로 응축되어 다시 증기발생기로 순환한다. 이때 터빈을 돌리고 난 증기를 응축시키는데, 사용하는 냉각수는 바다에서 직접 끌어다가 사용하는 방식(한국, 일본)과 냉각탑을 사용하는 방식(미국, 유럽)이 있다. 냉각탑을 사용하는 방식이 환경오염이 덜 하겠지만, 순환회로가 복잡해져서 잔 고장을 일으킬 우려가 많고 실제로 TMI사고에서는 사고의 시발점이 되기도 했다.

드리마일원전 2호기 사고의 여파로 신규원전건설이 모두 취소되자 PWR의 원조인 웨스팅하우스(Westinghouse Electric Corporation)는 프랑스의 프라마톰(Framatome)사에 PWR의 특허를 매각했다. 이로써 프라마톰은 프랑스 국내는 물론 해외수출까지 자유롭게 되었다. 이후 프랑스가 원전강국이 된 것은 너무나 유명하다. 프랑스 원전은 1985년까지 80기가 건설되었고 2000년까지 170기로 증설할 예정이었다. 그러나 2012년 발생한 일본 후쿠시마 제일원전사고는 또 한 번 탈원전 여론을 일으켜 원전 비중을 전력수요의 50%로 축소하는 계획이 발표되었다. 그러나 2018년 마크롱(Macron) 대통령은 50% 핵전력축소 목표를 2035년까지 연장하기로 했다. 프랑스 원전은 현재에도 70% 이상의 전력수요를 담당하고 있어 전기료도 독일에 비하여 크게 저렴하다. 프랑스의 원전기술은 향상되어 우리나라에도 울진 1, 2호기를 건설했는데, 이것은 900 MW형이었다. 그 후 프랑스는 중국에도 수출하면서 수명 60년의 CPR-1000을 중국과 같이 개발하였다.

나) 비등수형원자로(BWR: boiling water reactor)

원자로의 노심에서 냉각재로 사용하는 물을 직접 끓여 증기를 생산하는 비등수형 원자로는 기계공학적으로는 가장 효율적 구조이다. 그러나 원자로 노심에서 증기가 발생하면 노심 상부는 물과 증기가 섞인 상태가 되어 열적으로 안정을 유지하기 어렵다. 따라서 BWR은 전반적인 구조는 간단하지만, 노심의 열설계(thermal design)가 아주 복잡하고 또 터빈에 건전한 증기를 공급하기 위한 장치들이 상부에 설비되어 있어 노심구조가 복잡하다.

비등수형 원자로의 개념설계는 아르곤국립연구소(Argonne National Laboratory)에서 시작되었다. 열로 물을 끓게 하여 터빈을 돌려 발전기에서 전기를 생산한다는 개념은 아주 간단한 것이다. 모든 화력발전소가 이 개념으로 설계된 것이다. 그러나 원자력연구소 직원이 아니면 모두 방사성 물질을 다루는 것을 마치 시체 다루듯이 기피하였기 때문에 민간에서는 착수하지 못했다.

GE에서 상업용으로 개발한 제1세대 BWR-1은 격납용기로 마크1(Mark 1)을 채택하고 있는데, 냉각수가 원자로 아래 있고 펌프로 순환시키는 구조이다. 핵분열반응을 조절하는 제어봉도 밑에서 위로 올리게 되어 있는데, 이것은 노심 상부에는 증기를 처리하기 위한 설비들이 들어가

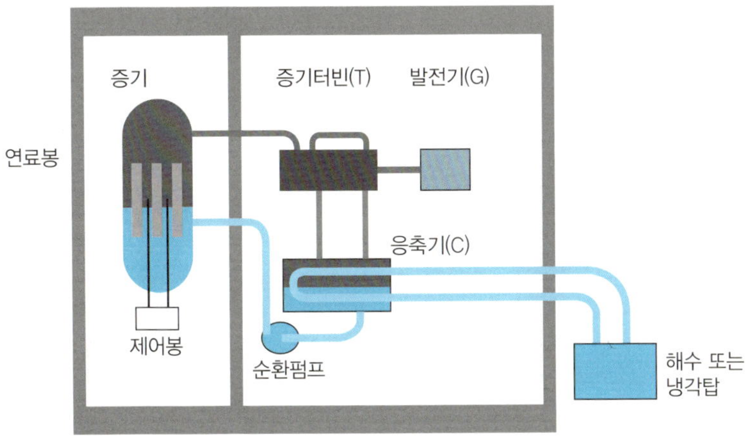

[그림 12] 비등수형 원자로(BWR)의 개념도.

야 하기 때문이다. 이 구조상의 약점은 비상냉각시 PWR에 비하여 불리하다. PWR에서는 제어봉이 위에 있으므로, 전자석으로 연결하여 전기가 끊기면 제어봉이 자유낙하하여 원자로의 핵반응을 정지시키게 되어 있다. 마크 1 격납설비는 콘크리트 용기를 사용하고 있는데, 발전소 건물과 일체로 설계되어 구조상 컴팩트한 장점이 있다. [그림 12]에서는 비등수형 원자로의 개념도를 보여준다.

증기터빈에서 나오는 1기압이 조금 넘는 습한 증기는 응축기로 가서 열을 빼앗기고 다시 물로 변하는데, 이 과정에서 증기를 냉각수가열기(feedwater heater)를 지나가게 하여 냉각수에 열을 전달하게 한다. 이것은 일반 화력발전소에서 사용하는 이코너마이저(economizer)와 같은 역할을 한다. 즉, 핵발전소 전체의 열효율을 향상시키기 위한 전통적 설비이다. BWR은 원리는 간단하지만, 원자로 노심에서 증기를 발생시키기 때문에 이 증기를 증기터빈에 들어가기 전에 마른 증기(dry steam)으로 만드는 과정이 복잡하다. 열을 받아 끓는 증기는 일반적으로 물기가 섞여 있는데, 이 물기를 완전히 제거하여 터빈에 넣어야 한다.

제어봉(탄화 보론-boron carbide)은 밑에서 올려 조정하는데, 열출력을 균질화시키기 위해서이다. 이것은 BWR 노심코어의 상부는 증기와 물이 섞여 있어 복잡한 열전달 현상이 일어나며 열동력을 조절하는데 제어봉만 아니라 냉각수의 유동으로 제어하기 때문이다. 즉, 제어봉은 가동이 시작될 때나 긴급 정지시킬 때 사용하고 정상가동상태에서는 열용량조절을 냉각수 유동의 변화로 처리한다. 이 냉각수 유동조정은 출력의 30%에서 100%까지 조정이 가능하다.

노심에서 생산된 증기는 터빈으로 가는데, 이것 역시 원자로 회로의 일부로 자동적으로 가동된다. BWR에서 증기는 항상 방사성물질을 함유하고 있으므로 터빈도 차폐되어야 한다. 터빈실은 차폐되어 있으나 증기에 포함된 방사성물질은 대부분이 질소동위원소(N-16)로 반감기가 아주 짧아 원자로를 세운(shut down)뒤 곧 들어갈 수 있다.

노심에 들어가는 연료봉 다발은 74~100개의 연료봉으로 구성되고, 원자로 전체로는 약 800개의 연료봉 다발이 들어가기 때문에 무게만 대략 140톤(2000 lb/ton)이 된다.

BWR의 안전시스템은 심층방어(defence in depth)개념으로 다단계의 안전장치로 구성되어 있다. 즉, 완벽한 1개 시스템에 의존하지 않고 다단계로 위험을 분산하여 각 단계마다 완전하지 않다는 설계개념이다. BWR은 원자로가 정지된 후에도 노심의 방사성 붕괴에 의한 여열(decay heat)을 식혀주어야 한다. 여열은 원자로 출력의 6% 정도에 달하는 막대한 열이므로 이것에 실패하면 코어에 손상을 입힐 수 있다. BWR은 비상정지상태에서 코어냉각을 위한 다단계 안전장치가 마련되어 있다.

연료봉은 주기적으로 교체하여 주는데, 대표적인 사이클은 18-24개월이다. 노심의 약 3분의 1의 연료봉을 교체한다. 남아있는 연료봉은 새 연료봉과 섞어 효율을 극대화시킨다. 이 교체되는 연료봉은 뜨겁고 또 방사성을 띄고 있어 크레인을 사용하여 물속에서 작업한다. 후쿠시마 제일원전사고에서는 사용 후 연료봉이 냉각수 손실로 계속 가열되었고, 연료봉을 피복한 지르코니움은 1,230℃ 이상에서는 증기와 접촉하여 수소를 발생시킴으로 폭발을 야기하였다. 정상적으로는 연료봉은 충분히 낮은 온도의 물속에서 보관되며 지르코늄피복제도 손대지 않아도 문제없다.

BWR은 1950년대 중반에 개발되어 제2세대를 거쳐 제3세대 BWR-6로 진화되었다. 주요 개선점은 안전을 강화하기 위해 격납용기를 강철제로 한 것이었다. 또 경제성을 향상시키기 위한 조처도 시행되었다. BWR은 초기부터 일본기업의 참여가 활발했는데, 1967년 도쿄전력이 후쿠시마에 원자력발전소를 건설하면서 GE의 BWR-1을 선택했다. 당시 일본은 재력과 기술력이 병행했으므로 총 4기의 제1원전에서 1호기는 GE에서 완제품으로 제작하고 나머지 3기는 일본에서 제작하도록 계약했다. 이후 5, 6호기는 후방에 있는 고지대에 설치하면서 일본기업이 전적으로 담당하도록 하였다. 이 과정에서 일본 정부는 원자로강도설계 기준인 ASME Boiler and Pressure Vessel Code-Division III을 번역하여 일본기준으로 하면서 적극 지원했다. 결국 현재 BWR의 설계와 제작은 GE Hitachi Nuclear Energy가 담당하고 있다. 이 밖에도 MITSUI, Toshiba, KWU 등이 있다. 이런 이유에서 일본에는 총 34기의 BWR 핵발전소가 건설되었는데, 후쿠시마 제일원전사고 이후 일부는 완전 폐쇄되었고 나머지 BWR도 가동중단 상태에 있어 일본 전력계의 재난이라 할 수 있다.

농축우라늄을 핵연료로 사용하는 경수로는 원전의 대종을 이루고 있는데, 두 종류의 원전의 장·단점을 비교하여 정리하면 다음과 같다.

[PWR의 장점]

- 노심의 온도가 상승되어도 핵분열이 억제되어 출력 증가가 적고 따라서 안정적이다.
- 터빈에 공급되는 증기가 방사성을 가지고 있지 않아 2차계통에서 취급하기 안전하다.

- 외부전력 차단시 즉각 정지시킬 수 있다.
- 비상정지 후 원자로용기의 냉각에 문제가 있으면 상부에 위치한 비상냉각수로 1차계통 전체를 냉각시킬 수 있다.
- 해군함정에 이용될 수 있다.

[PWR의 단점]

- 고압의 냉각수가 순환되므로 구조가 중후하고 사용재료인 연강이 중성자 조사로 취화될 수 있어 수명 연장에 한계가 있다(지금은 60년이 대세임).
- 가압기와 증기발생기도 고압용기이므로 시설비가 증가한다.
- 냉각수에 섞는 붕산은 부식이 강해 부식에 따른 잔유물을 계속 걸러주어야 한다. 만일 제어봉 작동기구로 누설이 생기면, 이 기구에 부식이 일어나 적절한 제어에 지장을 줄 수 있다.

이들 장·단점은 모두 비등수형원자로(BWR)과 비교한 것이므로 PWR의 약점이 BWR에서는 장점이 될 수 있다. 즉, 작동압력이 낮아 용기와 격납용기의 두께가 얇고 배관도 등급이 낮다. 또한 가압기와 증기발생기가 없어 구조도 간단하고 따라서 원전 투자비도 절감된다. 그러나 수소폭발 시 격납용기 밖의 건물을 날아가 버리는 결과도 나왔다(체르노빌, 후쿠시마). 그리고 펌프가 작동하지 않으면 냉각수가 원자로 아래 있는 토러스(도넛모양의 물탱크)에 있기 때문에 냉각수를 올릴 수 없다. 한편 PWR에서는 원자로 위에 물탱크가 있어 전원 상실시 필요하면 중력으로 물을 내려 보내어 노심을 충분히 냉각시킬 수 있다.

다) 가스냉각흑연감속로

영국에서는 처음부터 농축우라늄을 사용하지 않고 천연우라늄을 사용하는 원자로를 개발했다. 이것은 영국의 경제규모로 보아 농축우라늄을 이용한 원자폭탄 제조보다는 플루토늄을 사용하는 원자폭탄을 선호하였기 때문이다. Zippe형 원심분리가가 개발되기 전까지는 우라늄농축은 상당히 어려운 시설이었다. 그런 이유에서 소련도 서둘러 원자폭탄을 개발하면서 플루토늄 원자폭탄부터 실험했다. 영국은 드디어 1952년 원자폭탄 실험에 성공했다. 소련에 이어 3번째로 핵보유국이 된 것이다.

플루토늄을 생산하려면 미국에서 페르미가 개발한 방법이 잘 알려져 있었으므로 우선 냉각재를 물(경수)로 하는 흑연감속로를 개발했다. 그러나 이 경수냉각 흑연감속로는 증기생산이 어려워 상업적 목적으로는 적절하지 않았다. 영국은 전기도 생산하며 플루토늄도 생산하는 경제성이 있는 핵발전소를 구상하게 되었다. 감속재를 흑연으로 할 때 공기와 접촉하면 쉽게 산화되므로 탄산가스(CO_2)를 냉각재로 하여 고온의 탄산가스가 열교환기로 들어가 증기를 생산하는 방식이다. 이 원자력발전소를 Magnox형 흑연감속로라고 하는데 연료봉을 마그네슘을 주성분으로 하고 알루미늄이 합금된 금속으로 둘러싸기 때문에 생긴 이름이다. 영국에서는 북부 Sellafield에 Pu-239를 생산할 수 있는 핵발전소와 사용 후 연료봉을 화학처리하여 Pu를 뽑아내고 기타 동위원소도 제조하는 연료처리공장도 같이 건설했다. 1956년 8월 27일 Calder Hall 원자력발전소에서 발전을 시작하여 전국전력망에 전기를 공급하기 시작했다. 소련에서는 이미 반실험용 5 MW 흑연감속로를 모스크바 남쪽의 과학도시 오브닌스크(Obninsk)에 건설하고 1954년 전력을 공급했었는데, 원전에서 전국전력망에 전기를 연결한 것은 이것이 처음이었다. 이 원전 역시 플루토늄 생산이 주목적이었다. Magnox형 원자력발전소는 플루토늄 생산이 주목적이었으므로 주로 영국 내에서 가동되며 수출은 거의 되지 않았다. 그런데 일본에서 이 원자로를 도입하여 1965년에 가동을 시작한 것은 상당한 의미를 가진다.

일본은 1945년 8월 히로시마와 나가사끼에 원자폭탄 세례를 받고 원폭피해자로 자처해 왔다. 그리고 절대로 원자력의 무기화는 시도하지 않는다고 전 세계에 선전해왔다. 그런데 플루토늄생산이 가능한 원자로를 가장 먼저 도입한 것은 일본이 핵물질을 가지려고 한다는 증거였다. 특히 일본은 지진으로 유명하여 내지진강도가 취약한 흑연감속로는 어려움이 많았는데도 불구하고 Calder Hall형 원자로를 이바라끼현 도까이무라(東海村)에 건설했다. 발전용량은 154 MW로 비교적 소형이었다. 이 원자로는 Magnox형 원자로의 전형이므로 그 상세를 기록하려고 한다.

연료는 물론 천연우라늄이고 피복제는 Magnox AL80이다. 감속재는 흑연이고 냉각재는 탄산가스이다. 원자로 입구온도는 203.3℃이고 출구온도는 389℃로 이 온도차에 의하여 증기를 발생시킨다. 압력은 14.3 kgf/cm^{2}로 탄산가스이므로 더 이상 높일 수 없다. 증기압과 온도는 각각 355 kgf/cm^{2}와 355℃이다. 열효율은 27%인데 이 정도의 증기압력으로는 양호하다. Magnox형 원자로는 북한에도 설치된 것으로 알려졌는데, 영변핵과학연구소의 실험용 탄산가스 흑연감속로이다.

영국에서는 결국 플루토늄생산보다 전력생산에 치중하는 새로운 원자로를 개발했다. 이 원자로는 Advanced Gas-cooled Reactor(AGR)로 영국의 가스냉각 흑연감속로 제2세대이다. 1980년 이후 영국 원자력발전소의 대종을 이루고 있다. AGR의 개선점은 열효율을 높이기 위해 가스의 온도를 상승시켜 고압의 증기를 생산하게 한 것이다. 첫 AGR의 시험용원자로(prototype)는 1962년 Windscale에서 운전되었는데, 상업적 AGR은 1976년까지 등장하지 못했다. 1976년에서 1988년 사이에 6개 단지에 14기의 원자로가 건설되었는데, 건물 하나에 2기의 원자로가 설치되는 것이 특징이다. 각 원자로는 1,500 MW의 열출력에 660 MW의 전력을 생산한다. 특징은 가스를 순환시키면서 고온으로 유지하며 열교환기를 가스 속에 넣어 고압의 증기를 발생시킨다. [그림 13]에서는 AGR형 가스냉각흑연감

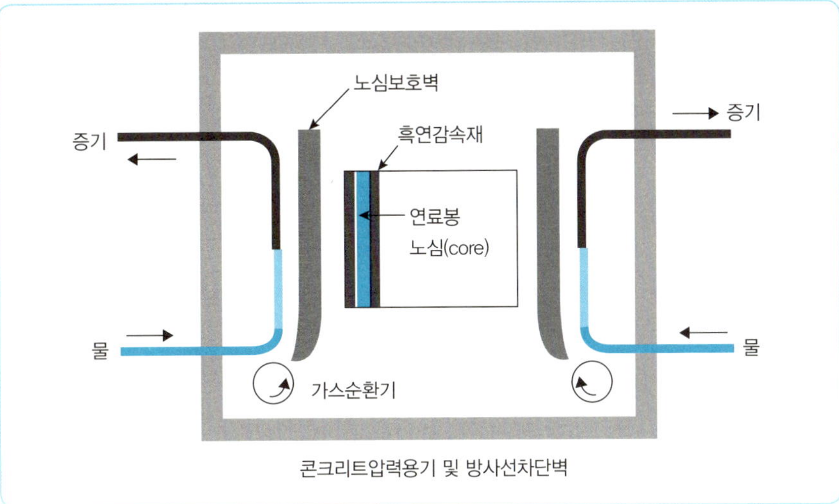

[그림 13] 영국에서 개발한 AGR형 가스냉각흑연감속로의 개념도.

속로의 개념도를 보여준다.

AGR형 가스냉각흑연감속로는 열효율면에서 많은 개선이 있었고 구조도 간단해졌다. 그러나 감속재인 흑연벽돌에서 중성자 충돌로 인한 크랙이 발생하는 경우가 있다. 영국원자력안전위원회는 기존 핵발전소의 수명을 연장하고 있으며 현재 전력수요의 20%를 점하고 있으나 결국 영국도 경수로에 의한 원자력발전으로 갈 전망이다.

일본은 Magnox형 원자력발전소를 영국으로부터 도입하면서 사용 후 연료를 화학처리할 시설도 도입했는데, 미국의 관심을 끌게 되었다. 그것은 일본이 핵물질인 플루토늄을 생산함을 의미하기 때문이었다. 닉슨 행정부는 일본의 핵물질 생산을 막기로 하고 하와이 정상회담을 통해 일본의 Pu-239생산을 억제하도록 합의했다. 일본은 결국 미국의 경수로를 도입하기로 정책을 정하고 GE의 비등수형원자로를 도입했다. 일본은 이미 일본원자력연구소가 실험용으로 1963년에 도까이무라(東海村)에 GE의 소형원자로를 운영하고 있었다. 전기출력이 12.5MW로 상업용이라기보다는 연구용이었다.

일본이 영국의 가스냉각 흑연감속로를 더 이상 도입하지 않고 비등수형원자로의 비중을 크게 한 것은 일본의 기계기술이 발달되었기 때문이었다. 일본은 원자력발전이야말로 일본의 전력망을 구성하는 기본요소로 결정했다. 그것은 1973년 석유위기 이후 중동의 석유를 수입하는 모든 선진국이 겪는 공포였다. 도쿄전력의 후쿠시마 제1원전은 GE에서 1호기만 수입하고는 2호기부터는 일본 내에서 제작하도록 계약을 체결했다. 특히 히다찌제작소의 기술력은 충분해서 원자력발전소의 대부분의 설비를 국내에서 제작했다. 일본 정부에서도 원전의 국산화정책을 강화하여 지원하였다. 이로써 히다찌제작소만 아니라 도시바전기와 미쓰비시중공업에서도 기술제휴로 원자력발전소 건설기술을 확보하였다.

라) 고속중성자로(FNR: Fast Neutron Reactor)

천연우라늄은 대체로 3개의 동위원소를 가지고 있다. U−238, U−235 그리고 U−234(U−238이 붕괴하여 생기는 원소)이다. 우라늄 238은 천연우라늄의 약 99.3%를 차지하며 고속중성자에 의하여서만 핵분열을 일으킨다. 약 0.7%를 차지하는 U−235는 어떤 중성자에 의해서도 핵분열을 일으키지만, 특히 저속의 중성자에 의하여 핵분열을 일으킨다. 이들 동위원소가 분열할 때 고속의 중성자를 방출하는데 최고속이 1 내지 2 MeV이다. 2 MeV보다 높은 에너지의 핵분열은 U−238에서 충분한 핵분열이 일어나기에는 너무 낮고 2 MeV 이하의 중성자는 U−235를 핵분열 시키기에 너무 느리다.

이 문제를 해결하는 일반적인 방법은 중성자 감속재(moderator)를 사용하여 중성자의 속도를 낮추는 것이다. 가장 대표적인 감속재는 물로 탄성충돌에 의해 물과 열평형을 이룰 때까지 감속된다. 원자로설계의 핵심은 핵연료와 물을 잘 배치하여 중성자의 속도를 U−235와 잘 반응하게 하면서 중성자는 노심에서 도망가지 못하게 하는 것이다.

비록 U-238이 핵분열은 일으키지 못하나 열중성자는 잡아 Pu-239로 변환시킨다. Pu-239는 U-235와 비슷한 중성자단면(neutron cross section)을 가지고 있어 이 방법으로 생성된 대부분의 원자는 열중성자를 받아 핵분열을 일으킨다. 대부분의 원자로에서는 발생한 에너지의 1/3이 이것이라고 한다. 일부 Pu-239는 남아 반응하지 않은 우라늄과 함께 핵재생(nuclear reprocessing)에서 회수할 수 있다.

원자력발전소에서 사용하는 농축우라늄은 농축과정이 어렵기 때문에 비용이 많이 든다. 좀 더 값싼 핵연료를 생산하려는 노력이 진행되었는데, U-235 대신 Pu-239를 넣으면 되지 않을까 하는 생각이 자연스럽게 나온다. 두 물질 모두 중성자를 받으면 핵분열을 일으킨다. 다만 Pu-239는 핵분열이 일어나는 조건이 까다롭기 때문에 원자폭탄을 개발할 때 내폭구조로 한 것인데, 여전히 핵분열 물질이다. Pu-239를 U-235대신 사용할 수 있다면 핵연료의 가격은 많이 내려갈 것이었다. 혼합연료(Mixed oxide fuel)라는 개념이다.

고속중성자로에서는 감속재가 없으므로 더 많은 중성자가 활동한다. 이 남아도는 중성자를 천연우라늄이나 열화우라늄에 흡수시켜 Pu-239를 만든다면, 이것을 U-235 대신 사용해서 핵연료를 만들 수 있는 것이다. 이것은 기존의 원자로 설계에서도 감속재 사이에 U-238로 된 덮개를 씌워 중성자를 받게 하면 핵반응과 무관하게 Pu-239를 생산하게 할 수 있을 것이다. 이 덮개는 주기적으로 빼어내어 Pu-239를 추출해내고 다시 천연우라늄이나 열화우라늄으로 된 덮개를 넣고, 추출해 낸 Pu-239는 핵연료로 한다면 농축우라늄의 추가 공급 없이 연료 사이클을 유지할 수 있게 된다. 이런 설계가능성이 증식로(breeder)라는 개념을 낳게 하였다.

1970년대 증식로 설계가 미국, 프랑스, 소련에서 실험되었다. 이것이 우라늄 가격과 연계되어 증식로의 확산은 정지되었다. 즉, 1970년대 중반 이후 핵발전소의 건설이 지체되면서 우라늄 가격이 급락한 것이다.

오히려 증식로에서 생산하는 복합연료는 가격이 올라 상업적으로 채산이 맞지 않았다. 더구나 1977년 4월 지미 카터 대통령은 증식로의 건설을 중단시켰는데, Pu-239 생산증가가 핵확산방지에 위험할 수 있다는 정책적 고려에서였다. 여기에는 프랑스의 수퍼피닉스(Superphenix) 증식로의 실패도 작용한 것으로 알려졌다.

고속중성자로는 냉각재로 용융 나트륨을 사용하는 경우가 많다. 그런데 나트륨은 공기와 접촉하면 강력한 산화반응을 일으켜 화재로 이어진다. 대표적인 경우가 일본 후쿠이현 몬쥬 고속증식로의 사고에서 볼 수 있다. 이 원자로는 일본의 대담한 핵정책으로 미래의 원자력발전소로 키우기 위해 시험적으로 건설한 나트륨냉각 고속증식로(sodium-cooled fast reactor)였다. 그러나 시작부터 공정에서 어려움을 겪었다. 1986년 착공했는데, 1994년 4월에 처음으로 임계에 도달했다. 1995년 12월에 냉각재인 나트륨(sodium)의 누설로 화재가 발생하여 강제로 원자로를 정지시켰다. 이 사고는 은폐의혹도 있고 하여 논란이 있다가 2010년 5월 6일에야 다시 가동을 시작했다. 그러나 이 해 8월 다시 크레인이 원자로상부에 떨어지는 사고가 일어나 또 원자로를 정지시켰다. 결국 2011년 후쿠시마 원전사고도 있고 하여 여론이 악화되면서 2016년 12월 일본원자력안전위에서 영구폐쇄를 건의했고 2017년 12월 영구폐쇄하였다. 고속증식로의 꿈은 이렇게 사라지고 있으나 러시아는 여전히 미래 세계 원자력의 장악을 꿈꾸며 계속 고속증식로를 연구하고 있는 것으로 알려졌다.

중국은 PWR을 기준으로 원자력발전 체계를 구축하고 있는데, 캐나다의 CANDU원자로도 도입하였다. 이유는 CANDU가 천연우라늄만 아니라 사용 후 연료봉에서 나오는 열화우라늄도 연료로 사용할 수 있기 때문이다. 즉, 중국은 사용 후 연료봉을 재처리하므로 이 과정에서 우라늄-235를 상당량 사용하고 남은 열화우라늄을 연료로 재사용이 가능하기 때문이다. 2기의 CANDU원자로가 저장성의 태산원자력발전소(泰山核電站)에 건설되었는데, 1호기는 2002년에 전력망에 연결되었고 2호기는 2003년에 연결되었다. 2016년 9월 캐나다의 SNC-Lavalin은 중국 CNNC 및 상하이전력과 개량된 CANDU 원자로의 설계, 판매 및 건설에 협력하기로 원칙적으로 합의했다고 발표했다.

마) CANDU(Canadian Deuterium Uranuim)동력로

CANDU는 캐나다에서 개발한 가압중수형 감속로(pressurized heavy-water reactor)이다. 1950년대 말과 1960년대에 걸쳐 캐나다의 원자력발전회사와 온타리오 수력발전기구 및 캐나다 제너널일렉트릭이 협력하여 개발했다. 캐나다는 수력발전 자원이 풍부하여 전력하면 의례히 수력발전을 의미할 정도였다. 따라서 전기료도 저렴하여 중수생산이 가능한 나라이다. 캐나다는 자국의 우라늄광도 있기 때문에 결국 천연우라늄을 연료로 하는 원자로 개발의 길을 모색하게 되었다.

캐나다는 1940년대 미국의 맨해튼 계획에 일부 참여하였으므로 원자력에 대한 지식은 가지고 있었다. 그러나 기계공업이 발달하지 못하여 주요 기계설비는 영국에서 제작하여 오고 있었기 때문에 중기계의 제작은 신뢰성이 결여되어 있었다. 그렇다고 원자로를 개발하면서 외국에 의존할 수 없어 경수로에서 사용하는 대형 압력용기는 최초의 설계부터 고려하지 않았다. 대신 캐나다에서 자체 제작할 수 있는 소형 압력용기로 원자력발전소를 건설하려고 했다. 캐나다에서 쉽게 구할 수 있는 중수를 감속재로 사용한다면, 노심의 크기도 작아지고 천연우라늄을 사용할 수 있는 장점도 있었다.

CANDU의 연료봉은 지름 10 cm 정도의 작은 다발로 만들고 길이도 50 cm-경수로에서는 4 m 정도로 길다-로 하여 작은 금속튜브(pressure tube)에 장입한다. 이것을 중수탱크 속에 넣는데, 중수는 다만 감속재로만 작용하고 냉각재는 따로 물을 사용한다. 가열된 물은 증기발생기로

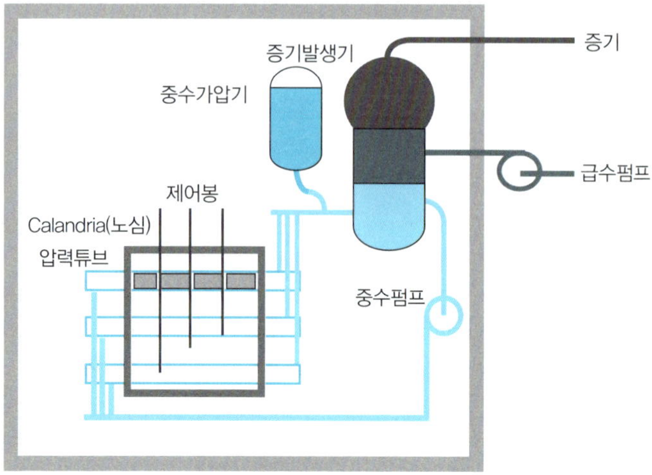

[그림 14] CANDU원자로의 개념도-원자로용기를 사용하지 않고 압력튜브를 사용하였다.

들어가 증기를 발생시켜 터빈으로 공급하는 구조이다. [그림 14]에서는 CANDU원자로의 개념도를 보여준다.

일반 경수로에서는 연료봉을 교체할 때 원자로 전체를 세우고 원자로를 개방하여야 하지만, CANDU에서는 해당 압력튜브 하나만 중수의 압력을 낮추고 작업하면 된다. CANDU에서는 천연우라늄을 사용할 뿐 아니라 핵물질인 U-235와 Pu-239를 조금 섞어서 사용해도 가능하다. 이런 장점에도 불구하고 CANDU는 캐나다 이외의 나라에서는 별로 환영받지 못했다.

첫째 캐나다는 인도의 핵무기 개발과 관련하여 CANDU형 원자로를 판매했는데, 한 때 한국에 수출하려고도 했다. 인도는 1974년 5월 18일 원자폭탄 실험을 성공적으로 실시했는데, 시험장이 라자르스탄(Rajarsthan)에 있는 포크란(Pokhran)시험장이었다. 인도는 CANDU형 원자로 2기와 미국제 경수로를 설치하였는데, 이들 원자로에서 나온 사용후 연료는 재처리하여 Pu-239를 생산하였다. 인도에 수출된 CANDU형 원자로는 모두 17기로 인도 핵발전소의 대부분을 차지하고 있다. 인도의 핵무기 개발은 계속되어 가압중수감속로에서 나오는 3중수소를 이용한 혐의도 받고 있다. 1998년 인도는 핵실험을 하면서 수소폭탄실험에 성공했다고 하였으나, 위력이 45 kt이어서 과장된 것으로 보인다. 그러나 분명 CANDU형 원자로의 가동과 핵무기개발은 관련이 있는 것으로 보인다.

1975년 1월 한국은 캐나다로부터 CANDU 6 원자로 1기를 도입한다고 발표했다. 월성원전단지의 시작이다. 월성 1호기 원전 건설은 1977년 시작되어 1983년 4월에 완공하였다. 1990년 12월 한국은 다시 CANDU형 원자로 3기를 더 도입하여 월성원전 단지를 4기의 천연우라늄연료의 중수로로 건설하였다.

바) 소형모듈원자로(SMR: small modular reactor)

현재 사용하고 있는 원자로는 1000 MWe 이상의 출력을 내고 있으며 건설기간도 길고 또 소요자금 조달로 여의치 않기 때문에 일찍부터 이동식 소형원자로의 개념이 구체화되기 시작했다. 미국은 물론 아이다호 국립원전시험소에서 계속하여 다양한 원자로를 개발시험 중이다. 그 중에 각광을 받기 시작한 원자로가 모듈화된(modular) 소형원자로를 발전뿐 아니라 열원으로도 다양하게 사용하려는 연구가 활발히 추진되고 있다.

이 면에서는 러시아가 상당히 앞서 있는데, 체르노빌 원전사고 이후 상당한 발전이 있었으나 여전히 흑연감속로의 전통을 벗어나지 못하고 있다. 영국도 국내 사정을 고려한 것이기는 하나 가스냉각 흑연감속로를 고집하면서 해외수출이 막혔을 뿐 아니라 경제성도 떨어져 결국 가압수형원자로(PWR)로 전환하지 않을 수 없는 실정이다. 여기서 나온 것이 롤즈로이스사의 중형 SMR이다. PWR형 냉각방식을 채용한 것을 보면 투자비가 비교적 저렴한 SMR로 냉각방식의 전환을 기도하는 것으로 보인다.

영국의 유명한 자동차회사인 롤즈로이스사는 소형모듈원자로(SMR: small modular reactor)를 준비하고 있다고 보도했다(2017년 6월 13일자 World Nuclear News). 출력은 440 MW로 일반적으로 생각하는 SMR보다는 훨씬 큰 것이었다. 그것은 영국정부가 장래 개발을 위해 자금을 지원하도록 노력하고 있는 상태였다. 영국 정부는 2017년 12월 앞으로 3년간 5,600만 파운드를 SMR연구개발에 투자할 것이라고 발표하였다.

SMR은 폐쇄된 4−루프 PWR설계인 소형원자로이다. 핵분열을 일으켜 열을 공급하는 1차 설비는 완전히 하나의 격납용기 속에 수납하고 증기만 뽑아내어 터빈을 돌리는 그런 구조이다. 이 원자로는 소형이어서 발전소 현장에서 건설하거나 운반하여 설치하는 것도 가능하다. 단위 발전량이 작기 때문에 우선 1기를 설치하고 나서 수요가 증가하면 차례로 동일한 SMR을 추가할 수 있다.

SMR은 또한 공기도 단축할 수 있는데, 개발회사에서는 500일을 건설기간으로 계획하고 있다. 이 소형원자로는 표준형이기 때문에 제조비도 저렴하게 된다. 또한 연료봉의 가동시간도 연장하여 오래 핵분열을 일으킬 수 있게 하는데, 특히 교통이 불편한 곳에 설치하는 경우 큰 장점이 된다.

냉각재로는 물뿐 아니라 용융금속도 사용하고 가스와 용융소금도 가능하다. 일부 가스냉각원자로의 경우 물을 사용하여 증기를 발생시키는 것이 아니라 고온의 가스 자체를 사용하는 가스터빈으로 동력을 생산한다. 또한 원자로에서 발생하는 열원은 동력을 생산하는 것이 아니라 직접 열원으로 사용할 수 있다. 대표적인 예는 수소생산 플랜트, 해수담수화 플랜트, 타르분리 플랜트 등에서 열원으로 직접 사용하는 것이다. 이런 개념은 기계공학적으로 고려할 수 있는 모든 가능성이 다 들어있다.

안전대책은 수동적 핵안전개념(passive nuclear safety)으로 설계하여 원자로를 안전하게 정지시키는데 운전자나 전력계통에 적극적 개입이 없는 안전설계이다. 즉, 외부로부터 전기를 이용하여 적극적으로 개입하는 것이 아니라 자연현상인 중력, 부력, 압력차 및 자연대류 등을 통하여 자연스럽게 원자로를 감속하는 개념이다. 종래의 원자로 안전설계는 대개 외부 동력을 사용하여 비상시에 공급하는 적극적인 안전개입이었는데, 운전원이 실수하거나 후쿠시마 원전사고에서 보듯이 예측 이상의 재난이 닥쳤을 때 무력화되는 경험을 가지게 되었다. 따라서 인위적인 active safety에 의한 설계보다는 훨씬 저렴한 안전장치들이 들어가게 된다.

중국에서는 이미 PWR형인 ACP-100을 중국 국립원자력공사가 건설 중에 있다. 또한 용융소금을 냉각제로 하는 TMSR-LF1도 건설 중이다. TMSR-LF1은 발전용량이 1만 kW로 시험용이라 할 수 있다. 우리나라에서도 한국전력이 PWR형 BANDI-60을 설계 중에 있는데, 용량이 6만 kW로 소형발전소이다. 러시아에서는 이미 2기의 RBMK형 SMR을 가동 중에 있는데 앞으로 그 성공여부가 흥미롭다. 러시아는 드디어 PWR형 RITM-200(50 MWe)을 2019년부터 가동하고 있으니 역시 원자력발전소의 대종은 PWR이라 할 수 있다.

영국의 롤즈로이스가 발표한 비교적 대형의 SMR은 결국 영국도 PWR형 원자로의 장점을 묵과할 수 없기 때문으로 보인다. 출력이 440 MWe인 것은 실제로 소형모듈원자로는 아니고 결국 PWR로 가면서 SMR의 장점도 살리려는 의도로 보인다. [그림 15]에서는 수냉식 소형모듈원자로(SMR)의 개념도를 보여준다.

[그림 15]에서 보여주는 수냉식 소형모듈원자로는 현대 원자로기술의 집약체이다. 냉각재로 광범위한 재료를 채용하고 또 증기발생 없이 직접 가스터빈을 가동한다는 발상은 기발하다. 그러나 성공여부는 SMR의 신뢰성과 안전성 그리고 경제성에 달려있다.

현재 세계에서 가동 중인 원자로의 형식을 살펴보면 PWR이 단연 많다. 그것은 PWR이 건설비가 가장 높음에도 불구하고 안전성에서 우수하기 때문이다. 일본에서만 유독 BWR의 비중이 높은데, 이것은 초기 개발

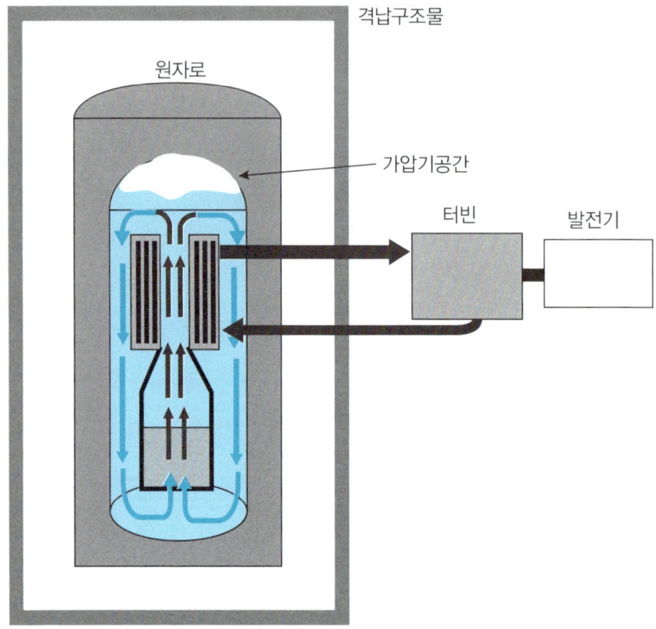

[그림 15] 소형모듈원자로(SMR)의 개념도–현대 원전기술의 집약체이다.

단계에서 일본의 주요 중기계업체들이 참여하였기 때문이다. 웨스팅하우스는 2017년 결국 파산했고 일본의 도시바(株式會社東芝)도 지켜내지 못했다.

사) ITER(International Thermonuclear Experimental Reactor)

Iter는 라틴어로 "길" 또는 "방법"을 나타내는 "iter"에서 따온 것이라고 할 수도 있다. 핵융합연구와 엔지니어링으로 태양(sun)을 지구에서 재현하려는 방대한 국제프로젝트이다. 계획으로는 2025년말 까지 프랑스 남부의 Cadarache 인근에 세우는 플라스마(plasma) 핵융합 원자로로 플라스마 물리학 실험시설로는 가장 큰 것이다. 1950년 이래 100개 이상의 핵융합원자로(fusion reactor)가 건설되었으나 ITER가 가장 클 것이다. ITER의 목적은 핵융합 에너지를 미래의 전력생산에 이용할 가능성을 과학적이고 기술적으로 증명하는 것이다. ITER의 목적에는 너무나 방대한 것이 포함되어 미처 열거하기도 힘들다. 발전 뿐 아니라 열을 가지면 할 수 있는 모든 항목이 포함되어 있다. 이 프로젝트에 가입한 나라들은 유럽연합(EU)를 비롯하여 미국, 일본, 중국, 한국, 인도, 러시아가 기금에 참여했고, 영국, 오스트레일리아, 캐나다, 카자크스탄, 타이랜드, 스위스 등이 협력을 약속했다.

이 원자로의 기본개념은 명확하다. 수소폭탄에서는 핵분열로 열을 얻어 2차적으로 핵융합을 일으키는 것인데, 원자로에서 수소폭탄을 터뜨릴 수 없으니까 플라스마로 핵융합물질을 가열하여 핵융합반응을 이끌어내는 것이다. 물론 증기를 생산해야 전력생산이 가능하니까 노심은 냉각재로 냉각하여 이 열을 열교환기를 통하여 증기를 발생시키면 된다.

핵융합반응을 조절하는 플라스마 발생기로 토카마크(tokamak)가 개발되었다. 이 설비는 강력한 자장으로 플라스마를 도넛모양(torus)으로 가두어두는 장치이다. 1988년에서 1990년 사이에 이미 개념설계는 완성되어 엔지니어링 설계로 넘어갔다. 2006년에 건설비용이 10억 유로로 계상되었는데, 2008년에 공사를 시작하여 10년 후에는 완성하는 것으로 하였다. 2007년에 부지조성이 시작되었고, 2009년에 부지조성이 끝났으며 2010년 Tokamak시설이 착공되었다. 2017년에 조립동이 건립되어 설비들이 들어가기 시작했다. 2025년에는 모든 준비와 허가절차를 끝내고 최초의 플라스마를 발생할 것이고 2035년에 가서야 계획된 핵융합(deuterium–tritium 반응)을 개시할 예정이다.

핵융합에 의한 열을 동력원으로 하겠다는 생각은 일찍부터 있었다. 우선 핵융합에서는 핵분열처럼 강력한 방사성물질이 생성되지 않는다. 그래서 비교적 깨끗한 에너지를 생산할 수 있다. 즉 핵폐기물이 없다. 둘째는 핵연료가 수소(deuterium)와 3중수소(tritium)이므로 단위 중량당 열 발생량은 U–235가 핵분열로 발생하는 열량 보다 3배나 크다.

ITER의 중심은 자장으로 플라스마를 가두어 두는 장치로서 이중벽을 가진 진공으로 된 강철용기이다. 도넛모양의 용기로 총중량 5000톤의 어마어마한 크기의 구조물이다. 차폐재로 둘러싸야 하기 때문에 전체 구조물의 지름은 19.4 m에 높이는 11.3 m나 된다. 진공용기의 첫째 역할은 플라스마를 가두어 두는 것이다. 이 진공용기에는 원자로를 운전하고 시험하기 위한 구멍이 44개나 있다. 진공용기이므로 이들 구멍이나 기타 장비들은 기밀을 위한 각종 구조가 수반되어야 한다. 핵융합은 방사성물질을 생산하지 않는 깨끗한 반응이지만 고속중성자에 의한 피해는 막아야 하므로 철저한 대비가 마련된다. 이 장치를 가동하기 전에 진공용기의 공기를 모두 빼어내어야 하는데, 그 작업도 용이한 것이 아니다.

저자는 이 항목을 조사하면서 기계공학자로서 놀라움을 금하지 못한다. 마치 어린이 놀이동산에 온 것 같은 경이와 함께 깊은 의구심도 함께 한다. 과연 이 꿈의 핵동력이 실현될 수 있을 것인가. 물론 성공은 하겠으나, 경제성이 없다면 공학적으로 실패하는 것이다. 그래도 대단한 인류의 꿈이니까 지원할 필요는 있을 것이다. 언제 인류가 성공을 보장받고 창조한 적이 있던가. 창조란 언제나 꿈만 가지고 시작하는 것이고 그래서 신도 천지를 창조하고는 기뻐했다고 하지 않는가.

2.3 주요국의 원자력발전

1) 미국의 원자력발전

미국은 원자폭탄을 최초로 개발하여 일본에 사용한 나라로 핵물질의 위험과 응용에 대해 가장 많이 알고 있는 나라이다. 처음 맨해튼프로젝트는 독일 히틀러의 원자폭탄 개발이 앞설까보아 서둘러 개발했던 것인데, 정작 히틀러는 1945년 5월에 자살하고 독일이 항복하면서 그 의미가 많이 퇴색했었다. 그러나 1945년 봄 일본의 오키나와를 공략하면서 5만여 명의 사상자를 낸 미군 당국은 일본을 굴복시기기 위해서는 원자폭탄의 사용이 불가피하다고 판단하여 결국 2개의 원자폭탄을 투하했다. 만일 일본이 항복을 지체했었다면 미국은 더 이상의 원자폭탄을 투하할 준비가 되어 있었다. 다행히 일본천황의 결단으로 무조건 항복하게 되었고 더 이상의 원자폭탄은 사용하지 않고 종전을 마지하게 되었다.

전쟁이 끝났으니 이제는 원자폭탄을 개발하던 국립연구소에서 새로운 과제 즉 핵분열에너지를 동력을 생산하는데 사용하는 연구로 전환하기 시작했다. 원자력의 평화적 이용을 위한 연구는 1946년 미국 원자력법이 만들어지면서 원자력위원회(Atomic Energy Commission)의 후원 아래 시작되었다. 의학자들은 암을 치료하는데 방사선의 효과에 관심을 가지게 되었고 군사적 연구팀도 평화적 이용에 대하여 연구를 진행했다.

1954년 원자력에너지법(Atomic Energy Act of 1954)이 발효되면서 개인회사들이 원자로를 건설할 수 있게 되었고 지금까지 원자로에서 발생했던 부분노심 용융사고와 실험용 원자로 및 연구설비에서 발생한 사고에 대해 배우기 시작했다. 1957년 Price-Anderson Act가 발효되면서 원전사고에 대한 책임한계가 분명해졌다.

1940년대에 아르곤국립연구소는 미국 원자력위원회로부터 상업용 원자력의 이용을 위한 개발을 지시받았다. 그 이후 21세기가 시작될 때까지 아르곤연구소는 14개의 원자로를 설계, 건설 및 운영했다. 이들 원자로는 시험용 원자로로 가압수형원자로, 비등수형원자로, 중수형원자로, 흑연감속로, 용융금속냉각 고속증성자로 등이었다. 아르곤연구소와 몇 개의 AEC 계약사들은 총 52개의 원자로를 아이다호주(Idaho)에 있는 국립원자로 시험장(National Reactor Testing Station)에 건설했다. 그 중 2기는 전혀 가동되지 않았고 나머지 시험용 원자로는 2000년까지 모두 정지되었다.

1951년 12월 20일 오후 아이다호 국립시험장에서 핵분열에 의한 최초의 전기가 들어와 전등을 켰다. 이 시등식에는 아르곤연구소 소장을 비롯한 아르곤연구소 개발팀이 참석했다. 인류가 핵에너지로부터 전기를 생산하는 순간이었다. 수일 내에 이 실험용 증식로(Experimental Breeder Reactor 1)는 실험용증식로 건물 전체에 필요한 전기를 공급할 수 있었다. 천연우라늄 1톤이면 40 GWh의 전기를 생산할 수 있다. 이것은 16,000톤의 석탄 또는 80,000배럴의 석유와 맞먹는 에너지이다.

미 해군에서 전투함 추진용으로 원자로가 성공하자 이 기술을 전기를 생산하는데 사용하기로 했다. 1957년 4월 버지니아주의 포트 벨보어(Fort Belvoir)에 있는 SM-1 원자로가 발전을 시작하여 미국 전력망에 연결했다. 1958년 5월 26일 쉬핑포트(Shippingport)원자력발전소가 아이젠하워 대통령의 '원자력의 평화적 이용' 프로그램의 일환으로 개통식을 가졌다. 이 원자력발전소는 미국 최초의 본격적인 가압수형원자로(full-scale PWR nuclear reactor)였다. 1960년대 원자력발전소 붐이 일어나자 미국 원자력위원회는 2000년까지 1,000기 이상의 원자로가 건설될 것이라 예상했다. 원전사업이 팽창하자 원자력위원회는 1974년 연구개발과 규제사업을 분리하여 연구개발은 에너지성(Department of Energy)에 맡기고 규제업무는 독립기관인 원자력규제위원회(NRC: Nuclear Regulatory Commission)에 위임하였다.

그러나 반핵운동도 일어났다. 1957년 디트로이트(Detroit) 인근에 세우는 페르미원자력발전소(Enrico Fermi Nuclear Generating Station)건설에 대해 자동차노동조합이 반대했다. 1958년 태평양 가스전기회사(Pacific Gas & Electric)가 샌프란시스코 북쪽 보데가만(Bodega Bay)에 원자력발전소 계획을 제출하자 시민들의 반대가 일어났다. 이 항의는 결국 1964년 원전건설계획을 취소함으로써 끝났다. 이것이 계기가 되어 각지의 원자력발전소 건설은 반핵운동가들에 의해 저지되었다.

미국의 원전 붐에 찬 물을 끼얹은 것은 1979년 펜실바니아주 핫포드(Hartford) 근교의 드리마일 아일랜드 원자력발전소 2호기(TMI-2)에서 일어난 사고였다. 이 사고는 단순한 운전미숙으로 필터를 청소하면서 원자로를 정지시키지 않고 부분 폐쇄로 작업하다가 냉각수 공급실패로 노심에 큰 손상을 입힌 사고였다. 이 사고는 작업원의 사망도, 인근 주민의 사망도 없었으나 핵이 가지는 공포심 때문에 큰 사회문제가 되고 오랜 기간 법정소송으로 발전회사가 큰 손해를 보게 되었다.

미국 NRC에서는 "비록 발전소 근로자의 사망이나 부상이 없었고 인근 주민에 대한 피해가 없었음에도 불구하고 이 사고는 미국의 상업용 원전에서 일어난 가장 심각한 사고"라고 했다. 세계 원자력협회는 "12개 이상의 독립적인 조사에서 방사선 노출과 TMI 주변의 주민에 대한 환경조사를 하였다. 최근에 32,000명에 대한 13년의 연구에서 암과 같이 방사선 누출과 연관이 있을 것으로 의심되는 징후는 없었다."라고 보고했다. TMI-2의 경우에도 방사선누출은 콘크리트구조의 격납용기 내에서 처리되었다. 이 밖에도 원전의 사고들이 있었으나 그 피해는 증명되지 않았다. 그럼에도 불구하고 국민들은 원전이 "믿을 수 없고 불편하다."고 인식했다. 이것은 핵무기와 원전이 다름에도 불구하고 원자력의 시작이 비밀리에 전쟁 중에 탄생한 폭탄이었고, 핵무기와 핵의 평화적 이용을 구분하려고 노력해도 국민의 가슴속에는 두 가지가 깊이 연계되어 있기 때문이다.

몇 기의 원전은 반핵운동 때문에 수명을 다하지 못하고 폐쇄되었다. 미국의 원전은 40년의 수명으로 인가되었었다. 그러나 2011년 현재 60기의 원전이 수명을 20년 더 연장되었다. 평균 출력율(capacity factor)도 1970년대에서 1980년대까지는 60% 이하였으나 2007년에는 92%로 개선되었다.

드리마일 아일랜드 원전사고 이후 NRC는 갑자기 허가를 중단하여 1979년에서 2012년 사이에는 신규원전 1기도 허가하지 않았다. 이미 허가된 원전들도 건설을 중단하거나 프로젝트를 포기했다. 이것은 결국 건설허가에서 운전개시까지의 시간을 끌어 공기가 지연됨으로써 공사비를 증가시켰다. 1991년에 가동 중인 원전은 112기로 허가된 원전은 177기였다. 1998년에는 가동 중인 원전은 104기로 줄어들었다. 2016년에 가동 중인 원전은 100기이고 건설 중인 것이 4기였다.

2011년 일본 후쿠시마 제일원전 사고 이후 NRC는 미국 내에서 가동 중인 104기의 원전에 대한 종합적인 안전점검을 실시한다고 발표했다. 그리고 폐연료봉의 보관문제가 크게 대두되었다. 결국 각종 보안조처가 강화되면서 미국에서 원전건설 비용은 50%나 상승하게 되었다. 반면 화석연료의 값은 떨어졌는데, 세일가스 개발로 천연가스의 가격이 인하되었기 때문이다. 이로써 드리마일 아일랜드의 가동 중인 TMI-1도 수명을 다 채우지 않고 가동을 중단하게 되었다. 2020년 8월에 Exelon은 경제적 이유 때문에 Byron과 Dresden의 원전을 수명이 연장되었음에도 불구하고 폐쇄하기로 결정했다.

2017년 3월 29일 모기업인 도시바(Toshiba)는 웨스팅하우스(Westinghouse Electric Company)가 원전건설 프로젝트에서 90억 달러의 손실을 입어 'Chapter 11 파산'을 선고한다고 발표했다. 이 손실은 죠지아와 사우스캐롤라이나에 건설하는 4기의 원전에서 나온 것이었다. 그러나 앞으로 원전의 전망은 어둡지만은 않다. 그 이유는 탄소배출제한에 따른 화석연료발전소의 제한이다.

미국은 현재 94기의 상업용 원전에서 96.6 GW의 설비용량으로 전력을 생산하고 있다. 이 원자로의 63기는 PWR이고 31기는 BWR로 가압수형원자로의 비중이 크다. 2019년 원전은 총 809.41 TWh의 전기를 생산했는데, 미국 전력생산의 20%를 점한다. 2018년 미국의 원자력발전은 비오염 에너지생산(emission-free energy production)의 50%를 차지한다.

2) 영국의 원자력발전

영국 원자력기구(United Kingdom Atomic Energy Authority)는 1954년에 설립되었으며 영국내의 원자력에너지 개발을 감독하고 있다. 1956년 8월 27일 처음으로 원자력발전소가 전력망에 연결된 것은 Calder Hall이었다. 그러나 이 원자력발전소는 핵무기생산용 플루토늄 생산이 주목적이었다. Calder Hall은 세계 최초의 상업적으로 수용할 수 있는 전력을 공급한 첫 원자력발전소였다. 1966년 2월 영국 최초의 고속증식로가 스코트랜드의 Dounreay에 건설될 것이라고 발표하였는데, 건설비는 3천만 파운드였다.

영국 핵연료회사(British Nuclear Fuels Limited)가 1971년 2월 설립되었으며 1979년 석유위기 때 대처(Thatcher)정부는 장기 핵개발 프로그램을 수립하였다. 국립원자력공사(National Nuclear Corporation)는 제2 AGR원자로 계획을 완료하고 미국 웨스팅하우스 설계의 PWR을 건설하기 위한 계획을 세웠다고 발표했다. 영국은 그동안 좌파정부의 주요 산업시설 국유화정책에 따라 전력회사들이 국유화되어 있었으나 우파가 집권하면서 다시 사유화정책이 추진되고 있었다. 그것은 국유화된 주요산업시설의 경쟁력이 약화되었기 때문이다. 1989년 제정된 전기법(Electricity Act 1980)은 전력산업의 사기업화를 마련하였으므로 화석연료기금(Fossile Fuel Levy)으로 원자력발전회사(Nuclear Electric)를 돕게 했다.

Sizewell 원자력발전단지에 PWR 프로그램이 진행되어 1995년 2월 발전을 시작하여 전력망에 연결되었다. 2019년 현재 이 발전소가 가장 최신의 발전소가 되었다. 전력회사의 사기업화가 진행되고 있었으나 정부의 저리융자가 불가능해지자 원자력발전소와 같은 거대 프로젝트가 추진되지 못하고 있기 때문이다.

영국의 롤즈로이스사가 중형의 SMR을 정부의 지원을 받아 개발하기 시작했다는 것은 영국의 원전정책을 나타낸다고 할 수 있다. 영국은 더 이상 가스냉각흑연감속로에 의존하지 않고 소형화된 SMR에서 출구를 마련하고 있는 것이다. 그것은 정확히 영국의 경제사정을 대변한다. 1500 MWe에 육박하는 제3세대원전에서는 발을 빼고 400 MW급의 SMR로 돌파구를 마련하고 있다. 영국 원전의 성공을 기원한다. 새 기술이란 언제나 화려해도 정작 성공하기에는 난관이 너무 많다.

3) 일본의 원자력발전

1954년 미국 국가안전회의(National Security Council)의 실행위원회는 미국 행정부가 일본에 원자력발전소를 건설하도록 하는 권고안을 제출했다. 일본은 패전 후 일체 핵에 대한 접근이 금지되어 있었다. 그런데 일본 인구의 3분의 1이나 되는 3천200만 명이 미국의 수소폭탄 반대를 청원하는 운동에 서명했다. 마침 비키니 환초에서의 수소폭탄 실험에서 일본 어선의 피해가 보고되었기 때문이다.

미국 내에서도 언론계에서 미국이 일본에 원자폭탄을 투하한 것을 속죄하기 위해서도 일본에 원자력 에너지를 사용할 수 있게 해야 한다고 했다. 1954년 일본 정부는 일본의 원자력프로그램을 추진하기 위해 2억3천만 엔의 자금을 투입했다. 원자력기본법에는 일본은 평화적 목적에 이용할 활동으로 제한한다고 규정했다.

최초의 원자력발전소가 도까이(東海) 원자력발전소로 영국 GEC의 원자로가 설치되었는데, 1966년 인가되었다. 이 원자로는 영국 Calder Hall에 설치된 원자로와 같은 형식으로 가스냉각 흑연감속로였다. 전기출력은 154 MWe로 비교적 소형이었으나 천연우라늄을 연료로 하며 플루토늄 생산도 가능한 원자로였다. 미국은 일본의 의도를 의심하기 시작했다. 일본의 기술력으로 보아 Pu생산을 가능하게 한다면 원자폭탄의 제조 가능성을 불식할 수 없었기 때문이었다. 일본은 영국으로부터 핵연료제조에 대한 재처리기술도 전수받고 있었다.

미국 존슨(Johnson) 행정부는 일본이 핵확산방지조약(NPT: Nuclear Non-Proliferation Treaty)에 가입을 지연시키고 있는 것에 깊은 우려를 가지고 있었다. 일본의 기술력으로 보아 일본이 핵물질을 보유하게 된다면 미국에 대한 큰 위협이 될 것이었다. 1967년 12월 사또수상은 국민들에게 핵무기개발은 절대로 없다는 것을 확인시켜 주기 위해 3개 비핵화정책을 발표했다. 이것은 일본 땅에는 핵물질을 만들지도 않고, 보유하지도 않으며 핵무기의 반입을 허용하지도 않을 것이라고 했다. 이 정책은 법으로 규정되지는 않았으나 이후 일본원자력 정책의 기준이 되었다. 일본은 1970년에야 NPT에 서명했고 국회에서 비준된 것은 1976년이었다. 이 과정에서 일본과 미국의 줄다리기는 상당히 심각하기까지 했다. 결국 일본은 영국에서 도입한 핵연료 재처리시설을 폐기하지 않기로 미국과 양해했다.

일본원자력연구소는 1963년 미국 GE의 소형원자로를 연구용으로 도입하여 가동하고 있었다. 이 원자로는 열용량 46.7 MW의 비등수형원자로로 2.6%의 UO_2를 농축한 연료를 사용하고 있었다. 전기출력은 1만 2,500 kW에 지나지 않는 소형원자로였다. 1970년대에 들어와 일본은 미국으로부터 경수로를 도입하기 시작했다.

도쿄전력은 미국 GE의 비등수형원자력발전소 1호기를 1967년 7월 후쿠시마현(福島縣) 오오꾸마(大熊)에 건설하기 시작했다. 이 원자로는

1971년 3월 26일 인가되었다. 이후 후쿠시마 제1원자력발전소는 2호기부터 6호기까지 건설이 계속되었는데, 모두 GE의 설계였으나 3호기와 5호기는 도시바(Toshiba)에서 공급했고 4호기는 히다찌제작소(Hitachi)에서 공급했다. 시공은 일본의 가지마가 담당했다. 즉, 일본의 기술력과 일본정부의 국산화 의지가 강력하여 가능하면 일본에서 제작하도록 하는 정책의 결과였다.

일본 정부의 지원도 발 빠르게 진행되었다. 미국 기계학회(ASME)의 보일러 및 압력용기기준 제3부(Division III)–원자로용기(Nuclear vessel)을 번역하여 일본 원자로설계기준으로 제정·공포했다. 일본 정부의 국산화 의지는 아주 강했다. 그래서 히다찌나 도시바 같은 주요 전기(電機)회사들이 적극 참여한 것이다. 후쿠시마 원전에는 총 8기의 원자로가 설치될 계획으로 우선 4기의 원자로가 나란히 비교적 낮은 해안가에 건설되었다. 나머지 4기는 북쪽 언덕에 부지를 조성해서 약간 높은 위치에 있었다. 6기까지는 계획대로 추진되었으나 7, 8호기는 2011년 사고의 영향으로 취소되고 말았다.

일본은 지진의 나라로 유명하기 때문에 내진설계도 당시로는 충분히 반영했다. 그리고 지진이 일어나면 어느 진도 이상의 지진에서는 원자로가 즉시 가동이 중단되도록 안전장치도 마련했다. 그리고 기술제휴로 1, 2호기는 미국에서 들여오지만, 3호기부터는 국내에서 제작하도록 계약하고 3, 5호기는 도시바가 맡았다. 4호기는 GE의 원자로를 상당수 제작하고 있던 히다찌가 맡았다. 일본에 BWR이 본격적으로 진출하게 되는 계기가 되었다.

일본의 원자력발전소 건설은 1979년 미국의 드리마일 아일랜드(TMI)사고나 1986년 소련의 체르노빌 원전사고의 영향에도 불구하고 1990년대에 활발히 건설되었다. 주요 건설일정을 보면 아래와 같다.

- 호호꾸 원자력발전소, 야마구찌현 호호꾸–1994

- 구시마 원자력발전소, 미야자끼현 구시마-1997
- 아시하마 원자력발전소, 미에현 아시하마-2000
- 스즈 원자력발전소, 이시까와현 스즈-2003

그러나 원자력발전 시설에서 사고가 일어나면서 일본의 여론도 원전 반대로 기울기 시작했다. 이바라끼현 도까이무라(東海村)는 일본원자력의 본산이어서 일본원자력연구개발기구를 비롯한 정부 연구기관과 도까이원자력 및 도까이 제2원자력이 자리하고 있었다. 또한 핵연료처리를 담당하는 일본 핵연료 컨버젼(Japan Nuclear Fuel Conversion Co.) 공장도 있었는데 스미또모(住友)금속광산의 자회사로 1979년 10월 설립되었다. 도까이원자력은 일찍 1966년 이곳에 자리했다. 이 회사는 1999년까지 핵연료를 생산했다.

2011년 후쿠시마 제일원전사고 이전에 일본은 30%의 전력수요를 원자력발전소가 담당했다. 그리고 이 비율을 40%까지 올릴 계획으로 있었다. 원자력발전은 일본에서 국가전략의 우선순위에 있었다. 2020년 3월 현재 일본에는 54개 원자력발전소가 있으며 42기는 가동이 가능하나 실제로 운전되고 있는 것은 5개 기지에 9개 원전뿐이다. 모두 24기의 원자로는 폐기 또는 허가 취소될 예정으로 있다.

일본의 원전은 모두 성공적으로 가동하고 있었으나 2011년 3월 11일 일본 동북지방에 일어난 도호꾸대진재(東北大震災)는 거대한 쓰나미를 몰고 와 후쿠시마 제1원전의 냉각시설을 파괴하였다. 이 재난은 일본 초유의 원자력 비상사태를 선포하게 했으며 14만 명의 주민이 원전 반경 20 km 밖으로 소개되었다. 모든 일본의 원전이 가동 중지되거나 재가동이 안전검사 이후로 연기되었다. 일본은 1970년 이래 처음으로 원자력발전소에서 생산하는 전기 없이 지나게 되었다.

후쿠시마 제1원전의 사고는 국민의 불신을 사 2011년 6월에 여론조사에서 국민의 80%가 탈원전에 찬성하며 정부의 방사성 오염에 대한 발표를 믿을 수 없다고 하였다. 그러나 일본은 격심한 전력난에도 2011년 여름을 대정전(blackout)없이 지나갔다. 2011년 10월 정부의 에너지백서에서 일본 정부는 원자력발전소의 안전에 대한 국민의 신뢰가 심각하게 훼손되었다고 하면서 원자력발전에 대한 의존도를 줄이기로 한다고 했다. 그러나 반대여론에도 불구하고 2012년 7월 1일 간사이(關西)전력의 오이(Oi)원자력발전소는 재가동하였다. 그러나 2013년 오이원자력발전소 3호기와 4호기가 가동 중단함으로써 일본의 원자력발전은 모두 가동중단하게 되었다.

1999년 9월 30일 JCO공장에서 제2차 사고(東海村JCO臨界事故)가 발생했는데, 핵연료를 처리하는 과정에서 기술원이 실수하여 일어난 방사성물질 누출사고였다. IAEA에서는 이 사고를 심각한 것으로 보고했다. 이것은 분명 인재였으나 그 처리가 분명하지 않아 여론의 의심을 받았다. 사고는 1999년 9월 30일 10시 30분 3명의 기술원이 작업하다가 그 중 한 사람이 실수로 과다한 농축우라늄을 섞는 바람에 방사성 모니터가 작동하여 경고가 울렸다. 이 경고로 공장 내 종업원들이 소개되고 일부 종업원은 방사선에 노출되었다.

사고 5시간 후 연쇄반응이 진행되는 것을 확인하고 도까이무라 당국은 방송으로 주민들의 피난을 권고했다. 10월 1일에는 학교도 임시 폐쇄되고 연쇄반응을 중단시키기 위해 물이 부어졌다. 2일에는 주민 전원에게 건강진단을 실시하고 방사능을 측정했으며 학교는 다시 열리고 정부는 기자회견을 열었다. 이 사고는 작업하던 기술원 1명의 사망과 후유증 정도로 끝났으나 여론은 원전의 안전성에 의문을 가지기 시작했다.

2007년 4월 18일 일본은 미국과 미일원자력협동계획(United States-Japan Joint Nuclear Energy Action)에 서명했는데, 원자력기술의 공동 개발을 위한 틀을 짠 것이었다. 두 나라는 앞으로 고속로(fast reactor) 기술, 연료사이클 기술, 개량된 시뮬레이션과 모델링, 소형원자로, 안전장치와 물리적 방호, 핵폐기물 처리에 대하여 협조하기로 했다. 2008년 도쿄전력은 4기의 원자력발전소 가동을 새 내진설계(earthquake resistance) 때문에 1년간 연기한다고 발표했다. 후쿠시마 제1원전의 7호기와 8호기도 2014년 10월과 2015년 10월에 각기 가동을 시작할 예정이었다. 히가시도리 원자력발전소 1호기는 2015년 12월 그리고 2호기는 빨라야 2018년에 가동을 시작할 것으로 예정했다. 원자력에 관한 연구개발비는 4,914억 엔으로 신청했는데, 연구개발 대상은 고속증식로 사이클의 개발, 차세대 경수로, 핵융합발전을 위한 Iter프로젝트, 그리고 지진안전연구 등이었다.

그런데 2011년 3월 11일 후쿠시마 제1원자력발전소 사고가 일어났다. 이 사고는 어쩌면 동북대진재에 의한 여파로 천재지변에 해당하기도 했다. 후쿠시마 제1원자력발전소의 낮은 대지에 건설된 1~4호기가 강력한 쓰나미의 해일에 잠겼는데, 이렇게 높은 해일이 일어나리라고는 생각하지 못했던 재난이었다. 그래도 도쿄전력측은 원자로 노심이 용융되는 최악의 사태는 막았어야 했다. 후쿠시마 제1원전은 구조에서부터 문제가 있었다. 노형이 GE의 BWR인데, 정전으로 원자로의 냉각수 펌프가 정지하게 되면 우선 원자로를 끄고 여열은 비상 디젤발전기를 가동하여 전기를 공급하게 되어 있었다. 그런데 이 디젤발전기는 무겁기 때문에 지진에 대비하여 지하에 설치하였다. 또한 배전반도 지하실에 설치되었는데, 이것은 도쿄전력의 안이한 운영이었고, 일본 원자력규제 당국의 태만도 있었다. 또한 최악의 경우에 대비하여 상당한 용량의 제어장치용 비상배터리도 있었는데, 이것 역시 무겁다고 지하실에 설치했다. 이렇게 안전에 대한 설비들이 모두 지하실에 모여 있었는데, 여기가 해일로 침수되면서 모든 안전장치가 마비되고 만 것이다. 이것은 천재지변에 의한 불가항력적인 사고로 볼 수 없었다.

2011년 5월 나오또 간 수상은 하마오까 원자력발전소를 앞으로 30년 내에 진도 8.0 이상의 지진이 날 것에 대비하여 폐쇄하도록 했다. 하마오까 원자력발전소는 중부전력 소속으로 원자로 5기가 가동되고 있었다. 2012년 5월 27일 현재 일본의 54기 원자로 가운데 단 하나의 원자로만 가동 중이었는데, 북해도에 있는 도마리 원자력발전소 3호기였다. 이 원자력발전소 단지는 북해도전력 소속이었는데 미쓰비중공업의 PWR이었다. 도마리 3호기가 5월 5일에 수리를 위해 원자로 가동을 중단하자 일본에는 1970년 이후 처음으로 1기의 원자로도 가동하는 것이 없게 되었었다. 이후 몇 기의 원자로가 수리를 마치고 재가동되었으나 일본의 원자력발전소 대부분은 가동 중단 상태에 있었다.

2014년 일본정부는 연간에너지보고서에서 일본은 2013년 회계연도에 총 88%의 전력을 수입 석유류에 의존하고 있다고 발표했다. 2010년의 62%에 비교하면 석유류비중이 크게 증대된 것이다. 결국 일본 소비자들은 2010년에서 2013년 사이에 전기요금이 19.4% 인상되는 것을 감내해야 했다. 한편 산업계에서는 이 기간 동안 전기료를 28.4% 더 내야하게 되었다.

2018년 일본 정부는 2030년의 에너지 수급전망에서 원자력발전의 비중을 다시 20-22%로 올려야 한다고 예측했는데, LNG는 27%, 석탄 25%, 재생에너지 23%, 유류 3%로 되어 있었다. 결국 전력의 55%는 탄소배출이 심한 화석연료에 의존하는 것이어서 탈탄소정책과 상반되었다.

일본 자민당 내각은 2014년 "원자력은 일본의 가장 중요한 전력원"이라고 결론지었다. 이것은 지난 민주당 정부에서 가동중지한 다수의 원자력발전소를 재가동하는 것을 의미했다. 각지의 원자력발전소는 탈원전단체의 고발에 의해 법원의 판결로 가동이 중지되는 사례가 많았다. 2014년 5월 후꾸이(福井) 지방법원은 오이 원자력발전소의 재가동을 정지시켰다. 2015년 4월에는 법원이 다까하마 원자력발전소의 원자로 2기의 재가동을 중지시켰으나 센다이(仙臺) 원자력발전소의 원자로 2기는 재가동을 승인했다. 각지의 원자력발전소들은 재가동을 시작하고 있는 추세이다. 정부는 2030년까지 일본 전력의 20%를 다시 원자력발전에 의해 공급하려고 하고 있다.

일본은 2016년 11월 인도와 원자력개발에 협력하도록 서명했다. 일본 원자력산업계는 후쿠시마 제일원전사고 이후 중단된 신규 원전건설을 인도의 원자력발전 정책에 따라 진출할 수 있을 것으로 예상하고 고무되어 있었다. 인도는 앞으로 10년 내에 20기의 원전을 건설할 계획을 가지고 있었다. 그러나 일본 국내에서는 인도가 NPT에 가입하고 있지 않다는 이유로 여론이 반대하고 있다.

일본은 고속증식로에 대한 집념이 대단했다. Pu생산에 대한 계획은 접었으나 여전히 Pu을 핵연료로 사용하고 싶어 했다. 그래서 후꾸이(福井)현 쓰루가(敦賀)원전단지 근처의 몬쥬에 시험로로는 약간 규모가 큰 714 MW의 나트륨냉각고속증식로(SBR)를 시험하고 있었다. 이 고속증식로는 1986년 착공하여 1994년 4월에 임계에 도달했으나 1995년 12월 냉각재인 나트륨이 누출되어 화재가 일어나는 사고로 가동 중단되었다. 2010년 5월 6일에야 재가동하였는데, 8월 26일 운반크레인 추락사고로 또 가동이 중단되었다. 그 동안 엄청난 돈만 쓰고 실패한 것이다. 결국 2016년 2월 폐쇄하기로 결정하였다. 그래도 일본은 여전히 고속증식로의 희망을 버리지 못하고 프랑스와 협력하기로 추진 중이다. 2016년 현재 프랑스는 ASTRID프로젝트에 일본의 참여를 구하고 있다.

2015년 일본산업통산성 산하의 천연자원 및 에너지관리청은 전기사업법을 개정하여 원자로 폐기비용을 일찍 상계할 수 있도록 했다. 이 조처로 2011년 이후 재가동하지 못하는 낡은 소형 원자로들은 대부분 추가로 폐쇄될 것으로 보인다.

일본은 원자력위원회(AEC), 원자력안전위원회, 원자력안전보건원(NISA)의 규제기관을 운영하고 있으며 일본원자력연구개발기구(JAEA), 일본원자력발전(JPAC), 전원개발(J-Power) 등으로 개발을 지원하고 있다. 또 원자연료공업(NFI)과 일본원연(JNF)을 통하여 핵연료를 생산 공급하고 있다. 민간 전기업체로는 미쓰비시중공업과 도시바전력시스템에서 원자력사업부를 운영하고 있으며 GE와 초기부터 협력관계에 있는 히다찌제작소는 히다찌 GE뉴클리어 에너지를 운영하고 있는데, 2007년 6월 히다찌제작소가 GE에 적극적으로 투자하여 생긴 회사이다.

일본은 일찍부터 원자력발전에서 우위를 점하려고 국가적인 노력을 해왔다. 그러나 핵에 대한 정치인들의 지나친 욕심과 안전규제에 대한 느슨한 처리 등이 결국 사고를 연발시켜 원자력발전소가 거의 가동하지 못하는 상황에 처하게 되었다. 이것은 결코 불운이 아니며 원자력이 마치 비밀병기인 것처럼 폐쇄적인 태도로 일관하는 일본원자력학계의 비공학적 태도에 더 큰 책임이 있다고 하겠다. 후쿠시마 제1원전사고 이후 일본의 주요언론은 하나도 이 사고의 진상을 밝히려 하지 않았다. 노심용융된 원자로를 식히기 위해 해수를 부어야 했던 비상조처는 어쩔 수 없는 것이었고, 그 물을 무한정 저장만 할 수 없는 것도 사실이다. 그러나 오염수 처리에 대한 정확한 보고 없이 무해하다는 발표만 반복하여서는 절대로 다시 일어설 수 없을 것이다.

원전은 열발전소(thermal power plant)의 하나이다. 위험요소가 특별히 많지만 모두 극복할 수 있는 것들이다. 그것이 인류의 문명이기 때문이다. 공학적으로 처리할 수 없는 위험은 없다. 다만 인간이 노력하지 않기 때문에 위험이 계속되고 있다. 그 중에 가장 위험한 것은 오만인데, 비단 과학뿐 아니라 인류역사에서 가장 큰 실패의 원인이었다.

4) 프랑스의 원자력발전

프랑스는 세계에서 원자력발전 비중이 가장 높은 나라이다. 전력의 대부분을 공급하는데, 총 379.5 TWh로 프랑스 전력의 70.6%를 점하고 있다. 프랑스전력회사(EDF)가 프랑스의 전력생산과 공급을 담당하며 56개 원자력발전소를 관리한다.

프랑스는 과학에서 20세기 초까지 세계의 리더국 중 하나였다. 핵물리학에 관하여 유명한 큐리 부부(Pierre & Marie Curie)의 업적이 두드러졌었다. 그러나 정권의 불안정 때문에 20세기 중반에 들어서면서는 큰 역할을 하지 못했다. 특히 제2차 세계대전에 독일에 항복하는 등 프랑스의 위상은 크게 떨어졌다. 미국은 유대인 과학자들의 피난처가 되어 결국 맨해튼프로젝트를 성공시킬 수 있었고 과학발전에서도 리더가 되었다.

1945년 10월 18일 드골이 지도하는 프랑스임시정부(GPRF)는 원자력위원회(CEA)를 설치하고 노벨 수상자 Joliot Curies를 고위 책임자로 임명했다. 그러나 그가 공산주의자였기 때문에 1950년 냉전분위기 속에서 그는 물러났다. 프랑스 원자력위원회는 원자로개발을 비롯하여 집적회로, 방사성물질의 의료이용, 지진과 쓰나미 연구 등 여러 분야의 기초와 응용연구를 유도했다.

1950년대에 들어와 민간의 원자력연구가 시작되고 플루토늄생산과 더불어 원자로의 연구가 진전되었다. 마침 석유파동이 일어나자 전적으로 유류를 수입에 의존하던 프랑스는 중공업의 바탕위에서 원자력발전소를 전력생산의 주체로 하기 시작했다. 1958년 웨스팅하우스의 PWR 기술을 도입하여 Chooz원자력발전소를 건설하는 과정에서 프라마톰(Framatome)이 창립되면서 프랑스의 원자력발전소 건설은 활기를 띄게 되었다. 프라마톰은 EDF가 75%의 지분을 가지고 있으며 3개 프랑스회사와 미국의 웨스팅하우스가 참여하고 있었다. 지금은 일본의 미쓰비시가 19.5%, 아시스템(Assystem)이 5%의 지분을 가지고 있다.

프라마톰의 최초의 역할은 웨스팅하우스에서 설계한 시방대로 원자력 발전소를 개발하는 엔지니어링회사였다. 유럽에서 첫 웨스팅하우스 설계의 원자로는 이탈리아에 건설되고 있었는데, 1961년 9월에 프라마톰은 이 발전소를 턴키로 제공하는 계약을 체결했다. 즉, 원자로뿐 아니라 즉시 사용할 수 있는 각종 부대시설까지 모두 맡아서 공급하고 시공하는 사업이었다. 따라서 엔지니어링회사로 시작한지 몇 년 되지 않아 프라마톰은 산업시설 공급자로 변신했다.

1976년 1월 웨스팅하우스는 프라마톰의 지분 15%를 Creusot Loire에 양도하며 손을 떼었다. 프라마톰은 독일의 지멘스와 함께 유럽형 PWR(EPR)을 1989년부터 공동으로 개발하고 있었다. 결국 2001년 독일의 지멘스(Siemens)의 원자력발전 사업이 프라마톰에 합병하였다. EPR은 제3세대원자로인데, 프라마톰과 프랑스전력 그리고 독일의 지멘스가 공동개발한 원자로이다. 유럽에서는 이 원자로를 유럽가압수형원자로(European Pressurized Reactor)라고 부른다.

프라마톰은 원자력발전소의 설계, 제작, 설치 및 연료와 계장(計裝)까지 공급하며 원자로 서비스의 전 영역을 커버하는 종합건설 및 용역회사이다. 프라마톰은 플라만빌(Flamanville) 3호기, 중국 광동성의 타이산(Taishan) 1, 2호기의 운전과 영국 힌클리 포인트(Hinkley Point) C의 거대한 원전 프로젝트도 진행하고 있다. 프라마톰은 우리나라에도 울진에 2기의 PWR을 건설한바 있다. 특히 주목되는 것은 중국과 합작하여 중국의 PWR개발을 적극적으로 돕는 것인데, 결과적으로 중국 원자력은 현재 세계에서 가장 적은 비용으로 원전을 건설할 수 있다고 자랑하고 있다. 결국 중국 원자력발전의 기초를 마련하는데 크게 공헌한 것이다.

1973년의 석유파동으로 전력난을 겪게 되자 프랑스 수상 메세머(Pierre Messemer)는 1974년 3월 6일 프랑스의 전력수요 전체를 원자력발전으로 담당시키는 거대한 원전개발 프로그램을 발표했다. 이 프로그램은 그 후 'Messemer Plan'으로 알려지게 되었다. 이 계획은 다음과 같은 슬로건으로 표현되었다. "우리는 기름은 없으나 머리가 있다."

메세머 플랜이 공론이나 의회의 토론 없이 세워진 것이어서 비난도 많았으나 전통이 유지되어 정부의 특별한 기구나 의회의 토론 없이 진행되고 있다. 이 계획은 1985년까지 80기의 원자로를 설치하고 2000년까지는 170기로 늘리는 계획이 추진되었다. 그 해에 최초의 3기가 시작되었으며 이후 15년간 56기의 원자로가 건설되었다.

프라마톰이 건설한 울진원자력발전소는 2기로 한울원전단지의 시작이 되었는데, 1983년 1월 26일 1호기(발전용량 968 MW)가 착공되었고 이어 7월 5일에는 2호기(발전용량 969 MW)가 착공되었다. 1호기는 1988년 9월 10일 완공되었고 2호기는 1989년 9월 30일 완공되었다. 울진원자력발전단지는 그 뒤 4기의 원자로를 더 건설하여 한울 1-6호기로 명명했고 신한울 1-4기가 계획되었으나, 1, 2호기만 건설하고 3, 4호기는 연기되었다. 2000년대 초 울진원자력발전단지는 세계에서 3번째로 큰 발전단지가 되어 총 5,881 MW의 발전용량을 가지고 있었다.

프랑스에서 최초로 건설된 원자로는 가스냉각 원자로(GCR)였다. 1957년 2월 1일 착공한 Chinon 1호기로 이어 2, 3호기가 모두 GCR로 건설되었는데, 플루토늄생산이 목적이었다. 그러나 이후의 원자로는 발전이 주목적인 PWR로 전환되었다. 이들 가스냉각 원자로는 모두 폐쇄된 상태이다. 이후 프랑스에 건설된 원자로는 거의 PWR인데 프라마톰이 주도하면서 생긴 현상이다. 고속증식로(FBR-fast breeder reactor)도 2기 건설하였는데, 별로 성공하지 못하고 2010년까지 모두 가동 중지되었다. 이것으로 보아 발전용 원자로로는 PWR이 세계적 추세이다. 체르노빌 원전을 설계 시공하였던 러시아에서도 최근의 발전용원자로는 모두 PWR형이다. 이런 면에서 프랑스의 원자력발전은 슬기로운 선택을 하였다고 할 수 있다.

5) 중국의 원자력발전

중국은 세계에서 가장 큰 원자력발전국의 하나이다. 원자력발전용량과 전력생산량은 세계에서 3번째이다. 원자력발전은 2019년 중국 전력수요의 4.9%인 348.1 TWh를 공급하고 있다. 이 전력생산은 2018년보다 18.1% 증가한 수치이다. 2기의 새로운 원전이 2019년에 추가되었다. 2021년 중국은 50개의 원전에서 49.6 GW의 발전용량을 가지게 되었고 17.1 GW의 새 원전이 건설 중이다.

원자력발전은 점증하는 대기오염 문제와 대기변화 그리고 연료부족으로 석탄에 대체하는 열원이다. 2009년 중국 국가개발 및 개조위원회(National Development and Reform Commission)는 중국 전력생산의 6%를 원자력발전으로 끌어올려야 한다고 발표했다. 더 장기적인 계획에서는 2030년까지 120−150 GW의 발전용량을 확보하는 것이다.

중국은 2개의 원자력회사가 있는데 하나는 중국국립원자력공단(Chaina National Nuclear Corporation)으로 주로 동북부 중국을 관할하고, 다른 하나는 전에 광동원자력그룹이었던 중국제너럴원자력그룹으로 동남부 중국을 관할한다. 중국은 원자력발전의 국제적 협력을 격려하면서도 원자로의 설계와 제작을 국내에서 하려고 한다. 가압수형 원자로인 개량된 후알롱 1(Hualong One)은 가까운 장래에 중국 원전발전의 주된 흐름이 될 것이며 또 수출도 고려하고 있다.

21세기 중반에는 고속중성자로가 주된 기술일 것으로 보이며 2100년까지 1400 GW의 발전용량을 가질 것으로 기대하고 있다. 중국은 또한 ITER 프로젝트의 핵융합에너지 개발에도 참여하여 헤페이(Hefei)에 위치한 EAST로 알려진 실험용 핵융합원자로를 짓고 있다.

ITER프로젝트는 핵융합을 이용하여 태양에서의 에너지를 지구에서 재생시키려는 국제적인 메가프로젝트이다. 2025년에 최초의 플라스마 핵융합발전을 시도하고 있다. 헤페이실험용 원자로는 실험용 개량초전도 토카마크(EAST: Experimental Advanced Superconducting Tokamak)원자로로 중국 헤페이의 물리과학연구소에 건설하고 있다. 또한 토리움을 핵연료로 하는 핵분열원자로도 개발 중이다.

중국은 일찍이 1955년 중국 국립원자력공사(CNNC)를 설립했다. 1970년 처음으로 원자력발전 계획을 세우고 상하이 원자력개발설계연구소를 설립했다. 1991년 12월 15일 중국 최초의 원자력발전소인 저장성의 췬산 원자력발전소가 발전을 시작하여 전력망에 연결되었다. 이 원자로는 288 MW의 PWR로 CNP-300 모델이었다. 원자력 안전규제로 중국에서는 2016년 이후에는 제3세대 원자로만이 건설되고 있다.

2014년에 중국은 2020년까지 58 GW의 원자력발전소를 건설하려고 했으나 2011년 일본 후쿠시마 제일원전사고의 여파로 안전규제가 새롭게 되어 이 목표는 달성하지 못했다. 중국은 후쿠시마 제일원전사고가 발생한 5일 후인 3월 16일 모든 원자력발전소 계획서의 검토를 전면동결하고 기존의 원자력발전소도 전부 안전점검을 실시했다. 안전점검은 10월에 끝났으나 새로운 프로젝트의 진행은 알 수 없게 되었다. 2020년까지 40 GW의 발전량을 확보한다는 계획은 변하지 않았으나 86 GW로 확장하려는 당초 계획은 70-75 GW로 축소·조정되었는데 안전규정을 강화했기 때문이다.

중국은 PWR을 중심으로 표준원자로를 개량하여 왔다. 최초의 모델은 CPR-1000으로 발전용량 1000 MW의 원자로를 의미한다. 이 모델은 제2세대+형으로 프랑스 프라마톰의 900 MWe의 PWR을 개량한 것인데, 1980년대에 도입한 3냉각루프 설계였다. 22기의 원자로가 가동 중이다. 중국의 첫 CPR-1000 원자력발전소인 링 아오(Ling Ao)-3은 2010년 7월 15일 전력망에 연결되었다. 이 원자로는 중국제 부품을 다수 사용한 원자로이다. 중국은 항상 선진외국의 기술을 도입하면 즉시 국산화하려고 했는데, 특히 원자력발전과 같은 미래의 기술에 대한 집착이 강하다.

2010년 광동원자력공사는 제3세대 원자로인 개량된 ACRP1000 설계를 발표했다. 2011년 이래 중국 제너럴원자력발전그룹과 국립원자력공사는 그들의 원자로 모델인 CPR-1000과 ACP1000을 통합한다고 발표했다. 그래서 탄생한 것이 후알롱 1(Hualong One)설계이다. 두 원자로 모두 프랑스 설계인 3냉각루프 방식이지만 코어는 다른 것이다. 발생전력은 1150 MWe로 높였고 수명도 60년으로 연장하였다. 그리고 안전장비로 수동(passive) 및 능동제어를 함께 사용하면서 2중 격납으로 하였다. 두 회사는 후알롱 1의 원자로를 해외에 수출하기 위한 후알롱 국제원자력발전기술주식회사를 합작으로 설립하기로 하여 공식적으로 2016년 3월에 출범했다. 이제는 중국이 자신의 원자로를 가지고 세계시장을 누비려 하고 있다.

미국 웨스팅하우스의 AP1000이 중국의 제3세대 원자로기술의 기초가 되었다. 웨스팅하우스는 중국에 대한 기술전수에 합의했는데, 1250 MWe의 출력에 2개의 루프냉각시스템으로 되어 있다. 이를 위해 처음 4기의 AP1000 원자로가 중국에 건설되었고 적어도 8기의 원자로가 4개 단지에 설치될 것으로 예견되었다. 2016년 건설은 3년 지체되었고 2018년 2월 산멘(Sanmen) 2호기가 열시험을 했고 4월에는 1호기에 핵연료가 장입되었다. 7월에 첫 원자로가 전력망에 연결되었는데, 연말에는 상업운전이 가능할 것으로 예측했다. 2017년 웨스팅하우스가 파산되면서 2019년 웨스팅하우스가 장저우에 건설하려던 AP1000을 대신하여 중국제인 후알롱 1을 건설하기로 결정했다.

2007년에는 프랑스의 Areva와 함께 중국 원자력규제당국은 유럽기준가압수형원자로인 EPR을 기초로 하여 제3세대 원자로를 개발하기로 했다. 우선 2기의 EPR이 광동성의 타이산(Taishan)원자력발전소에 건설될 것이고 적어도 2기 이상이 계획되었다. 타이산원자로 1호기 EPR이 2018년 12월 12일 상업운전을 개시했다.

웨스팅하우스는 2008년과 2009년 중국의 국립원자력기술공사(SNPTC)와 AP1000의 개량형인 제4세대 원자로 CAP1400을 개발하는 데 협력하기로 했다. 이 신형원자로는 발전용량 1400 MWe로 아마도 1700 MWe로 상승시킬 전망이다. 중국은 이 새 원자로에 대한 지적소유권을 가지기로 했다. 2009년 중국의 합자회사는 베이징의 칭화대학에 실험용 원자로 HTR-10 인근에 CAP1400을 시작하기로 했다. 칭화대학에 설치된 HTR-10은 1995년에 건설하기 시작한 10 MW의 연구용 원자로였다. 2000년 12월에 임계에 들어갔고 2003년 1월부터 전출력으로 가동하고 있다.

중국은 캐나다의 CANDU원자로도 도입했는데, 이유는 CANDU가 열화우라늄도 연료로 사용할 수 있기 때문이다. 즉, 중국은 사용 후 연료봉을 재처리하므로 이 과정에서 우라늄-235를 상당량 사용하고 남은 열화우라늄을 연료로 재사용이 가능하기 때문이다. 2기의 CANDU 원자로가 저장성의 태산 원자력발전소(泰山核電站)에 건설되었는데, 1호기는 2002년에 전력망에 연결되었고 2호기는 2003년에 연결되었다. 2016년 9월 캐나다의 SNC-Lavalin은 중국 CNNC 및 상하이전력과 개량된 CANDU 원자로의 설계, 판매 및 건설에 협력하기로 원칙적으로 합의했다고 발표했다.

중국 국립원자력공사는 2019년 7월 소형모듈원자로(SMR)인 전시용 ACP100을 건설할 것이라고 발표했다. APC100은 2010년 설계에 들어갔으며 내부냉각시스템을 가지고 있는 집중형 원자로모듈이다. 핵연료 교체주기는 2년이고 약 125 MWe의 발전출력을 가지고 있을 것이다. 중국은 한 때 한국의 원전기술을 전수받으려고 한 적이 있었다. 그러나 이제는 자체 기술로 세계를 제패할 꿈을 꾸고 있다.

6) 원자력발전소의 경제성

원자력발전소는 특히 건설비가 높다. 그래서 영국과 같은 나라에서는 정부의 저금리지원이 없으면 새 원전을 세우지 못한다. 연료, 운전, 보수비용은 상대적으로 아주 적다. 수명이 길고 높은 가동률로 전력생산비용이 저렴하기 때문에 원전은 오랜 발전소 폐쇄기간을 유지한다. 더하여 탄소배출권의 행사 등으로 원전의 매력은 여전하다. 원전의 건설비는 전 세계적으로 시대에 따라 달라졌다. 미국에서는 1970년대 원전 붐이 일면서 건설비가 크게 올랐었는데, 1979년부터 2012년까지 새 원전건설이 전혀 없었다. 최근에 일본이나 한국 같은 나라의 건설비는 크게 차이가 난다.

더욱 경제적 선진국들은 전력수요 증가가 늦추어져서 대규모 전력시설의 건설은 어렵게 되었다. 동구권에서는 장기전력 개발계획이 추진되기 어려워 자금투자가 망설여지고 있다. 값싼 가스가 출현하면서 원전의 매력도 사라지는 추세이다. 미국에서는 가스비가 저렴하기 때문에 더 이상 원전의 매력은 상실되고 있다. 새 원전의 중국 제안은 $2800/kW에서 $3500/kW 수준이다. 아직은 중국에서 원전이 태양열이나 풍력보다 싸지만 원전건설 비용이 올라가면 이들은 내려갈 것이다. 더구나 제3세대 원전은 전보다 더 비싸질 것으로 예상된다. 그러므로 다른 발전설비와 경제성을 비교하는 것은 건설공기와 금융부담이 결정할 것이다. 원전건설에서 위험부담을 증가시키는 것은 공기연장이다. 대개는 정부의 규제나 여론의 악화로 인한 정치적 문제로 야기된다.

비록 중국의 원전건설비가 서방세계보다 저렴하더라도 원전을 건설하느냐 하는 것은 단지 경제성만으로 결정되는 것은 아니라고 오스트레일리아 존 퀴긴(John Quiggin) 교수는 말했다. 과학기술 교수인 이안 로웨(Ian Lowe) 역시 원전의 경제성에 도전하고 있다. 그러나 원전 지지자들은 여전히 역사적으로 원전이 전 세계적으로 성공했으며 새로운 비상업 디자인으로 새 원전을 세우려고 한다. 원전 지지자들은 IPCC기후패널이 원전을 저탄소로써 그린하우스 가스방출을 고려할 때 가장 적임이라고 주장한다.

일부 독립적 평가에 따르면 원전은 필연적으로 매우 비싸질 것이라 한다. 반원전주의자들도 원전의 비용이 높다고 주장한다. 2012년 캐나다는 원전의 전력생산비가 5.9 c/kWh인데 비하여 수력은 4.3 c/kWh로 1.6 c가 원전보다 싸다고 했다. 2015년 미국에서 탱양광발전은 원전 단가보다 싼데 평균 5 c/kWh였다. 2016년 2월 Palo Alto시는 태양광발전을 3.68 c/kWh로 매수하기로 했는데 수력보다 싸다. 그러나 태양광발전은 아주 낮은 capacity factor를 가지고 있어 에너지 저장과 변환이 필요하기 전에만 성과를 얻을 수 있다. 즉, 필요하다고 출력을 갑자기 높일 수 없어 보조전원의 성격을 탈피하기 어렵다.

러시아, 인도, 중국은 새 원전을 추진하고 있으며 약 50기의 원전이 20개국에서 건설 중이다(2020년 4월 IAEA 보고). 중국은 원전 10기를 건설 중이다. 세계원자력협회에 따르면 폐기하는 원자로와 새 원전은 거의 균형을 이룰 것이라 한다. 그러나 북미에서는 천연가스와 원전이 경제성을 놓고 경쟁할 것이다.

원전건설비용의 가장 중요한 요소는 공기(工期)이다. 가장 건설기간의 짧은 원전이 CANDU의 42개월이고 AP1000은 60개월로 추정한다. 결국 공기가 늦어지면 건설비가 금리인상 등으로 증가한다. 운영비는 석탄과 원전이 비슷하다. 연료비는 원전이 적지만 보수와 운전비가 더 크기 때문이다. 원전에 있어 또 하나의 비용은 폐기물 처리비용이다.

미국 NRC에서는 5억 달러의 비용이 원전 폐기에 쓰일 것이라 추산했다. 따라서 원전은 수명연장이 가장 효과적인 방법이다. 지금의 제4세대 원전은 수명을 60년으로 잡고 있는데, 원자로를 교체한다면 100년까지 가동이 가능하다. 이미 TMI-1에서는 증기발생기를 교체한 경험이 있고 이때 방사성물질의 확산은 염려한 대로 심각하지 않았으므로 원자로

용기의 교체는 불가능하지 않을 것이다.

원전의 안전과 보안은 원전산업의 최우선 목표이다. 사고에 대하서는 철저하게 예방하여야 하고 사고가 나더라도 초기에 피해를 최소화해야 한다. 사고는 부실시공과 압력용기 취성화에 따른 시스템 실패와 이어질 수도 있다. 현재 대부분의 새 원전은 수동안전(passive safety)에 근거하여 설계하고 있다. 이것은 사고가 발생해도 그 피해를 최소화하는 개념이다.

체르노빌 원전 사고조사에서 29명의 원전 근무원과 비상대기자들이 방사성 피폭으로 사망했고, 2명이 더 죽었으나 그 밖의 지역에서의 사망자는 방사성 피폭과는 무관했다. 1명은 또 관상혈전증(coronary thrombosis)으로 사망했다. 치명적 갑상선암(thyroid cancer)이 이 사고와 관련된 것으로 추정하고 있다. 그러나 이 사고로 동유럽에 고형종양과 혈액암 같은 것이 증가했다는 증거는 없다.

원전의 전력생산비용은 나라마다 다르다. 그러므로 전 세계적으로 비용을 산출하는 것은 불가능하다. 2008년 6월 Moody의 추산에 따르면 미국에서는 건설비가 $7000/kWe로 가장 높았다. 2009년 MIT는 2003년의 추산치를 개정했는데, 원전의 건설단가는 $4000/kWe이고 전력비는 $0.084/kWh로 발표했다. 2014년 미국 US Energy Information Administration에 따르면 2019년에 전력료는 $0.096/kWh로 석탄화력보다는 저렴하나 천연가스발전소 보다는 비쌀 것으로 예상했다. Lazard에 따르면 수명을 40년으로 하였을 때 새 원전의 전력비는 정부의 재정지원이 있다면 $0.0775/kWh일 것이고, 7.7%의 상업자금을 사용한다면 $0.118/kW에서 $0.192/kW일 것으로 계산했다. 원전의 경제성은 앞으로도 많은 논란이 예상되지만 나라마다 전력공급의 양상이 다르기 때문에 슬기로운 선택이 중요하다.

2.4 핵물질 확산방지와 국제적 노력

1) 국제원자력기구(IAEA: International Atomic Energy Agency)

1953년 12월 유엔총회에서 미국 대통령 아이젠하워는 원자력을 규제하고 평화적 이용을 위한 국제기구의 창설을 제안했다. 이후 미국은 1954년 9월 유엔총회에서 정식으로 핵분열물질을 관리할 국제기구를 설립하자고 제안했다. 이 기구는 핵은행의 일종으로 설립될 것이었다. 그러나 그 해 11월 소련은 미국이 군축을 먼저 동의하지 않는다면 핵물질을 다루는 어떠한 국제기구의 창설도 반대할 것이라고 했다. 1956년 8월 8일에서 20일까지 유엔은 스위스 제네바에서 '원자력의 평화적 이용'에 관한 국제회의를 열었다. 이 회의에 대한민국은 3명의 옵서버를 파견하여 이승만 정부의 원자력에 대한 관심을 표명했다.

1957년 10월 IAEA의 위상(status)에 대한 회의가 유엔본부에서 열려 IAEA설치안을 승인했다. 이 과정에서 12개국 대표들은 1955년부터 1957년에 걸쳐 새로 탄생하는 국제기구인 IAEA의 신분과 위상에 대해 협상을 벌였다. 소련은 단연 미국의 주도를 허용하지 않으려고 여러 가지 조건을 붙였다. 그래도 세계의 대세는 원자력은 평화를 위해 사용해야 하고 더 이상 핵무기가 확산되어서는 안 된다는 공감대가 확고했다. 그러면서도 프랑스는 독자적인 핵무기체제를 구축하고 있었다. IAEA의 위상은 1956년 10월 23일에 승인되었고 유엔본부에 넘겨 1957년 7월 29일 발족했다. IAEA는 독립기구이지만 보고서는 유엔총회와 안전보장이사회에 제출한다.

초대 총장으로는 미국 전 하원의원 콜(W. Sterling Cole)이 1957년 취임하여 1961년 4년의 임기를 마치고 퇴임했다. 결국 미국이 산파역을 맡은 것이었다. 이후에는 스웨덴의 과학자 에크룬트(Siguard Eklund)가 무려 5연임하며 1981년 스웨덴 전외상 블릭스(Hans Blix)에게 넘겨 1997년까지 4연임했다. 그 뒤를 이집트의 엘바라데이(Mohamad ElBaradei)가

취임하여 2009년까지 총장직을 수행했다.

이들 총장 재임 중에 일어난 큰 사건들은 아마도 체르노빌 원전사고와 같은 재난이었을 것이고 다른 하나는 북한의 핵무기개발을 저지하려는 IAEA의 노력일 것이다. 1986년 체르노빌 원전(Chernobyl nuclear power plant) 폭발과 이에 따른 재난을 계기로 IAEA는 핵안전에 대한 노력을 증대했다. 같은 사고가 2011년 일본의 후쿠시마(Hukushima)원전에서도 발생했다. 일본의 원전사고는 인재(人災)라기 보다는 천재지변에 해당하는 것이었으나 그래도 노심용융과 이에 따른 폭발은 막아야 했다. 그 해 노벨평화상은 IAEA와 ElBaradei 총장이 공동수상했는데, 그는 수상연설에서 "단지 신무기개발비용의 1%만 사용해도 전 세계 인구를 먹일 수 있다."고 한탄하며 핵확산과 재난방지를 역설했다. 이제 핵확산은 강대국뿐 아니라 북한과 같이 가난한 나라에서도 국력을 경주하여 개발하고 있으니 그로서는 참으로 안타까웠을 것이다. 아프리카의 대부분의 나라에서 빈곤으로 죽어 가는데, 그런 돈 조금만 가져도 그들을 기아에서 벗어날 수 있겠다는 생각에서일 것이다. 그러나 세계는 여전히 핵 위험과 핵무기에 대한 공포에서 벗어나지 못하고 있다.

IAEA는 정관 제2조에 따라 목적을 "원자력의 세계 평화와 보건 및 번영에 대한 기여를 촉진하고 확대한다."라고 규정했다. 제3조에는 이 분야에서의 연구와 개발을 촉진하고 회원국을 위해 자료, 용역, 및 시설을 지원하고 과학과 기술정보 및 훈련의 교환을 적극 육성하는 것으로 규정되었다. 이에 따라 IAEA의 6개 부(department)에서 3개 부는 원자력의 평화적 이용을 확대하는 업무를 담당한다.

원자력부는 회원국에게 원전과 핵연료 사이클에 대한 권고(advice)를 마련하는데 집중한다. 원자과학과 응용부는 원전이 아닌 동위원소 기술을 수처리, 에너지, 보건, 생물학 및 농업에 응용하는 기술을 다룬다. 기술협력부는 회원국에게 국가간, 지역간 프로젝트를 위해 전문가 파견,

과학정보교환 및 설비지원을 담당한다.

IAEA 정관 제2조에서는 이 기구의 2중 목표를 분명히 했다. 하나는 원자력의 평화적 이용이고, 다른 하나는 군사적 목적으로 개발하는 것을 감시하고 관리하는 것이다. IAEA는 핵안전(nuclear safety)를 3대 우선순위 중 첫째로 꼽는다. 그것은 원전을 사고로부터 안전하게 보호하는 것이다. 나머지 2대 과제는 기술협력과 핵무기확산방지이다. 현재 회원국은 173개국이고 북한은 탈퇴했다.

IAEA는 본부를 오스트리아 빈(Vienna)에 두고 일본 도쿄와 캐나다 토론토에 지역 안전규제사무소(Regional Safeguard Office)를 설치하고 있으며, 스위스 제네바와 뉴욕에 연락사무소(Liaison Office)를 설치하고 있다. 연구소와 연구센터는 유럽에 두고 있는데, 스웨덴의 세이베르스도르프(Seibersdorf), 모나코 및 트리에스테(Trieste)에 있다. 매년 7월에 지난해의 활동을 연간보고서(Annual report)로 발행하고 있다.

2) 핵무기확산금지조약

핵무기확산금지조약(NPT: Non-Proliferation Treaty)은 국제조약으로 그 목적은 핵무기와 그 기술의 확산을 금지하고 핵에너지의 평화적 이용에서 협력을 강화하고 비핵화(nuclear disarmament)와 궁극적인 군축을 목표로 한다. 1965년에서 1968년 사이에 이 조약은 군축을 위한 18개국 회의에서 협상하였다. 1968년부터 서명에 들어가 1970년 조약이 발효되었다. 본문(text)의 요구에 따라 NPT 회원국들은 1995년 5월에 모여 이 조약을 시한 없이 연장하기로 합의했다. 2016년 현재 191개국이 조약에 가입했고 북한은 1985년에 참가했으나 전혀 서명하지 않았고, 2003년 핵심규정 위반으로 지적되자 NPT에서 탈퇴한다고 선언했다.

이 조약에는 1967년 1월 1전에 핵무기를 실험한 나라들은 핵보유국(nuclear–weapon states)로 규정했는데, 미국, 소련, 영국, 프랑스, 중국이다. 그러나 핵무기 보유를 인정했거나 보유한 것으로 생각되는 5개국이 가입하지 않았는데, 인도, 파키스탄, 이스라엘, 및 북한이다. 남수단(South Sudan)은 2011년 건국한 후 아직 가입하지 않았는데, 몰론 핵보유를 위한 것은 아니고 건국일정이 일천하여 미쳐 가입하지 않은 것으로 보인다.

핵무기확산금지(NPT) 조약이 제안되었을 당시만 해도 20년 내에 25–30개국이 핵무기 보유국이 될 것으로 예상했으나, 40년이 지나자 5개국이 NPT에 가입하지 않은 핵보유국이고 나머지 4개국이 핵무기보유 인정국이다. 핵무기확산금지조약이 이 정도로 성과를 거둔 것은 모든 나라들이 핵무기 보유의 부담을 느끼기 때문이다. 즉, 일본과 같이 1950년대부터 핵보유를 기도했던 나라들도 미국 주도의 강력한 확산금지조처로 부득이 핵무기에 대한 꿈을 접었는데, 만일 미국의 강력한 주도가 없었다면 다투어 핵무기를 보유하려고 했을 것이다. 한국도 한 때 프랑스 및 캐나다의 기술협력을 받아 플루토늄 생산을 계획하기도 했다. 그러나 결국 1992년 '한반도 비핵화선언'으로 남한의 전술핵무기가 모두 철거되었으니, 한반도 비핵화의 이상은 반드시 실현되어야 할 것이다. 핵무기는 결국 협박수단이고 따라서 핵무기 사용을 방지하는 것도 핵무기 사용을 전제로 한 대응협박으로 가능하게 된다. 리비아도 한 때 핵무기 생산을 계획했으나, 카다피 정권이 무너졌고, 이란의 핵개발도 장기간의 미–이란 갈등으로 이어지고 있다.

이란의 핵무기개발에 대한 감시역할에 IAEA는 깊이 간여했다. 2000년대에 들어와 이란의 농축우라늄 프로그램이 은밀하게 진행되었고 이란은 원자력발전용 연료를 생산하기 위한 것이라고 하였으나 그 목적이 군사용이라고 의심받기 시작했다. 이란은 현재 연구소 몇 개와 우라늄 광산 2개소, 연구용 원자로 1기, 우라늄처리시설 및 우라늄 농축시설 3개소가 알려져 있다.

2003년 IAEA는 이란의 핵프로그램을 조사하기 시작했다. 이란은 이미 1970년 NPT를 비준하고 있었다. 2006년 이란이 NPT의 의무를 지키지 않자 유엔 안전보장이사회는 7월 31일 '결의안 1696'으로 이란이 우라늄농축을 중지하도록 통보했다. 2011년 IAEA는 이란이 이미 2003년까지 핵무기설계를 목표로 실험을 계속했던 증거가 있다고 보고했다. 그리고 그 후 소규모 핵실험이 계속되고 있다고 했다.

그 사이 유엔 안전보장이사회는 이란의 핵무기 프로그램을 막기 위하여 8개의 결의안을 통보했다. 이란의 핵 프로그램은 이들 제재(sanction)로 1,000억 달러의 석유대금이 동결되었고 외국의 직접투자를 잃게 되었다. 그럼에도 불구하고 이란의 핵무기개발 의지는 확고한 것으로 보인다. 2015년 7월 14일 이란은 IAEA본부가 있는 비엔나에서 P5+1과 핵 프로그램 동결에 대한 합의를 체결했다(Joint Comprehensive Plan of Action). 여기서 P5+1은 유엔 안전보장이사회 상임이사국 5개에 독일이 참여하고 EU가 지지한 협상팀이다. 2015년 IAEA는 이란이 JCPOA를 지키고 있다고 보고하였으나, 2019년 이란이 이 합의를 파기했다고 보고했다. 2020년 11월 IAEA는 이란이 원심분리기 기술을 개발하고 있는데, 이것은 분명 이란 핵협상 JCPOA를 위반하는 것이라 했다. 또한 이란은 이미 이란핵협상에서 허용한 농축우라늄의 12배 이상을 보유하고 있으며 Natanz에 지하원심분리시설을 건설 중이라고 보고했다. 이란의 핵무기개발과 이를 사찰해야 하는 IAEA의 활동은 2010년 이후 가장 활발하고 또 위험한 단계에 있다고 하겠다. 이란은 가끔 호르무즈해협을 봉쇄한다고 위협하며 때로는 원유탱커를 습격하는 등 군사적 위협을 가하고 있다.

제3장

한국의 원자력발전

3.1 초기의 원전건설

1) 원자력의 이용에 관한 학술토론회

1953년 12월 유엔총회에서 미국 아이젠하워 대통령은 원자력의 평화적 이용을 제창하였다. 이 제안을 계기로 하여 1954년 12월 유엔총회에서는 '원자력의 평화적 이용을 위한 국제원자력기구 설립과 원자력 평화적 이용을 위한 국제회의에 관한 결의안'이 채택되었다. 그리고 곧 1956년 9월 유엔 산하기관으로 국제원자력기구(IAEA: International Atomic Energy Agency)가 설립되었다. 아이젠하워 대통령의 "원자력을 평화에(Atoms for Peace)"라는 구호는 매력적이었으나, 주된 목적은 미국이 평화용 원자력을 제공하면서 협력협정을 통해 그 나라를 핵무기 개발을 금지시키려는 고도의 전략이었다.

당시 우리나라는 원자력에 대한 지식이 전혀 없는 상태였으나 1955년 미국과 원자력쌍무협정을 체결하고, 그 해 8월 '제1차 원자력 평화적 이용에 관한 국제회의'에 3명의 대표가 참석하였다. 이들 3인의 대표단은 귀국 후 우리나라도 원자력의 평화적 이용에 적극 참여하여야 할 것이라고 이승만 대통령에게 건의했다.

한국은 1956년 2월 '원자력 비군사적 이용에 관한 한·미간 협력협정'을 체결하였고 동년 3월에는 문교부에 원자력과가 신설되어 원자력의 연구개발 및 이용을 위한 행정부서로서의 역할을 담당하게 되었다. 1957년 8월에는 국제원자력기구(IAEA)에 정식 회원국으로 가입하였다. 우리나라가 당시의 경제 및 기술적 수준으로 보아 원자력의 평화적 이용에 적극적으로 참여하게 된 것은 자원이 전무(全無)한 대한민국에서 원자력의 평화적 이용에 대해 뒤처지지 않고 적극 수용하려는 국가적 의지였다고 생각한다. 한국은 1956년부터 1969년까지 총 310명의 원자력 기술자를 해외교육기관에 파견하여 훈련시켰다. 해외유학생에 대한 여행경비도 $200으로 제한했던 가난한 나라에서 이와 같은 열기는 원자력 이용에 의한 비약을 꿈꾸었기 때문이다.

1958년 봄 친구들은 모두 학보(대학재학생의 단기 군복무)로 군대에 가고 남은 동기는 약 반수에 미치지 못하는 15명 정도였다. 입학할 때에는 몰랐는데, 이미 군 경력을 가진 동기생도 여러 명 있었던 모양이다. 저자는 1957년 2월 겨울방학 때 백운대에 등산하였다가 사고로 신체검사에서 무종을 받아 하는 수없이 졸업 후에 입대하게 되었다. 그래도 4학년인데 의미 있는 마지막 1년을 보내려고 궁리하던 중 1호관 옆문 게시판에 "원자력 이용에 관한 학술토론회" 광고가 붙었다. 나는 원자력에 관한 지식은 현대물리학에서 배운 지식수준이었으나, 공부하기로 결심하고 토론자로 신청했다. 단순한 새로운 영역에 대한 호기심이었다.

이 토론회는 주제 강연자가 "원자력의 평화적 이용"이라는 내용으로 주제발표를 하고 학생들이 토론에 참가하는 형식이었는데, 몇 분의 전문가들이 주제발표를 하고 우리 서울공대생 토론자 5~6명이 토론해서 우수토론자에게 상을 주는 형식의 모임이었다. 나는 상이 탐나서가 아니라 원자력이라는 새로운 분야에 대해서 공부할 계기로 생각하고 토론자가 되었다.

참고서적을 청구했더니, 공대도서관에 국제원자력기구(IAEA)에서 기증받은 좋은 책이 몇 권 있다고 하여 빌렸다. 그런데 우선 그 책의 장정이 아주 호화스러워 놀랐다. 당시 한국의 출판형편이 그런 고급 장정의 책을 볼 수 없는 시대였으므로 가죽으로 표지를 한 1,000페이지가 넘는 책은 우선 책장을 열기가 황송할 정도였다. 내용은 우선 원자폭탄에 대한 이야기부터 시작되었다. 원자력이란 핵분열로 발생하는 에너지-질량소멸에 의한 열에너지-를 이용하는 것으로 핵분열물질은 U-235와 Pu-239라고 했다. U-235는 자연 상태로서도 존재하는데 천연우라늄의 0.72%에 지나지 않아, 핵폭탄으로 만들려면 U-235의 비율이 80%가 넘어야 가능하다고 했다. 그런데 천연우라늄에는 핵분열이 일어나지 않는 U-238이 대부분이어서 여기서 U-235를 잘량차로 분리해 내는데 기술적으로 아주 어렵다고 했다. 그래도 미국에서 먼저 성공하여 일본 히로시마(廣島)에 세계 최초의 원자폭탄으로 투하했다. 또 다른 핵분열물질은 Pu-239인데 천연으로는 나오지 않고 원자로에서 중성자를 받아 생산된다고 했다. 이것을 처음으로 실현한 사람이 미국에 망명한 이탈리아의 물리학자 페르미(Fermi)인데, 그는 아내가 유대인이었으므로 무솔리니의 박해를 피해 1938년 겨울 노벨상을 받자마자 그 길로 미국으로 망명하였다. 시카고 대학교에서 교수로 있으면서 운동장 스타디움 아래 공간에 소형 원자로(흑연감속로)를 만들고 Pu-239를 만들어내는데 성공했다. 마침 미국의 맨해튼프로젝트에 따라 이 기술을 바탕으로 대형 원자로를 건설하고 Pu-239를 만들어 일본 나가사끼(長崎)에 투하하여 10만 명 이상의 생명을 빼앗았다.

원자폭탄은 히틀러가 먼저 개발하면 세상이 망할까보아 미국에서 먼저 서둘러 개발한 것인데, 정작 일본에 사용하고 보니 관련자들 모두가 죄의식을 느꼈다. 그리고 새로운 적 스탈린을 가지게 되었다. 그래도 미국과 영국의 지도자들은 일본이 항복하지 않으니까 부득이 사용했다고 스스로 위로했다. 그러나 원자폭탄이 절대무기라는 것이 알려진 이상 앞으로의 세상은 불안할 수밖에 없었다. 그리고 원자탄 개발에 참여했던 오펜하이머는 그의 말년을 거의 핵무기 개발반대에 투신했다.

1946년 이후 세계는 미국측과 소련측의 양대 세력으로 나뉘어 다시 긴장이 고조되고 있었으므로 핵무기를 가진 두 진영이 충돌하여 3차 세계대전이 일어난다면, 공멸하고 말 것이라는 공포가 만연했다. 그러면서 더 강력한 수소폭탄 개발에 열을 올리고 있었다. 1945년 원자폭탄 제조책임자였던 미국의 오펜하이머는 수소폭탄 개발을 막아보려고 노력했는데, 군축정책에 대한 패널멤버가 된 기회에 핵무기의 비밀을 지키려고만 하지 말고 국민에게 알리고 동맹국과의 소통을 원활히 할 뿐 아니라 소련과도 적극적으로 소통할 것을 권고했다.

마침 대통령에 당선된 아이젠하워 장군은 수소폭탄 개발 성공소식과 함께 이 권고안을 접수하고는 원자력을 평화적으로 이용함으로써 더 이상 핵무기가 확산되는 것을 적극저지하려는 정책을 수립했다. 그는 이미 대통령 출마공약으로 한국전쟁을 조기에 끝내겠다고 한 바 있다. 그는 세계 제2차 대전의 영웅이지만 전쟁의 참화를 누구보다 잘 알고 있었다. 그의 대통령으로서의 임무는 우선 아직 핵무기를 개발하지 않은 나라들을 핵보유국이 되려는 욕심에서 벗어나게 하려는 것이었다. 그것을 위해 우선 미국이 알고 있는 핵의 비밀을 어느 정도 공개하고 또 원자력을 평화적으로 이용하려는 나라에게 적절한 원조도 하려고 했다. 그러나 만일 미국의 이런 원조를 받아들이지 않고 독자적으로 핵무기를 개발하려는 나라에 대해서는 외교적 압력을 행사할 태세였다. 그 첫 번째 대상국이 이스라엘과 이란이었는데, 작은 수영장 같은 시험용원자로를 제공했고 우리나라에도 '트리가 마크라 II'라는 작은 원자로를 원조하여 각종 기초실험과 방사성동위원소를 제한적으로 생산하게 도와주었다.

그런데 일본은 샌프란시스코 강화조약을 체결한지 오래되지도 않았는데, 미국의 정책에 적극 호응하지 않고 버텼다. 그래서 한 때 미국내에서는 일본과의 또 다른 전쟁설도 나오곤 했다. 결국 일본은 아이젠하워 대통령의 "원자력을 평화에"라는 정책이 선포된 지 15년이나 지나서야 간신히 받아들였다. 그렇게 강대국이 되려는 나라에는 핵무기가 매력이 있었다. 그래서 아직 핵무기를 가지지 못한 나라들의 핵무기개발은 적극 저지하고 대신 미국이 앞장서서 원자력의 평화적 이용을 추진하고 나섰다. 우리나라도 이런 세계적 추세에 저극 참여하여 이승만 정부는 원자력청을 설치하여 이를 적극 수용하기로 했다. 이런 시대적 배경에 앞장서서 서울공대는 대학주최로 토론회를 개최했는데, 아직 학도호국단이 존재하던 '호랑이가 담배를 먹던 시절'이었다.

나는 도서관에서 빌린 몇 권의 원자력의 평화적 이용에 관한 책을 탐독하며 즐거운 여름방학에 들어갔다. 당시 원자력의 이용으로는 방사성동위원소가 단연 으뜸이었다. 이미 청량리 위생병원에는 방사선으로 암등 난치병을 치료하는 기구가 갖추어져 있었고, 농업에서도 돌연변이에 의한 종자개량이 한참 논의되던 시기였다. 원자력연구소가 서울공대 동북쪽 불암산 자락에 들어서기로 하는 등 분위기도 고조되어 있었다. 그러나 나는 기계공학과 관련이 있는 원자력을 이용한 발전(發電)에 관심을 집중시켰다. 우리나라는 석유 한 방울도 나지 않고 겨우 무연탄이나 산출되어 화력발전소를 몇 곳 운영하는 상태이니, 비싼 기름을 수입하여 태우지 말고 원자력을 이용하여 발전한다면 대한민국의 미래가 밝을 것으로 보았기 때문이다. 3학년에서 이미 증기원동기를 배웠으므로 동력에 대한 개념은 충분했다. 이 증기터빈을 돌리는 증기를 석유제품을 사용하여 그 열로 만드는 대신 핵분열로 생기는 열로 증기를 만드는 것이 원자력발전소였다. 이제 핵분열만 공부하면 이해할 수 있을 것 같았다.

그런데 핵폭탄이 아니고 핵분열은 일어나되 아주 천천히 일어나게 하는 원자로는 그 이론이 간단하지 않았다. 첫째로 연료의 문제인데, 연료인 우라늄(U)에는 핵분열물질인 U−235는 아주 미량 들어있고 대부분이 U−238이니까 이 U−235에 중성자를 맞추어 핵분열을 일으키는 것이 쉽지 않은 것이다. 그래서 핵물리학에서는 통계적 방법으로 우라늄−235가 중성자에 맞아 핵분열을 일으킬 수 있는 단면적을 구했다. 그런데 놀라운 것은 너무 빠른중성자는 오히려 우라늄−235에 튀어나와 포집되지 않고 중성자의 속도가 아주 느린 열중성자가 되면 잘 포집되어 핵분열을 일으킨다고 했다. 이 핵단면적을 바안(barn)이라는 단위로 표시하는데, 그 책에 이것까지 설명되어 있는 것을 보면 IAEA에서 보내 준 해설서는 아주 자세했던 모양이다. 60년도 더 세월이 지났는데, 저자는 아직도 기억하고 있다. 당시에는 열중성자가 U−235에 포집되는 단면적이 고속중성자보다 상당히 크다는 것만 기억되는데, 실제로는 584 : 1이니 원자로에서는 열중성자로 만드는 설비가 꼭 필요하다.

U−235핵이 분열하면 높은 에너지를 발생하므로 중성자의 속도도 아주 빠르다. 이 고속중성자(fast neutron)는 너무 빨라 좀처럼 U−235에 잡히지 않는다. 그러나 중성자가 이리저리 충돌하며 속도를 잃으면 아주 느린중성자(thermal neutron)가 된다. 여기서 중성자의 운동에너지를 뺏는 물질을 감속재(moderator)라 하는데, 중성자를 받아 핵분열을 일으키지 않는 물질이어야 한다. 그래서 페르미는 흑연벽돌로 우라늄봉을 둘러싸서 중성자를 아주 느린중성자(thermal neutron)로 만들었다. 그 후로 여러 나라에서는 흑연감속로를 이용하여 Pu−239를 생산했는데, 영국과 러시아가 대표적이다.

그러나 미국의 연구에 따르면, U-235를 농축하여 약 3%로 높이면, 핵분열로 발생하는 2.0~2.7개의 중성자가 경수(보통 물)에서도 충분히 감속되어 U-235에 포집될 수 있는 것이다. 즉, 농축우라늄을 사용하면 보통의 물로도 감속재가 될 수 있다. 나머지 중성자는 결국 핵분열은 안 되나 U-238에 흡수되어 Pu-239로 변환됨으로써 새로운 핵물질이 생성되는데, 그 양이 아주 적어 플루토늄 생산이 쉽지 않다. 그래서 영국과 소련에서는 초기의 원자력발전소를 개발하면서 모두 천연우라늄을 연료로 하는 흑연감속로를 개발했다. 이런 원자력발전소에서는 발전도 하고 사용후 핵연료에서 Pu-239도 화학적으로 처리했다.

미국은 절대로 흑연감소로는 건설하지 못하게 노력했다. 그것은 핵물질의 확산을 막는 방법으로 미국의 기본정책이다. 그래서 미국 내에서도 민간용 원자력발전소는 모두 농축우라늄(enriched uranium)을 연료로 사용하는 경수로(water reactor) 뿐이다. 그런데 일본은 영국에서 흑연감속로를 들여오기로 하고 재처리시설까지 갖추려고 했다.

저자는 우리나라에서 영국제 원자로나 소련제 원자로를 도입할리는 없었으므로 적극적으로 농축우라늄 경수로를 공부했다. 그리고 이것은 새로운 기계공학의 일부로 확신했다. 즉, 보일러를 가동하는데, 화석연료를 태우는 것이 아니라 핵분열로 생기는 열을 열교환기로 증기를 발생시키고 이 증기로 터빈을 돌린다면 거의 무제한의 동력생산이 가능하기 때문이다. 다만 핵분열로 발생하는 방사선을 적절히 차단하기 위해 원자력부분과 발전부분을 분리하여 운영하는 가압수형 원자로(PWR)가 직접 증기를 발생시키고 터빈을 돌리는 비등수형 원자로(BWR) 보다는 안전해 보였다. 그것은 방사능을 이중으로 차단하기 때문이었다. 그래서 아마도 PWR에 대한 철저한 조사로 토론준비를 한 것 같으나 당시 사정으로 두 기종을 거론할 정도의 지식은 없었다.

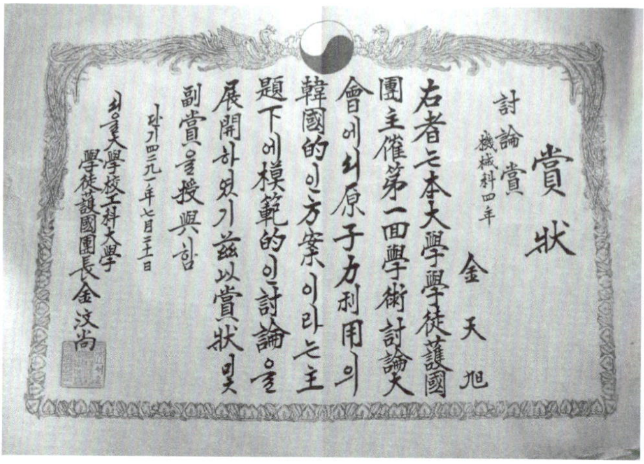

賞狀

討論賞
機械科四年 金天旭

右者는本大學學徒護國團主催第一回學術討論大會에서原子力利用의韓國的인方案이라는主題下에模範的인討論을展開하였기玆以賞狀및副賞을授與함

단기四二九一年七月三十日

서울大學校工科大學
學徒護國團長 金汶尚

[그림 16] 1958년 여름방학 기간 중 개최한 서울공대 학술토론회에서 토론상을 수상했는데, 이것이 저자가 원자력과 인연을 맺은 계기가 되었다.

다만 원자력발전만이 한국이 원자력의 평화적 이용으로 얻을 수 있는 최적의 방안임을 역설했다. 결국 심사위원들도 방사성동위원소의 소극적 이용보다는 발전이라는 거대한 과제에 도전한 저자가 토론자로 우수했다고 판단하여 저자에게 토론상을 주었다. 상장에 보면 '상장 및 부상'이라 쓰여 있는데, 부상에 대한 기억이 없는 것을 보면 별로 대단하지 않았던 모양이다. 아마 관련 해설서 정도가 아니었을까 한다. 그래도 이를 계기로 하여 나의 원자력에 대한 지식은 당시 학생으로서는 상당한 수준에 도달했다. 이 지식이 결국 저자와 원자력발전을 다리 놓았는데, 어쩌면 운명과 같은 우연이었다.

2) 고리원자력발전단지

1958년 2월 원자력원의 직제를 포함한 원자력법이 국회를 통과하여 3월에 법률 제483호로 공포되었으며 1959년 1월 원자력원이 정식으로 발족하기에 이르렀다. 원자력원은 3월에 원자력 연구개발을 위한 전문

연구기관으로 '원자력연구소'를 설립하였고 서울대학교 공과대학 동측 부지에 자리 잡아 태릉연구소로 발족하였다. 동 연구소는 1962년 3월 최초의 연구용 원자로인 TRIGA Mark-II를 가동시켜 기초연구와 동위원소 생산 등 연구가 본격적으로 이루어지게 되었다. 당시의 관점은 주로 동위원소의 이용 특히 의학에 대한 이용이 주류였고 아직 원자력발전은 생각하지 못하고 있었다. 방사성 동위원소를 사용하면 암도 즉시 치료할 수 있는 것으로 알려지면서 국민적인 관심이 집중되었다. 이런 배경으로 1963년 12월에는 '방사선의학연구소'가 '한국원자력연구소'에서 분리·독립하였고, 1966년 11월에는 '방사선농학연구소'가 분리·독립되었다.

이런 분위기 속에서 1957년 세계 최초의 원자력발전소가 미국의 쉬핑포트(Shipping Port)에서 가동에 들어갔고 1959년에는 영국의 콜더홀(Calder Hall) 원자력발전소가 상업운전에 들어가면서 자원이 빈곤한 우리나라와 일본 등에서 원자력발전에 대한 기대가 커졌다. 일본은 우선 영국에서 개발한 콜더홀형 원자로를 도입하기로 하였는데, 이 원자로는 흑연감속 경수로로 천연우라늄을 사용하는 거대한 구조였다. 따라서 일본과 같이 지진이 심한 나라에서는 맞지 않았으나 일본은 플루토늄 생산에 욕심이 있어 수입하였는데, 잦은 고장과 미국의 압력으로 더 이상 영국제 원자로를 설치하지 않게 되었다. 그래도 일본은 사용 후 핵연료를 재처리하는 시설을 프랑스로부터 도입하여 도까이무라(東海村)에 설치함으로써 핵물질확산을 막으려는 미국을 긴장시켰다.

일본은 결국 미국의 압력에 밀려 더 이상 흑연감속로를 도입하지 않고 미국의 경수로를 도입하면서 신속히 국산화율을 높였는데, 일본으로서는 경제력과 기술력이 모두 갖추어져 원전의 신속한 도입이 이루어졌다. 그 과정에서 GE의 BWR모델이 자리를 잡았는데, 그것이 결국 후쿠시마 제일원전사고와 어이질 줄은 전혀 몰랐다. 그러나 우리나라는 기술적 배경도 없었고 외화사정은 항상 부족하여 차관에 의한 도입이 불가피했는데,

그래도 새로운 에너지에 대한 기대와 희망을 가지게 되었다.

우리나라는 화력발전소를 계속 증설하는 한편 원자력발전소의 건설도 병행하게 되었는데, 이는 발전용 연료의 문제가 심각하였기 때문이었다. 즉, 1960년대 초기에는 국산 무연탄을 연소시켜 발전하는 발전소가 주류를 이루었다. 그러나 무연탄을 연료로 사용하는 석탄발전소는 열량이 부족할 뿐 아니라 재(ash) 처리문제로 골머리를 앓게 되었다. 이에 정부는 유류발전소 건설로 방향을 전환하였는데, 이번에는 전량 수입에 의존하여야 했으므로 외화조달의 문제가 참으로 심각했다. 그래서 1967년 10월 수립된 '장기전원개발계획'에서 50만 kW급 원자력발전소 2기를 건설하기로 확정하였다.

한국전력은 1969년 2월까지 건설부지에 대한 현장조사를 마치고 동년 5월부터 부지매수에 착수하였다. 부지는 경남 양산군 장안읍 고리였으며 해수를 이용하여 냉각시키는 방식을 채택하게 되었다. 고리 원자력발전소 부지는 매수에 어려움이 많았으나 주민들을 적극 설득하여 지역사회 발전에 기여한다고 하여 21만 평의 부지를 확보할 수 있었다. 한국전력은 건설비를 약 344억 원으로 추정하고 소요외자의 차관을 도입하는 일을 시작했다. 1968년 8월 한국전력은 원자력발전소 건설에 경험이 있는 미국의 GE, Westinghouse, Combustion Engineering 및 영국의 British Nuclear Export Executive사 등 4개사에 예비견적제출 안내서를 발송하고 4개사가 제출한 기술사양 등을 검토·평가한 결과 웨스팅하우스사를 계약상대자로 결정하였다. 이때 영국의 BNEE에서는 흑연감속로인 AGR을 제안했는데, 이를 선정하지 않은 것은 참으로 다행이었다.

우리나라가 설비가 비교적 장후한 웨스팅하우스의 PWR을 선택한 것은 안보상의 이유가 작용하기도 했으나 참으로 운이 좋은 선택이었다. 당시 사정으로 우리나라는 원자력발전소가 항공기나 로켓공격에 대해서도 안전할 것을 요구했었다. PWR은 격납용기 구조가 철근콘크리트로 된 돔

(dom) 모양의 구조여서 사각형 구조의 BWR보다는 유리했다. 그러나 이 조항이 웨스팅하우스를 택한 것이 아니고 차관조건이 가장 중요한 검토대상이었다.

일본은 우리 보다 일찍 GE의 BWR을 선정하고 후쿠시마(福島)에 원자력발전소를 건설하였는데, 아마도 기술협력이 더 중요했을 것이다. 일본은 이미 기계공업에서 선진국이었고 또 재정도 풍부하여 국산화에 기여하는 조항이 앞서 있었다. 일본 정부도 신기술의 국산화를 적극 지원하고 있어 GE와의 제휴가 가능해 진 것으로 보인다. 그러나 2011년 3월 11일의 대지진과 이에 따른 쓰나미로 후쿠시마 제1원전 1~4호기가 모두 파괴되어 엄청난 재앙을 몰고 온 것을 생각하면, 차관으로 건설하여야 했기 때문에 부득이한 선택이었지만 안전한 PWR을 선택하였다는 것에 안도할 수 있다.

이론적으로 BWR은 사고가 나지 않을 경우 비교적 시설이 단순하고 저압이어서 건설비도 저렴하고 안전성을 확보하는 데 큰 문제가 없다. 그러나 전력이 차단되는 경우 정지된 원자로를 냉각시키고 남아있는 예열을 소산시켜 안전한 정지상태로 만드는 데, 결정적 약점이 있다. 그것은 모든 전원이 끊긴 경우–비상 발전기 포함–비상냉각수가 원자로 상부에 있는 것이 아니라 아래에 도너츠 모양(torispherical)으로 있어 펌프로 올려야하는 구조이기 때문이다.

한편, PWR은 격납용기도 2중으로 엄청나게 크고 다루는 압력범위도 높아 배관 등이 두꺼워 원자로 설비의 가격이 비싸다. 따라서 건설비용이 큰데 원전에서는 큰 단점이다. 그러나 비상사고 발생 시에 모든 전기가 나가도 냉각수가 원자로 상층에 위치하여 전력 없이 중력에 의해 공급됨으로써 후쿠시마 제1원전과 같은 자연재해에도 안전하게 원자로를 정지시킬 수 있다.

당시에는 이런 조건은 검토도 못하고 폭격에 대한 안전성과 차관의 용이성 등 비기술적 요인이 강하게 작용하여 웨스팅하우스사를 선정하였는데, 신의 가호가 있었다고 하겠다. 그나마 원자로 용기를 포함한 1차 계통은 웨스팅하우스가 차관을 포함하여 전담하고 발전과 송배전 설비는 영국전기(EEW)에서 맡는 형태로 건설이 이루어지게 되었다. 차관에 의한 한국 최초의 초대형 프로젝트의 내용이었다.

원자로에 사용하는 연료는 2산화우라늄(Uranium dioxide)으로 U-235가 4% 내외로 농축된 가루이다. 이 가루를 소결하여 작은 원통모양의 펠릿(pellet)으로 만들고 이 펠릿을 피복관 속에 넣어 긴 연료봉을 만든다. 피복관은 내식성이 있고 중성자 흡수율이 낮아야 함으로 지르코니움 합금인 Zircaloy를 사용한다. 이 관 내에는 헬리움 가스를 충진하는데, 불활성가스여서 안전하고 만일 헬리움의 누설이 감지되면 피복관의 파손을 알 수 있다. 연료봉은 대개 200-300개의 봉을 하나의 다발(assembly)로 엮어 사용하는데 대용량의 원자로에서는 대개 150-250의 연료봉 다발이 들어간다. 연료봉의 길이는 4 m이고 중량은 80-100톤에 이른다. 연료봉은 보통 18-24개월 주기로 정기적 교체를 하는데, 연료봉의 1/3을 새로 투입한다.

원자로 노심의 온도제어는 냉각수 내의 붕산 농도와 제어봉의 삽입으로 하는데, 정상운전에서는 붕산농도 조절만으로 온도제어가 가능하다. 그러나 급속한 출력 변화가 필요한 경우 제어봉을 적절히 삽입하여 중성자 밀도를 조절함으로써 온도를 제어한다. 이 제어봉은 PWR에서는 원자로 상단에 제어봉작동기구(CRDM)로 작동하는데, 단전이 될 경우 전자석에 전원이 끊어지면서 제어봉이 중력으로 낙하하게 되어 있다. 이 점에서 제어봉을 밀어 올리는 BWR(일본 후쿠시마 원전)과 다른 방식이다.

고리원전 1호기의 기본설계는 웨스팅하우스 책임 하에 미국 길버트(GAI: Gibert Association, Inc.)사가 기본 종합설계를 맡았고, 이를 바탕으로 하여 영국전기(EEW: English Electric & George Wimpy)가 세부설계를 하여 설치하게 되었다. 그러나 영국전기에서는 공사비의 앙등을 이유로 하여 가능하면 전기배선도의 각종 설비들을 생략하려고 하여 한국전력 기술진과 마찰도 있었다. 모두 우리 돈으로 외국회사를 고용하지 못하고 차관을 얻어 그들 주장대로 처리하는 당시의 아픔이었다.

1971년 3월에는 고리 현지에서 박정희 대통령 임석 하에 기공식이 거행되었다. 곧이어 속속 웨스팅하우스의 기술 자료들이 한국전력에 도착하였고 한국전력은 원자력법에 따른 허가 절차를 신청하였다. 정부는 이미 1969년 1월 24일자로 개정된 원자력법에 처음으로 원자력시설의 인허가 관련조항을 신설하였고, 이에 따라 대통령령으로 '원자로건설 및 운영관리 등에 관한 규정'이 제정되었으며 세부 시행규칙이 총리령과 과학기술처장관 고시로 제정 시행되고 있었다. 당시 대통령령에서 원자력사업자는 원자로시설의 설치공사를 착수하기 전에 설계 및 공사방법에 대해 승인을 받도록 되어 있었다. 또한 공사 중의 시설검사와 성능검사, 운전 중의 정기검사 등은 과학기술처가 할 수 있게 하였다. 이 조처는 너무 엄격해 보이지만, 당시 원전에 대한 지식이 전무한 한국전력에게는 어쩔 수 없는 조항이었고 이것이 한국의 원전을 세계에서 제일 안전한 발전소로 만들었다.

저자는 대학원에서 고체역학을 전공하였으므로 연세대학교 교수로 있으면서도 재료역학을 가르쳤고 미국에 유학하면서도 전공을 고려하여 학교를 정했다. 그래서 10년 이상 원자력에 대하서는 완전히 잊고 살았다. 1972년 3월 미국 플로리다 대학교에서 공학박사 학위를 받고 연세대학교에 복직하면서 머릿속에는 온통 원통쉘(cylindrical shell)연구뿐이었다. 저자의 학위논문의 연장으로 실제로 보강재를 사용한 쉘의 강도를 연구하고 싶었기 때문이다. 1972년 당시는 아직 NASTRAN이 개발되기 전이었고 항공업계에서는 경험적 보강재설계를 하고 있었다. 저자의 이론이라면 이들 보강재를 등가강성으로 치환하여 동적좌굴을 연구할 수 있다고 생각했다. 그러나 반드시 필요한 대형컴퓨터가 없었다.

그래서 새로운 연구테마를 고민하던 중 과학기술처에서 연락이 왔다. 고리1호기 원전심사를 하는데, 도와달라는 것이었다. 아마도 과학기술처 원자력국에서는 원자로설비 중에 기계부분이 많은데, 기계공학전공의 미국 박사가 하나쯤은 있어야 한다고 생각한 모양이었다. 그 정도로 미국에서 박사학위를 받은 공학자가 드문 시대였다. 나는 혹시 연구대상이 있을까 하는 호기심속에 원자로시설안전심사위원회 위원이 되었다. 그리고 미국 웨스팅하우스에서 제작하는 고리1호기 원전설비를 심사하기 시작했다. 위원의 다수는 전기공학을 전공한 선배들이 국제원자력기구에서 제공하는 기회를 얻어 미국 원자력연구소에서 연수기회를 받은 분들과 물리학 전공으로 도미하여 미국에서 원자력관련 연구를 한 유치과학자들이었다. 실제로 원자력발전소를 다루어 본 분들은 없었다. 그런데 심사를 시작하니 원전에는 핵물질을 다루는 1차 계통에 온통 압력용기 투성이었다. 압력용기설계는 단연 기계공학분야이다.

우선 핵분열을 일으키는 원자로용기, 그리고 냉각수가 끓지 않게 가압하는 가압기, 고압이 고온수로 증기를 발생시키는 증기발생기, 그리고 핵분열속도를 조절하는 용액을 다루는 탱크 등 강도등급이 다른 많은 종류의 탱크들이 즐비했다. 나는 미국에서 달나라 탐사에 사용되는 로켓과 우주선을 위한 쉘이론(theory of shells)을 연구했는데, 원전설비에는 온통 두꺼운 내압용기만 가득했다. 그래도 탄성학 이론을 이용할 수 있는 고전적 해석법이 있어 연구과제로 하기로 하고 즐겁게 심사위원의 일을 시작했다.

정부는 이미 원자력발전소 건설을 준비하기 위한 조처를 취하고 있었다. 1973년 원자력청이 폐지되고 원자력 행정기능이 과학기술처 원자력국으로 이관됨에 따라 '원자로시설안전심사위원회(ACRS)'도 그대로 승계되어 위원장에는 과학기술처 차관, 부위원장에는 원자력연구소 소장을 당연직으로 하는 자문기관으로 이어지게 되었다. 저자도 1973년 8월 원자로시설안전심사위원으로 임명되어 고리 1호기부터의 원자력발전 설비의 안전성 검토에 들어갔다.

한국전력은 동 대통령령에 따라 고리 1호기의 건설에 앞서 설계서를 심사받게 되었는데, 웨스팅하우스에서 설계한 것이라 웨스팅하우스로부터 제출받아야 했다. 또한 공정마다 심사를 거쳐야 시공에 착수할 수 있었으므로 한국전력으로서는 공기유지에 곤란을 겪기도 하였다. 동 안전심사위원회에서 저자는 원자력발전소의 압력용기부분의 검토를 담당하였는데, 웨스팅하우스의 설계서들이 자세하지 않았고 어떤 설비는 미국에 설치한 유사한 설비의 도면을 그대로 사용하는 등의 졸속이 발견되었다. 원자로시설안전심사위원회는 웨스팅하우스의 설계서 미비를 보완하도록 요구했고 웨스팅하우스는 한전에 추가비용을 요구하며 해당 설계서를

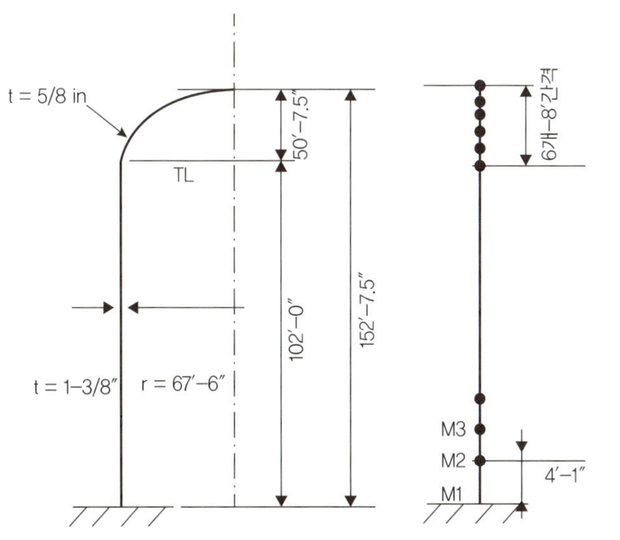

[그림 17] 1원자로 격납용기(1차계통의 방사선누출을 막는 용기)의 내진해석.
자료: Citerley, R. L. and Ball, R. E., "Nonlinear Seismic Analysis of Thin Reactor Containment Vessels," J. Engineering for Industry, Vol.94, 1972, pp. 925–929.

보내주었다. 원자로 주요기기에 대해서는 진도 6에 대한 내진설계도 있었는데, 일본의 설계방식처럼 동하중계수를 도입하여 정적 설계만 한 것이 아니라 진동해석을 통해 주요 기기의 변위와 비선형 진동여부를 조사했다. 해석방법은 아직 FEM이 광범위하게 적용되기 전이어서 집중질량해석법(Lumped Mass Analysis)을 사용하였으나 충분한 정보로 판단하였다. 이것은 그 후 원자로시설설계에서 표준으로 지켜진 구조해석이었다.

저자는 미국 기계학회(ASME)에 보일러 및 압력용기기준(Boiler and Pressure Vessel Code)을 주문하여 확보한 후 고리1호기의 압력용기 특히 원자로용기(reactor vessel)을 검토하기 시작했다. 당시 ASME Code는 각 부문(division)마다 별책으로 되어 있었는데, 페이지수도 그리 많지 않았다. 원자로용기의 설계기준은 일반압력용기 설계기준과 비슷하지만 사용재료가 강화되었고 노즐부 등 응력집중이 예상되는 부분은 별도의 2차응력 계산을 요구하고 있었다. 화력발전소의 보일러 등 일반압력용기에서는 막응력(membrane stress)이론을 사용하여 충분한 안전율(S=4)을 주고 설계하면 그것이 기초가 되었다. 노즐부(nozzle) 등 부속은 규정에 추천하는 구조와 보상규칙을 지키면 되었다. 그러나 원자력용기에서는 이들 응력이 변하는 부분의 응력을 정밀하게 해석하여 규정에서정하는 허용응력 이하로 확인하도록 요구했다. 저자는 이 작업을 실제로 하기로 하고 웨스팅하우스에 고리원전 1호기 실제도면과 응력해석 계산서를 요구했다. 어쩌면 웨스팅하우스로서는 의외였는지 모른다. 한국이라는 보잘 것 없는 가난한 나라에서 규정대로 해석자료를 달라고 하니 말이다. 저자는 우선 도면을 받아 고전적 방법(classical method)으로 해석을 시도했다.

학교에 전자계산기(digital computer)가 없어 부득이 정부지원으로 구입한 전기계산기를 사용하여 지루한 계산을 통해 고리원전 1호기의 원자로용기가 ASME Code에 적합한 것을 확인했다. [그림 18]에서는 그 과정을 보여준다. 연구결과는 대한기계학회 논문집에 계제하여 한국에서도 해석

능력이 있음을 보여주었다. 그런데 이 과정에서 웨스팅하우스의 태도는 참으로 불쾌했다. 한국정부의 요구에 응하여 강도해석결과를 보내주기는 했는데, 마침 미국에서는 NASTRAN이 사용되던 시기라 유한요소법에 의한 해석결과를 정리하여 보고서로 만들지 않고 프린트아웃(printout) 전체를 그냥 박스에 담아 항공으로 보냈다. 일반적으로 강도계산서를 제출할 때에는 요약서와 평가서를 앞에 싣고 이를 백업(back-up)하기 위한 자료만 추려서 보낸다. 그런데 요약서나 평가서-규정에 적합하다는 설명서-를 빼고 출력 전체를 보내는 것은 분명 한국을 무시하는 행위였다. 자료는 용달차로 하나 정도인 약 20여개 박스였다. 한국전력도 난감했을 것이다. "미국 회사를 믿고 그냥 통과해주면 안되나." 그래도 한 박스에 몇 개만 체크하면 되지만 모두 일일이 조사하여 규정을 만족함을 확인하고 원자로시설안전심사위원회에 보고했다.

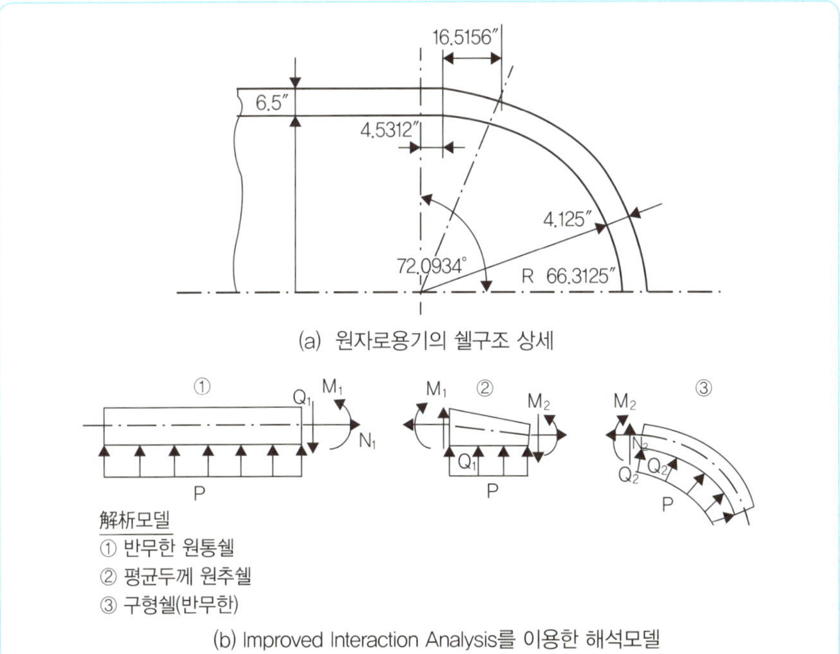

[그림 18] 고리원전 1호기 원자로용기의 응력해석(고전적 방법).

결국 심사기간이 지연되기는 하였으나 웨스팅하우스는 고리 1호기의 전체 설계를 승인받았으며 공사에 있어 현대건설(1차 계통)과 동아건설(2차 계통)이 참여함으로써 한국 원자력기술의 토대를 마련하였다. 원자로시설안전심사위원회의 자주적 심사는 이후 건설된 한국 원자력발전소의 구조계통에서 완벽에 가까운 시설을 확보하게 하여 40년의 역사에서 원자로 용기나 구조물의 결정적 손상은 일어나지 않은 것을 보면 초기의 강력한 규제가 주효하였다고 생각한다. 이는 앞으로 더 나아가 설계수명의 연장에도 결정적인 근거를 마련할 것이다.

고리원전 2호기의 심사는 큰 무리 없이 진행되었다. 1호기 심사에서의 경험이 위원회 측이나 웨스팅하우스 모두 갈등 없이 지나갔다. 서류도 제대로 오고 심사도 빨리 되었다. 오랜 세월이 지났으나 그 때 우리가 철저하게 하는 것을 세계제일의 회사에 보여주었으니 그 후로는 한국의 기술수준을 깔보지 못했다고 생각한다. 한국전력으로서도 원선심사과정에서 곤욕을 너무 치렀으므로 청와대에 불평을 토로했다는 소문도 들렀으나 우리 몇 사람은 개의치 않았다. 만일 개선의 지시가 내려오면 그만둘 참이었다. 결국 관련법규가 개정되고 새로 원자력안전센터가 생기면서 저자는 자연스럽게 위원에서 풀려났다.

저자가 해방이 되었다고 한 이면에는 원자력을 다루는 사람들과의 갈등도 있었다. 특히 미국에서 원자력을 대학원에서 전공하고 귀국한 유치과학자들인데, 상당히 배타적이었다. 우리나라로서는 한국이 낳은 인재이니까 고국에 돌아와 봉사해주는 것이 한없이 고마웠다. 그래서 박정희 대통령은 특별대우를 해주었다. 그런데 원자력이라는 미지의 세계를 안내하면서 국내 공학자들의 진입을 견제했다. 저자도 업무가 아니라 심리적으로 상당한 갈등을 겪고 있어 해임되자 홀가분했다. 그리고 내 전공으로 돌아갔다.

원자력발전소 건설에 대한 사전 심사규정은 고리 1호기, 2호기, 월성 1호기까지 적용되었다가 1978년 대통령령이 개정되면서 설계 및 공사방법은 사전 승인이 아니고 사후 신고로 변경되었다. 이 대통령령 개정은 한국전력측의 강력한 로비가 작용하였다고는 하나 초기의 원자력발전설비에서 미국의 규정에 준하는 강력한 규제정책으로 한국의 원자력발전소가 세계에서 가장 안전한 원전으로 자리 잡는 데 기여하였다. 대통령령이 개정됨에 따라 과학기술처에 설치되었던 '원자로시설안전심사회'는 해체되었고 심사기능은 원자력연구소를 전문기술 검토기관으로 지정하였다. 즉, 종래의 사전심사가 사후신고로 바뀌었으나 정부는 설계 및 공사방법의 신고서와 함께 전문기관 기술검토서를 첨부하도록 함으로써 사전 체크의 제도를 도입하였던 것이다.

결국 원자력연구소 안전심사부(1976년의 안전공학실, 1978년의 안전공학부)는 한국전력의 용역을 받아 사전 기술검토서를 작성하게 되었고, 용역의 한계 상 규제기관으로서의 약점을 노출하게 되었다. 즉, 용역계약에 따라 심사기간의 제한이 불가피해졌고 따라서 졸속한 처리가 있을 가능성을 배제하지 못하게 되었다. 그러나 이런 변화로 한국 원자력발전소 건설이 소홀히 되었다고 보지는 않는다. 그것은 원자력발전소의 안전은 확보되었는데, 고리 1,2호기를 심사하는 과정에서 과학기술처나 한국전력 모두 원전은 전력생산설비로만이 아니라 핵물질을 다루는 매우 위험한 작업으로 어떤 일이 있어도 결코 소홀히 할 수 없다는 전통이 이미 세워졌기 때문이었다.

그 후 20기에 가까운 원전이 건설되었으나, 안전성 심사에서는 어떤 하자도 발견되지 않았다. 가끔 언론에서 원자로가 정지되는 경우 우려하는 기사들이 나왔으나, 그것은 안전규정상 1차 계통의 어떤 설비도 수리하여야 할 때에는 원전가동을 반드시 중단하여야 하기 때문에 생기는 것인데 미국 드리마일 아일랜드 원전사고 이후 강화된 규정이다. 드리마일 아일랜드원전 2호기는 필터의 이물질을 제거하는 수리를 하면서 원자로를 정지시키지 않았는데, 냉각수가 차단되면서 그런 엄청난 사고가 난 것이었다. 따라서 그후에는 운전설비를 수리할 경우 반드시 원자로를 먼저 끈 다음 수리에 들어가도록 규정이 바뀌었고 우리나라도 같은 조처를 취하였다. 실제로 우리나라 원전은 세계 최고의 가동률을 가지고 운전되고 있다.

고리 1호기는 1976년 10월 말에 준공을 목표로 하였으나 세계적 유류파동의 여파로 2차 계통의 시설을 공급하던 영국 측이 계약금액 추가 등을 요구하면서 공사가 13개월 지연되었다. 그것은 최초의 계약에서 물가가 상승하더라도 5% 이상의 가격조정은 하지 않기로 계약을 체결했는데, 석유파동으로 원자재 값이 폭등하면서 EEW는 큰 손실을 입게 되었다. 당초 계약공기는 60개월이었는데, 70개월이 넘도록 준공하지 못하고 있었다. 결국 한국전력은 추가공사비 3,170만 달러를 지급하여 공사를 마무리했다.

그런데도 준공 예정일을 불과 1개월 남짓 앞둔 사용점검(in-service inspection) 상태에서 주요기기에 고장이 발견되어 목표일에 준공이 어렵게 되었다. 이 문제는 국회에서도 논란이 되어 결국 본격적인 전문가 집단의 조사가 이루어졌다. 원자력연구소 소장을 책임자로 한 총 28명의 점검반은 8개조로 나누어 각종 시설을 점검하여 시정대책을 제시하였다. 결국 원자력발전소는 공기가 늦어지더라도 반드시 안전을 확인하고 준공한다는 전통이 세워지게 되었다.

드디어 1978년 7월 20일 박정희 대통령 임석 하에 준공식이 거행되었다. 역사적인 우리나라 최초의 원자력발전소가 고리에 세워진 것이다. 앞으로 고리에는 이어서 6호기까지 원자력발전소군이 들어설 예정으로 있었다. 고리 1호기는 58만7,000 kW의 설비용량을 가지며, 외자 1억 7,390만 달러, 내자 717억 원 등 모두 1,560억 원이 소요되었는데, 당시로서는 우리나라 사상 최대 규모의 단위사업이었다.

정부는 1971년 5월 신장기에너지종합대책을 수립하고 1981년까지 60만 kW급 원자력발전소 3기를 건설·가동하기로 하였다. 정부는 고리 2호기의 건설을 위해 웨스팅하우스사와 계약을 추진하였으나 차관이 여의치 않아 계약이 파기되고 재계약을 하는 등 어려움을 겪었다. 그만큼 당시 한국의 차관도입은 정부가 지급보증을 하는데도 어려운 일이었다. 고리 2호기는 1호기에 인접하여 있어 암반공사에서 고리 1호기에 진동 등 악영향을 미칠 수 있으므로 고리 1호기 시운전 전에 기초공사는 마치기로 하고 1977년 3월 한국전력은 구조물의 기초굴착 작업을 착공하였다.

그런 어느 날 원자력국장으로부터 지원요청이 왔다. 고리2호기 시운전 중 결함이 발견되어 현장에 가서 살펴보면 좋겠다는 요청이었다. 이제는 원자력안전센터가 생겨 전문가들이 잘 하고 있는데, 왜 내게 또 부탁을 하는지 몰랐다. 그래도 내용이 방사능이 아니고 용접에 관한 것이어서 거절하지 못하고 고리원전단지로 내려갔다.

고리 2호기가 사실상 완공되고 사용상태 점검(in-service inspection) 중 가압기에 대한 초음파탕상에서 이상이 발견되었다. 고리 2호기의 가압기는 미국에서 제작되었으나 국내 기술의 향상을 위해 원주용접 부분을 미완성인 채로 도입하여 현대중공업에서 최종 원주용접을 실시한 것이었는데, 용접부 한 곳에서 슬래그(slag) 침입이 있었다. 원자력국은 즉시 점검을 중단하고 가압기 용접결함에 대한 대책을 수립하였다. 저자는 한국용접학회 박종은 회장(서울공대 교수)과 함께 현장에 가서 대책을 논의하기로 하고 일요일에 비행기 예약을 하였으나 불행하게도 박종은 회장이 전날 저녁에 용접학회 회의를 마치고 귀가한 후 심장마비로 돌아가시는 바람에 저자 혼자 한국전력 및 원자력안전센터 직원과 현지에 갔다.

고리 2호기의 설비제작에는 되도록 국내 제작 물량을 늘리기 위한 계약조건이 삽입되었는데, 원자로 부대설비 중 저압의 탱크류는 별 문제가 없었으나 1차계통의 가압기(Pressure Riser)에서 용접불량 문제가 발생하였다. 가압기는 원자로 내의 냉각수를 아주 높은 압력으로 유지하여 비등점 이하로 유동할 수 있게 하는 설비이다. 고온수가 끓지 않고 증기발생기에서 터빈을 돌리기에 충분한 압력의 증기를 만들어야 하니 압력도 2,250 psia(157.5 kgf/cm^2)이고 물의 온도도 345℃였다. 따라서 가압기의 벽두께도 120 mm 정도였다. 강판의 재질은 고장력 열처리강으로 용접조건이 까다로웠는데, 미국에서 링 모양으로 단조하고 용접한 것을 한국에 들여와 원주용접으로 마감하는 극히 기본적인 용접작업이었다. 사실 이런 용접을 국내로 들여와 직접 하여야 하는가는 문제가 있었다. 즉, 오히려 미국에서 완성하여 운반하여 설치하는 것이 경제적이었다. 그러나 정부는 국내 기술을 가능한 대로 높이기 위해 무리한 규정을 넣어 국산화를 독려했다.

점검 대상 가압기는 이미 사용상태로 검사한 것이어서 방사능에 오염되어 있었고 완전한 설치가 완료된 것이어서 방호복을 입고 방사선 카운터를 찬 상태에서 맨홀을 통해 가는 철제 사다리를 타고 10여 m 내려갔다. 결함 부위를 현지에서 점검한 결과 원주용접부 한 곳에서 상당한 그기의 슬래그 혼입이 발견되어 그 부위를 가우징으로 파내고 재용접하는 방법으로 현장에서 수리하기로 웨스팅하우스 현장감독과 합의하였다. ASME Boiler and Pressure Vessel Code-III, Nuclear Vessel에서 용접부는 허용되는 결함을 가질 수 있게 되어 있다. 그것은 용접작업상 100% 완벽한 용착금속 충전은 어렵기 때문에 강도에 지장을 주지 않는 범위에서는 결함을 허용하기 때문이다. 저자는 이 범위에서 수리작업을 확정했고 현장감독도 동의하여 처리한 것이다. 협의를 마치고 마지막 비행기로 김포공항에 도착했으나 출장비도 없었다. 그래도 동행한 관계자가 대학 후배와 제자여서 서울에 와서 늦은 저녁을 내가 샀다. 많이 불쾌했으나 그냥 잊어버리고 말았다.

고리 2호기는 1983년 7월 준공하여 상업운전을 개시하였다. 발전 용량은 1호기 보다 조금 높은 65만 kW이고 외자 5억 4,000만 달러, 내자 2,805억 원 등 총 5,916억 원이 소요되었다. 1호기의 1천 560억 원에 비하면 아무리 인플레이션이 되고 환율이 상승하였다고 하여도 너무 큰 투자액 증가였다. 이렇게 원자력발전소 건설은 전력수급의 원활을 기한다고 하여도 외국에서 차관을 들여와야 하고 또 턴키방식으로 건설되어 국내기술은 참여하기 어려운 사업이었다.

우리나라 원자력발전소 건설은 고리 1, 2호기와 월성 1호기까지는 턴키(Turn-key)방식을 쓸 수밖에 없었다. 이 방식은 충주비료공장 건설 때부터 내려온 외자도입과 시설도입의 전형적인 방식이었는데, 설계로부터 시운전과 운전요원 훈련에 이르기까지 건설의 전 과정을 외국회사에 일임하는 것이다. 즉, 외국 회사는 차관의 알선부터 시작하여 토목공사의 발주와 공장부지 조성까지 모두 감리하였고, 설비가 모두 끝나면 시운전하고 훈련시킨 운전요원들이 제대로 하기까지 책임지고 관리한 후 마지막으로 준공일에 시동키를 넘겨주는 방식이다. 즉 자동차에서 판매가 끝난 후, 매수자에게 키를 넘겨주는 것과 같았다. 충주비료에서는 완공된 후에도 운전에 미숙함이 들어나 1년 정도 운전을 시킨 뒤 키를 넘겨주는 일이 있었으니, 우리나라의 기술수준이 너무 낮았던 것이 원인이었다. 그러나 이렇게 턴키로 하면 인수하는 쪽은 편하기는 하나 비용이 너무 많이 들었다. 계약에 규정된 사항 외에 훈련이나 부속이 필요하면 반드시 추가비용을 지불해야 했고, 공기지연에 따르는 경우도 차관의 이자는 반드시 추가되어야 했다. 그래서 한국전력은 원자력발전소건설에서 '원자로시설안전심사회'의 심사지연에 매우 불편한 심기를 가지고 있었다. 해결책은 우리도 첨단기술을 익혀 하루 빨리 턴키에서 벗어나 우리가 계획하고 우리가 관리하는 단계로 도약해야 했다.

한국전력은 고리 3, 4호기부터 턴키방식에서 벗어나 한국전력이 주도하여 건설사업을 관리하는 분할계약방식(Non-turnkey)을 채택하기로 했다. 그만큼 한국전력의 기술축적이 있었기 때문에 가능한 일이었다. 설비용량도 당시 세계적 추세인 95만 kW급으로 대형화하고 1차계통과 2차계통 공급을 별도로 정하며, 기술용역계약도 한국전력이 주체가 되어 선정하는 것이었다. 이것에는 단순한 애국심이 아니라 이미 우리나라는 차관도입에 있어 독자적으로 투자처를 찾을 수 있었기 때문이었다. 즉, 우리나라의 대외신인도가 높아져 정부지불보증으로 차관선을 구하는데 어려움이 없어진 것이다.

한국전력은 고리 3, 4호기 건설부지로 고리 1,2호기 인접지역으로 정했는데, 1, 2호기 발전소에서 동쪽 해안으로 나아가 주거지역에서 조금 멀어지는 장점도 있었다. 1978년 2월 부지정지작업에 들어갔다. 동년 4월 미국의 웨스팅하우스(WELCO)사와 1차 계통 공급계약을 체결하고, 5월에는 영국의 EEW사와 2차계통 공급계약을 체결하였는데, 이것은 고리 1, 2호기 계약자와 동일하여 업무상 편리함이 많았다. 아직 감리가 한국전력 자체로는 어려웠으므로 미국의 벡텔(Bechtel)사와 기술용역계약을 체결하면서 공사 진척이 빨라졌다. 또 건설시공회사를 공기를 고려하여 1, 2차계통 모두 현대건설로 일원화했다. 이 유대관계는 그 후 오랜 동안 한국의 원자력발전소 건설의 모델이 되었으니 울진원전에 프랑스 기술을 들여올 때까지 초기 한국 원자력발전소 건설사의 한 구획을 만들었다.

1978년 7월 20일 고리원전 현장에서 박정희 대통령이 참석한 가운데 고리 1호기 준공식과 함께 3, 4호기 기공식이 거행되었다. 고리 3호기는 1985년 9월에, 그리고 4호기는 1986년 4월에 각각 상업운전을 시작하였고 6월에 준공식을 함께 가졌다. 공사비는 외자 11억 4,000만 달러, 내자 9,251억 원으로 총계 1조 718억 원의 막대한 자금이 소요되었다. 그러나 분할 발주방식을 채택함으로써 발전소 건설의 주체가 한국전력이 되었으며 그만큼 기술축적과 국내 기업육성의 틀이 만들어지고 있었다.

한국전력은 원자력발전 설계를 국내에서 할 수 있도록 하기 위해 한전기술(KOPEC)의 기술향상에 노력했다. 즉, 용역회사인 미국의 벡텔사에 요원을 파견하여 기술을 습득하도록 조치했다. 이를 위해 벡텔사와 정식으로 기술이전계약을 체결했다. 이 계약에 따라 KOPEC기술진 50여 명을 미국의 벡텔사 설계진에 합류시켜 고리원전 3, 4호기의 설계에 직접 참여하도록 했다. 이것은 정부의 발전소 국산화의 일익을 담당하는 조치였다.

정부도 원자력발전 기술의 향상에 발맞추어 각종 제도를 개정하여 원활한 운영을 도모하였다. 원전건설에 따른 기술검토와 인허가과정의 기술용역을 원자력연구소가 맡아 해오면서 전문 인력을 양성하고 드디어 1981년 12월 한국원자력연구소 내에 원자력안전센터가 발족하기에 이르렀다. 원자력안전센터에는 업무를 세분하여 안전기준전문위원실, 원자로제1전문위원실, 원자로제2전문위원실, 안전해석전문위원실, 방사선관리전문위원실, 품질보증전문위원실, 부지환경전문위원실의 7개의 전문위원실과 행정지원실로 구성되었다. 비록 기술요원 64명과 행정요원 22명의 작은 전문센터였으나 원자력안전업무를 전담하는 부서로서 역할을 수행하게 되었다. 동 센터의 발족으로 비록 한국전력으로부터 신설 원자력발전소 시설과 공정에 기술용역으로 업무를 수행하는 약점은 있었으나 전문 인력을 조직적으로 양성함으로써 장차 원전기술 자립의 길을 여는 데 일조하게 되었다. 용역업무 수행의 약점은 한전이 고객이기 때문에 기술심사에 있어 객관성이 부족할 우려가 있는 것은 사실이나 원자력국의 규제기관의 독립성으로 객관적 안전심사가 이루어져 이후 한국 원자력발전소의 무사고 기록을 수립하는데 문제가 없었다고 생각한다.

3) 월성원자력발전단지

원자력발전 3호기인 월성 1호기는 캐나다 CANDU형 원자력발전소였다. 캐나다는 유럽의 노르웨이와 함께 전력이 풍부하기로 소문난 나라였고 또 우라늄광석이 풍부한 나라이기도 하다. 따라서 풍부한 전력을 이용하여 중수(H_3O)를 만들고 중수를 감속재로 하면 수소핵이 경수보다 무거워 열중성자로 만들 수 있고 천연우라늄을 연료로 사용할 수 있어 경제적이었다. 또한 중수가압형 원자로는 사용하고 난 연료봉에는 PWR에서 얻기 어려운 다량의 플루토늄(Pu)이 함유되고 있어 만일 우리나라가 사용연료봉을 재처리할 수만 있다면 원자폭탄의 원료가 되는 플루토늄을 추출하는 데 유리했다. 당시에는 몰랐으나 천연우라늄 이외에도 사용 후 핵연료에서 나오는 열화우라늄이나 플루토늄을 섞은 핵연료를 만들어 사용할 수 있는 장점이 있었다. 인도는 결국 핵무기개발을 위해 CANDU를 도입했는데, 우리나라는 미국과의 관계로 그런 시도는 생각하지 않았다.

정부는 제1차 오일쇼크로 원유가격이 급등하자 캐나다 측의 권유를 받아들여 가압중수형 원자로를 월성에 짓기로 결정하였다. 캐나다의 원자로는 CANDU형이라 불렀는데, PWR처럼 1개의 대형 원자로용기에서 핵분열을 일으키는 것이 아니고 압력튜브(pressure tube)라고 하는 작은 관형 반응용기가 수백 개로 구성된 튜브집단이다. 따라서 튜브의 두께는 얇지만, 이를 연결하고 증기를 발생시켜야 하는 어려운 기술적 문제가 있었다. 그러나 캐나다는 이를 개발완료하고 1973년 4월 캐나다 원자력공사(AECL)의 그레이 총재가 우리나라에 판촉을 위해 방문하였다. CANDU를 설치하게 되면, 연료는 농축우라늄을 사용하지 않기 때문에 연료 확보에도 유리한 점이 있고, 또 압력튜브에 손상이 있으면 가동 중에도 수리가 가능한 이점도 있었다.

한국전력은 월성 1호기의 건설계획을 확정하고 1973년 11월 구매의향서를 캐나다 원자력공사에 발송하였다. 한국전력은 1975년 1월 정식계약을 체결하고 건설에 착수했다. 1975년 10월 경북 월성군 양남면 나아리에 월성 1호기 건설사무소가 설치되고 공사에 착수했다. 이 과정에서 부지 63만 평 매입과 200여 가구의 이주가 실시되었다. 1975년 5월 기초굴착공사가 착공된 지 6년 후인 1983년 4월에 준공되었는데, 시설용량 67만8,000 kW로 고리 1, 2호기보다 컸다. 이 발전소의 건설은 턴키-방식으로 캐나다원자력공사가 설계, 구매, 현장설치, 시운전, 품질보증, 요원훈련 및 초기노심용 핵연료와 중수의 공급을 맡았다. 월성 1호기 건설에는 외자 6억 달러, 내자 3,055억 원 등 총 6,428억 원이 소요되었다. 원자력발전소 건설에는 막대한 외자뿐 아니라 6~7년의 건설기간이 소요되는 거대한 프로젝트였으므로 정부는 점차 국산원자로 개발에 관심을 가지고 적극 지원하기로 했다.

4) 영광(한빛)원자력발전단지

정부는 전력망의 고른 배치를 위해 발전설비가 미비하였던 호남지역에 원전을 건설하기로 하고 부지를 영광군 홍농읍 계마리로 정했다. 이 부지는 인구밀집 지역에서 많이 떨어져 있는 외딴 바닷가였다. 그러나 서해안이라는 특징 때문에 문제가 야기되었다. 우리나라 원전은 모두 임해단지로 조성하고 있는데, 그 이유가 냉각수문제였다. 즉, 해수를 직접 끌어들여 응축기에 공급하는 냉각시스템을 가지고 있어 방출하는 냉각수의 온도가 높았다.

고리 1, 2, 3, 4호기가 들어 선 고리원전단지는 해류가 빠른 동해에 면하고 있어 냉각수가 배출되어도 온도상승 지역은 한정되어 있었고 처음에는 방사능 오염의 우려도 있었으나 냉각수 처리가 잘 되어 오염의 염려가 없었다. 오히려 주변 해초의 생육이 빨라지고 어류의 성장이 빨라 미역과 멸치로 유명한 기장의 어업은 발전하고 있었다.

그러나 영광군의 경우 해수 수심이 얕아 온도가 상승하면 저온을 유지해야 하는 김 양식장의 피해가 심각하게 우려되었다. 또한 영광원전 주변은 농업지역이어서 농가에 대한 피해가 우려되기도 하였으며 송아지가 기형으로 낳았다는 등 엉뚱한 루머로 민심이 흔들리기도 하였다. 그러나 한국전력 측의 적극적인 보상정책과 정부의 지역사회 발전추진으로 영광원전단지는 점차 발전하게 되었다. 한국전력은 앞으로 있을 원전부지 조성난을 고려하여 영광원자력발전소 부지를 6기까지 건설할 수 있게 100만평이 넘는 부지를 미리 확보하는 지혜를 보였다.

1981년 6월 4일 영광원전 1호기를 착공하였다. 당시 영광에는 마땅한 숙소가 없어 광주에 임시로 자리를 잡기도 했으나, 한가한 농촌이었던 홍농읍에도 활기가 일었다. 영광발전소 건설에는 현대건설과 현대중공업이 적극 참여하였는데, 현대건설은 고리 1호기 공사부터 새로운 영역인 원전기지 건설에 적극 참여했고 현대중공업도 강구조물 공사, 격납용기 공사 등에 참여하고 있었다. 이중 관련 기술자가 새벽에 출근하다가 교차로에서 빗길에 제동하지 못한 시외버스에 충돌하여 인명사고가 나기도 했다.

영광원전 1호기는 우리나라 원전으로는 6번째의 원전이어서 원전 6호기로도 불리었다. 이미 고리에는 4호기까지 건설되어 가동 중이었고 월성에는 1호기가 가동 중이므로 한국 원전의 순서로는 6번째였다. 그래도 점차 원전단지가 자리를 잡으면서 우선 영광 1호기로 하였다. 영광 1호기는 웨스팅하우스 설계의 WHF형 원자로로 공칭 1000 MW의 출력으로 알려졌으나 실출력은 960 MW였다. 고리 1호기의 원자로보다는 용량이 훨씬 커진 최신형이었다. 영광 1호기는 약 5년간의 건설공기를 마치고 1986년 8월 25일 준공되었다.

영광 2호기는 1호기와 6개월 차이로 착공하였기 때문에 공사 진행이 빨랐다. 그런데 공사 중 대형사고가 발생하였다. 1983년 10월 10일 격납용기 상부 캡을 접속하는 작업 중에 크레인이 실수로 캡을 제어하지 못하고 떨어뜨리는 바람에 인접한 발전설비 구조물에서 작업하던 근로자를 포함하여 3명이 사망하고 격납용기 본체의 상당부분이 파손된 사고였다. 이 날은 전두환 대통령 일행이 미얀마 국빈방문 중 일어난 아웅산 사건이 발생한 다음 날이어서 언론에 보도도 되지 않았으나 처음 보는 설치공사 대형 사고였다.

당시 영광 2호기 공사는 진척이 매우 양호하여 1차계통의 주 기기들은 모두 설치완료 되었고 격납용기의 돔 상단 캡 부분만 남아있는 상태였다. 이 날 지상에서 제작이 완료된 격납용기 캡을 올리는 날이었다. 중량은 약 130톤으로 600톤 용량의 이동형 지브크레인이 동원되었다. 사고는 이 캡을 크레인으로 들어 올려 격납용기 상단부에 내리려는 순간 크레인 하부 지지대의 받침이 침하되면서 크레인이 넘어졌고 따라서 캡이 비스듬히 떨어지면서 캡과 상단부 고정 작업에 동원된 인부 중 3명이 사망하고 다수가 부상을 입었으며 이미 작업이 끝난 격납용기 상단부 하층의 원통형 철구조물이 크게 손상된 것이었다. 이제 남은 것은 손상부위를 점검하여 수리 여부를 결정하는 일이었다.

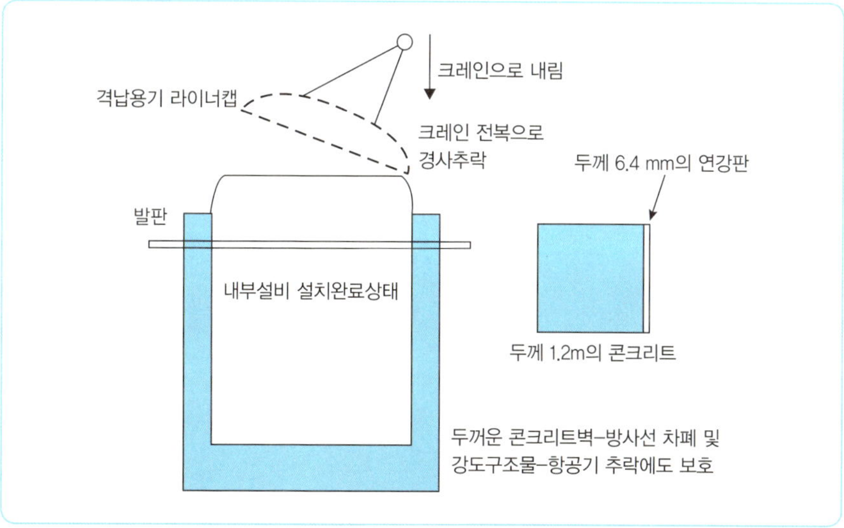

[그림 19] 영광원전 2호기 격납용기 손상사고 설명도-실물과 동일하지 않음.

과학기술처 원자력위원회에서는 연일 회의를 하였으나 손상의 심각성을 모르는 상태에서 쉽게 대책을 세울 수 없었다. 원자력국장이 저자에게 전화로 실사에 참여하여 줄 것을 요청하였으나 저자는 학기중간이어서 학교 수업 등으로 시간을 낼 수 없어 응할 수 없었다. 그러다가 해를 넘기고 1984년 1월이 되었는데도 아직 결론이 나지 않았다. 원자력국장은 저자에게 하루에 200만 달러씩 국고가 나가고 있으니 현지로 내려가 실사하고 대책을 세워달라고 하였다. 저자는 하루에 200만 달러의 손실이 생긴다는 말에 거절하지 못하고 참여하게 되었다. 영광원전(현 한빛원전) 현장에는 많은 눈이 내리고 있고 2개월째 공사 중단되어 노천에 방치된 많은 구조물의 안전에도 관계되었다.

저자는 2월초 눈이 휘날리는 가운데 사고 현장에 올라갔다. 사고 지점은 지상에서 80 m 정도 되는 높이에 발판을 놓고 있었고, 추락사고시 옆에 있던 발전설비(2차 설비)의 구조물 손상은 트러스 구조여서 수리하면 되었다. 문제는 격납용기의 내벽을 구성하는 실질적 1차 누설방지 구조인 라이너(liner)판의 손상이었다. 저자는 격납용기 라이너판의 밀시트(Mill sheet)를 요구하였으나 처음에는 관계자들이 알아듣지 못했다. 밀시트는 강판을 공급하는 제철소에서 강판을 매각할 때 재질의 성적증명서로 첨부하는 것인데, 아직 재질도 파악되지 않은 상태였다. 확인결과 강판은 일본의 고베(神戸)제철소에서 수입한 극저탄소 용접강판이었고 두께 6.4 mm의 연신율 28%인 연강이었다. 이 정도의 연성이 풍부한 강판이면 충격에 의한 응력파가 적어 국부적으로 손상을 입은 것으로 판단하였다. 그렇다면 손상부위를 넉넉하게 잘라낸 후 새 강판을 용접작업으로 수리하여도 무방했다.

저자는 원자력위원회에 1차 보고를 하고 수리대책을 세우기 위한 실험과 평가보고서를 작성하였다. 한전과 원자력연구소는 이 사고처리에 관해 외국에 의뢰하는 등 큰돈을 썼으나, 결론은 같았고 결국 수리작업은 저자의 추천대로 손상부를 소멸거리(decay length)를 고려하여 넉넉하게 잘라내고 새 강판으로 용접하여 밀폐용기를 완성하고 밖에 시멘트공사를 마감하면서 4월에는 완성되었다. 이 사고는 결국 5개월 이상의 공기지연을 가져왔는데, 원전건설이 공사비가 엄청난 대형공사여서 공기지연은 결국 공사비의 증가로 이어진다.

우리나라가 원전을 건설하면서 그렇게 거액을 지불하는 것은 그것이 차관이기 때문이었다. 차관은 돈을 빌리는 것이므로 공사 지연이나 천재지변에 따르는 준공기일 지연이 고려되지 않았다. 따라서 준공기일 엄수는 발전단가에 미치는 영향도 컸다. 그러나 건설작업에서 국내기술자들은 언제나 홀대를 받았다. 그래도 한국의 기술자들은 국가적 사업에는 처우에 관계없이 봉사한 것이다. 영광원전 1, 2호기는 6개월의 시차를 두고 별 차이 없이 착공했는데, 영광 2호기 준공이 1년여 차이가 나는 것은 격납용기 손상사고 여파로 생각된다.

엄청난 공사비가 들어가는 원전건설에서는 사고에 의한 공기지연이 공사비에 미치는 영향이 심각하다. 영광원전 1호기는 1986년 8월에, 그리고 2호기는 1987년 6월에 각각 상업운전에 들어갔다. 총 공사비는 내외자 합하여 2조 400억 원이 소요되었다.

당시 우리나라는 원전부지 공사에서 땅파기를 하는데, 건설 중인 원자로에 진동 등 충격을 주어 원전기기가 손상될까봐 대개 착공시기를 당겨서 하거나 아니면 완공 후에 착공했다. 따라서 착공시기는 고리 1, 2호기의 경우 5년 이상이었으나 고리 3호기는 2년 이내였고 특히 영광 2호기는 1981년 12월 10일에 착공하여 1호기와 착공시기 사이에 6개월 밖에 되지 않았다. 거의 동시에 착공한 것이나 다름없었다. 이것은 당시 호남지역에 대한 정치적 고려도 관계되었던 모양이다.

이번에도 원자로는 웨스팅하우스의 WHF형 원자로로 실출력 958 MW였다. 여기서부터 한국전력은 더 이상 원자로를 외국에 맡겨 그들이 주는 대로 건설한다면, 한국은 기술적으로 자립하기 어렵다는 생각을 강하게 했다. 이제는 차관 얻기가 전보다는 쉬워졌는데, 그것은 한국의 수출이 증가하여 대외신인도가 크게 높아졌기 때문이었다. 또 원전건설 기술도 상당히 향상되어 반드시 턴키로 맡길 필요가 없어졌다.

5) 한국형원자로 개발

1970년대 한국 경제의 성장기에 가장 큰 전략은 어서 빨리 선진국의 기술을 습득하여 개발도상국에서 탈출하는 것이었다. 이것을 흔히 테이크 옵(take-off)이라 했는데, 마치 비행기가 활주로에서 이륙하는 것과 같다는 개념이었다. 그러나 선진기술이 그리 쉽게 전수되는 것은 아니었다.

충주에 요소비료공장을 짓고 운전을 개시할 때의 일이다. 미국회사에서 처음부터 끝까지 모두 관리하였는데, 공장이 준공되고 나서도 우리 기술진이 선뜻 나서서 키를 받지 못하였다. 미국 기술자들은 회사를 넘기고 떠나면서 가져왔던 기술자료를 모두 불태우고 떠났다. 기술자료 자체가 회사의 재산이었고 그래서 기밀이었다. 우리 측에서는 공장을 인수받았으나 운전을 제대로 하지 못했다. 사고도 일어났다. 저자도 보험회사의 감정을 위한 사고평가를 위해 충주비료공장을 방문한 적이 있다. 필수 운전요원은 미국에 파견하여 훈련했으므로 물론 공장은 돌아가지만 설계한대로의 성능을 내지 못하는 것이다. 결국 추가 비용을 들여 외국회사에 운영을 1년 더 맡기는 수밖에 없었다. 그래도 충주비료는 한국 비료산업의 효시로 여기서 훈련된 기술요원들이 전국의 비료공장 건설의 역군이 되었다.

고리 원전1호기의 경우도 마찬가지여서 원전운전의 경험이 전혀 없었으므로 우수한 기술진을 선발하여 미국에 보내 충분한 훈련을 받도록 했다. 원자력발전은 화학플랜트보다는 공정이 단순하여 매뉴얼대로 안전규칙만 잘 지키고 운전하면 가능했다. 그래서 2호기부터는 원전설비 일부라도 국내에서 제작하려고 무리한 계약을 체결했다. 물론 우리가 기술을 배

우려고 하는 공정변경이니 당연히 추가비용을 지불해야 했다. 웨스팅하우스에서도 우리 의도를 뻔히 알고 있었다.

그렇게 하여 제조공정에 국내 가공부분을 삽입한 것이 가압기의 최종 용접이었다. 원자력발전소의 제1차 설비에 들어가는 주요 압력용기는 원자로용기와 증기발생기, 그리고 가압기이다. 제어봉 구동장치나 순환펌프, 그리고 비상용발전기 등은 어림도 없는 보안제품이었다. 원자로용기는 가장 핵심인 압력용기이고 원전의 수명과 직결되는 것이어서 엄두도 낼 수 없었다. 그리고 증기발생기는 정교한 열교환기로 사용하는 재로부터 인코넬 등 최고급 재료이고 다루어 보기 전에는 상상도할 수 없었다. 그래서 간신히 비집고 들어간 설비가 가압기였다.

가압기는 원자로 냉각수의 온도가 올라가도 비등하지 않도록 압력을 가해주는 장치이다. PWR의 주요설비이지만 압력만 높았지 기능이 복잡하지 않아 주로 강철로 든든하게 만든다. 물론 내부장치는 손도 대지 못하고 껍데기인 용기제작에서 최종용접은 우리가 하겠다고 요구했다. 이것은 만일 한국전력이 계약에 성공하면 고리3호기 또는 그 후의 원자력발전소 건설에서 가압기의 용기제작은 우리가 하겠다고 할 수 있었다. 그래서 없는 돈에 무리해서 계약을 했고 가압기의 초기제품이 도착했는데, 마감용접에서 불량이 나온 것이다.

현대중공업에서 맡은 마감용접은 원주용접(circumferential welding)으로 하향용접이 가능하여 용접불량이 나오기 어려운 공정이었다. 그러나 가압기의 두께가 12 cm가 넘기 때문에 여러 번 용접작업이 반복되는 다층용접이었다. 또 용접부 단면이 양면용접이어서 내면용접은 부득이 손용접(手鎔接)이 불가피했다.

이 용접공정이 그래도 간단한 것은 용기가 원통형이라 로울러 위에 얹고 공작물을 회전시키면, 용접자세는 항상 아래보기용접(flat weld)이 되어 불량이 거의 나오지 않기 때문이다. 그 후 중동 플랜트공사 현장에서는

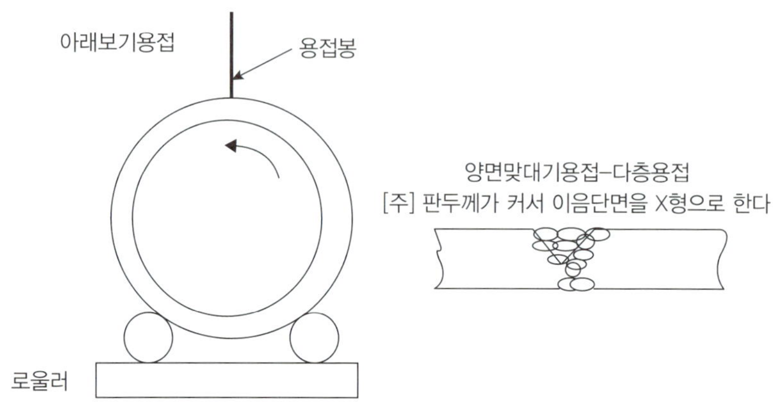

[그림 20] 가압기원주용접의 예와 용접단면.

이것보다 훨씬 어려운 배관공사를 했다. 그래도 경험을 얻기 위해 멸시를 받아가며 용접을 완료했다. 두께가 너무 두꺼워 X-선 촬영은 불가능하여 고위험성의 감마선조사로 용접부 사진촬영을 마치고 검사에 통과되었다. [그림 20]에서는 이해를 돕기 위해 용접공정을 설명한다.

현대중공업에서 완성된 가압기는 고리 2호기설비로 납품되어 설치를 완료하고 일차 가압을 하여 누설여부 등을 체크하고 시스템이 완벽하다고 판단하여 최종점검(in-service inspection)을 하는데, 용접결함이 발견된 것이었다. 저자가 이렇게 고리2호기의 경험을 이야기 하는 것은 당시 한국인 모두 어서 선진기술을 배워 기술자립을 이루겠다는 의지가 대통령으로부터 용접기사에게 까지 충만했음을 증언하려고 하는 것이다. 경제적으로는 미국에서 용접을 완료하고 배로 실어오는 것이 훨씬 유리했다. 그랬다면 아무 것도 배우지 못했다.

이런 분위기 속에서 한국형 원자로를 설계하여 표준화하려는 생각은 일찍부터 있었다. 이것은 우리나라의 산업발전이 선진기술과 설비의 도입에 이어 반드시 이를 국산화하고 더욱 발전시켜 국제경쟁력을 확보한다는 철저한 의지가 1970년대 이후 줄곧 모든 산업분야에서 계속되어왔기 때문이었다. 때로는 섣부른 국산화가 어려움을 가져오기도 했으나 정부와 대학 및 산업체에 종사하는 모든 사람들이 반드시 국산화하여 선진국을 따라잡아야 한다는 강한 신념에 사로잡혀 있었다. 원자력발전도 물론 예외는 아니었다.

원자력발전은 열원으로 핵물질을 다룬다는 어려움은 있으나 그것은 일종의 발전소이고 증기를 발생시켜 터빈을 돌린다는 기계공학의 원리에는 변함이 없다. 따라서 원자로 용기에 대해서도 미국에서는 미국 기계학회(ASME: American Society of Mechanical Engineers)의 보일러 및 압력용기기준(Boiler and Pressure Vessel Code)에 규정되어 있다. 원자로용기기준(Division III)에 따르면, 방사선 물질을 다루는 원자로용기의 설계기준은 종래의 보일러설계기준보다 조금 더 안전에 무게를 둔 설계이다. 즉, 반복되는 피로파괴에 대한 엄격한 기준과 노즐 등 응력집중부의 응력을 정확히 계산하여 절대로 파손이 일어나지 않게 강화한 것이다. 물론 중성자타격에 의한 원자로 내부 클래딩의 취성화도 고려되었으나 그렇다고 특별히 새로운 설계개념은 아니었다.

우리나라에서는 일찍이 원자력연구소가 설립되었고 과학기술처가 설치되면서 원자력국이 설치되어 원자력안전에 대한 각종 사무를 관장하였기 때문에 원자력발전소에 대한 연구업무도 한국원자력연구소에서 주관하게 되었다.

한국전력은 1983년 7월 6일 문희성 이사가 소집한 '원자력발전 기술자립촉진회의'의 관련기관의 담당자들의 회의에서 앞으로 건설할 원자로의 노형과 설비용량을 확정하여 한국 표준의 원전을 설계한다는 방침을 세웠다. 이 방침에 따라 다음과 같은 분업체계를 구성하기로 했다. 이 회의 결과에 대한 주요항목을 요약하면 다음과 같다.

- 한국원자력연구원은 핵 관련기술개발 연구와 핵증기발생설비(NSSS[1]) 설계를 지원한다.
- 한국중공업은 주기기 및 보조기기의 설계, 제작, 설치시공 및 유지보수를 담당한다.
- 한국전력기술(주)은 발전소 종합설계 및 NSSS 계통설계를 담당한다(다만, 한국중공업의 능력이 축적되면 NSSS 계통설계는 한국중공업에 이관한다.).
- 한국핵연료(주)는 초기노심[2]가공과 교체핵연료의 기술을 전수받아 핵연료를 가공하여 계속 공급한다.
- 계열화업체는 보조기기 제작 및 설계를 담당하되 국산화 계획을 세워 적극 추진한다.

이 회의의 결의는 우리나라가 앞으로 설치되는 원전에 대해 국산화를 위한 주도권을 장악한다는 것이었다. 사실, 고리 1호기만 하여도 차관선을 찾기 어려워 결국 미국 웨스팅하우스의 PWR형 원자로와 영국전력의 2차설비(발전 및 송전설비)를 턴키로 들여올 수밖에 없었다. 즉, 차관을 제공하겠다는 회사의 제품을 구입한 것인데, 이제는 차관선까지 우리가 마련해서 한국의 표준형 원전을 건설하겠다는 의지였다. 이때 표준형이라 함은 아직 우리가 마련한 것은 아니고 차관선에 따라 원전의 형식이 달라지지 않고 용량도 일정하여 국산화로 가기 쉽게 하겠다는 기술적 의미를 담고 있었다. 아직도 우리가 설계한 원전을 건설한다는 것은 요원한 숙제

1 NSSS(Nuclear Steam Supply System)은 원자로와 그 부속설비로 원자로, 증기발생기, 가압기, 냉각재펌프, 연결관, 원자로 관련안전설비를 포함한 일체의 설비를 말한다. 이 설비는 방사선의 누출을 차단하기 위해 격납용기 내에 설치한다.

2 초기노심(Initial Core)은 초기 장전하는 핵연료를 말한다. PWR형 원자로의 핵연료는 교체주기(12개월 내지 18개월)마다 1/3씩 교체한다. 따라서 초기노심은 교체를 고려하여 우라늄 농축정도를 달리 설계한다.

였다. 그러나 분명한 것은 원전건설의 기획과 운영은 전적으로 한국전력이 담당한다는 것이어서 의의가 컸다.

한국전력이 영광원전 3, 4호기부터 표준화한 PWR 900MW급 노형을 채택하고 최소 6기 이상 건설하겠다는 계획이 알려지자, 세계의 원전 시장에서는 우리나라에 자신들의 원자로를 수출하겠다는 제의가 쇄도했다. 그 중에 가장 특기할 것은 GE계열의 BWR이었다. GE는 일찍이 일본 도쿄전력에 후쿠시마 제1원전에 BWR을 수출한 경험이 있었다. 당시 고리 1호기부터 우리나라에 6기의 원전을 수출한 웨스팅하우스에서는 원자로 설계의 핵심기술은 전수하지 않고 있었는데, GE는 자신의 BWR을 표준형으로 선택해 주면 기술을 주겠다고 한 것이다. 우리나라 원전의 기술자립을 원하고 있던 한국전력으로서는 솔깃한 제안이 아닐 수 없었다.

마침 타이완에서 국제원자력발전고위급회의(ANS)가 열려 한국전력 박정기 사장 이하 원전관계 인사들이 참석했다. 여기서 타이완이 건설한 BWR4기의 경험이 이야기되었는데, 운전중 1차계통의 핵연료 손상으로 터빈을 오염시키는 사고가 발생했고 결국 안전성에서 취약하다는 경험담을 들었다. 이에 한국전력 관계자들은 한국표준 원자로형을 PWR로 결정하게 되었다. 우리나라에는 축복이었다.

한국전력은 영광원전 3, 4호기를 입찰하면서 기술전수를 위한 조항을 입찰서에 명기하였다. 즉, 주계약자는 국내 기업으로 하고 이 기업이 하청으로 주요설비를 계약하는 형식이었다. 따라서 기술전수에 따른 비용도 계상하였는데, 영광 3, 4호기에 6억 달러의 기술이전 비용을 상정하였으니 그만큼 원전국산화의 노력이 절실했던 탓이었다. 1986년 9월 30일 입찰결과가 발표되었는데, 우리나라에 이미 6기나 원전을 건설한 미국의 웨스팅하우스가 아니고 C-E(Combustion Engineering)사가 낙찰되었다. 그것은 원전의 설계기술을 전수하겠다는 계약내용이 결정적 요소였다. 한전기술(KOPEC)에 종합설계기술을 전수할 회사로는 미국의 S&L사,

그리고 터빈발전기는 미국의 GE사가 각각 결정되었다. 이로서 영광 3, 4호기 1,000 MW 규모의 PWR은 한국 표준형원전으로 기술이전을 받으면서 설계부터 건설에 이어졌다.

당시 C–E는 우리에게 상당히 생소한 회사였다. 과연 C–E가 우리에게 원전의 설계기술을 제대로 전수할 수 있을까 회의적이기도 했다. C–E는 1912년 석탄보일러를 제작하는 회사로 시작했다. 그러다가 증기보일러제작으로 발전했고 Superheater Co.와 합병하면서 화력발전소 제작으로 확장되었다. C–E는 증기보일러회사로는 중견기업이어서 전쟁 중 해군의 증기보일러를 납품했으며 특히 Liberty호(양산한 수송선)의 증기보일러를 공급했다.

1955년 C–E는 원전사업에 뛰어들어 과감하게 GE와 웨스팅하우스에 도전했는데, 특히 PWR로 웨스팅하우스의 경쟁자가 되었다. 그러나 웨스팅하우스의 전통과 경력으로 적수에는 이르지 못했다. 그래도 영광원전 3, 4호기 건설에는 충분한 강점을 가지고 있었다. C–E는 웨스팅하우스보다 먼저 컴퓨터를 원전설계에 응용했다. 그래서 열효율이 10% 높게 제작할 수 있었다. 또한 원자로 훈련시뮬레이터를 개발하여 운영하기도 했다. 한국과 거래할 때는 C–E의 전성기로 많은 기업을 인수하여 영업범위를 확대하고 있었다. 한국에 진출하고 더 이상의 발전은 없었으나 "임자를 만난 것"이었다. 1990년 회사는 유럽의 ABB로 넘어갔다.

영광 3, 4호기에 처음으로 적용한 원자로 설계는 C–E의 1,270 MW 원자로를 한국 표준원전에 맞게 1,000 MW로 수정하여 설계하는 과정이었는데, 웨스팅하우스에서 항의공문을 보냈다. 설계기술 전수에 소극적이던 웨스팅하우스가 정작 계약자가 되지 못하자 시비를 건 것이다. 그 항의의 요지는 C–E가 실제로 1,000 MW의 원자로를 건설한 적이 없어 비실증(unproven design)이라는 것이었다. 그러나 1,270 MW 원자로 3기를 건설한 실적이 있으므로 오히려 한국이 원하는 새 원자로를 설계한다면 한국 기술진의 실력이 확보될 것으로 예측하였다. 이 시비는 C–E의

System-80에 대한 미국 NRC의 유권해석을 받고 비로소 일단락되는 것 같았다. 그러나 이제는 정치권에 로비하여 영광원전 3, 4호기의 안전성에 의혹을 품게 하였다.

영광원전 3, 4호기는 건설사업과 기술자립을 병행하면서 공기를 3개월 단축하고 총공사비는 계획대비 15%를 절감하며 사업을 마감했다.[3] 그러나 건설과정은 집요한 반핵단체의 반대운동과 야당의 정치공세로 어려움을 겪었다. 만일 그 때 좌절되었다면 한국의 원전은 꽃을 피우지 못한 채 사그라졌을 것이다. 다행히 김대중 평민당 총재의 이해 속에 영광원전 3, 4호기는 성공적으로 공사를 마무리하고 한국표준형 원전의 시범원자로로 역사에 남게 되었다.

울진 3, 4호기에서는 처음부터 우리 기술진이 직접 설계하면서 건설하게 되었다. 이 한국표준형 원자로의 명칭은 OPR-1000으로 명명하고 이 설계라면 외국에 수출할 수 있는 수준으로 기술을 확립했다. 이 계약이 성사된 배경에는 박정기 사장의 한전 기술진에 대한 굳은 믿음이 바탕이 되었다. 그러나 박 사장은 정치권의 계속된 압박으로 결국 회사를 떠났고 정권이 바뀌면서 계속되는 국정조사와 감사원 감사, 그리고 검찰고발로 계약에 관계하였던 한국전력의 기술진들은 곤욕을 치렀다. 만일 그들에게 털끝만한 사심이 있었다면, 한국형 원전은 탄생하지 못했을 것이다. 이렇게 어렵게 확보한 원전설계기술이 울진 3, 4호기 설계에서 본격적으로 위력을 발휘하기 시작했다. 이제 OPR-1000은 당당하게 위키피디아에 독립 제목으로 등장하게 되었는데, 한국인의 승리라 할 것이다.

3 이종훈, 한국은 어떻게 원자력강국이 되었나, 나남, 2012, pp. 339-359.

6) 울진(한울)원자력발전단지

대한민국 정부는 탄생 초부터 지역발전 문제가 심각했다. 우선 경남지역은 6·25전쟁의 피해를 별로 입지 않아 산업기술이 일찍부터 터를 잡을 수 있었다. 일제의 강점으로부터 해방된 1945년에는 경남지역에 별로 산업시설이 없었다. 부산은 항구도시로 일본과의 연계항구여서 상당히 발전되었으나 경공업이 활발했고 중공업은 정착하지 못했는데, 한국전쟁 동안에 터를 잡기 시작하여 이제는 한국산업의 기지가 되었다. 동국제강이 철사에서 못을 만들어 팔던 회사에서 시작된 것을 아는 국민은 별로 없을 것이다. 당시 영도의 조선공사는 가장 근대화된 공장의 하나였다.

이런 배경에서 고리원전 1호기를 미역으로 유명한 기장 해안에 세우게 된 것은 우연이 아니었다. 고리원전 1호기 공사의 관계 인사들은 대개 해운대의 호텔을 이용했는데, 포장도로가 없어 바닷가의 흙길을 1시간 달려야 했다. 저자도 ACRS위원 시절 고리원전단지에 출장가면 해운대에서 숙박했다. 그렇게 고리는 외진 곳이었다. 일단 1호기와 2호기를 설치하고 3, 4호기가 들어서자 고리는 원전단지로 탈바꿈했다. 처음에는 냉각수를 바다에 방출했는데, 혹시 방사성오염이 있을까 하여 어민들의 걱정이 컸으나, 점차 한국전력에서 방출하는 냉각수로 양식을 하여 무해함을 증명하자 오히려 원전단지 앞 제방에서 낚시를 하려는 사람들이 많아 이를 통제하느라 어려움을 겪었다.

원전단지를 동해안에 건설하는 데는 지리적 특성이 있다. 우선 동해안은 해류가 지나가고 수심이 깊으며 산지가 해안에 인접하여 있어 작은 골짜기 하나면 충분히 원전단지가 조성될 수 있었다. 냉각수 방출도 방사성오염만 없으면 문제될 것이 없었다. 그래도 국가산업발전 정책상 인구밀집지역인 호남지방의 경제적 토대를 구축하기 위해 산업을 일으켜야 했는데, 광주의 아세아자동차공장 건설이 그 효시였다. 나주에 비료공장이 서고 호남의 전력사정이 악화되자 정부는 영광에 원전단지를 조성하고 이를 발전시켜 경제력을 높이려고 했다.

그러나 서해안의 지리적 특성은 원전단지를 더 이상 조성하기 어렵게 했다. 그래서 냉각수가 필요 없는 방사성물질 보관소를 설치하려고 했으나, 이번에는 주민들의 반대가 거셌다. "왜, 우리 지방에 원자력 찌꺼기를 버리는가?" 하는 반발이었다. 부안군 위도에 설치하려던 계획이나 안면도의 방사성연구소 설치안이 그렇게 물거품이 되었다. 결국 서해안에는 석탄화력발전단지가 들어서게 되었다.

경주시 월성에 원전단지가 들어서게 된 것도 지리적 이점 때문이었다. 감포에서 울산까지의 동해안은 태백산맥 자락이 바다 가까이까지 내려가 평지가 거의 없는 작은 골자기 뿐이다. 어항도 큰 것이 없어 주민 소개도 극소화할 수 있었다. 그런데 울진지역은 지리적 여건이 비슷하면서 더 오지였다. 울진군은 한 때 강원도에 소속될 정도로 오지였는데, 여기에 원자력발전단지가 들어서게 된 것은 주민들의 경제발전 소망 때문이었다. 영월과 삼척도 적지가 있었으나 인구밀도가 높아 적절하지 않았다.

울진원전단지는 프랑스에서 수입한 CPI형 원자로 2기를 거의 동시에 설치하면서 시작되었다. 울진원전단지에 프랑스의 PWR을 수입하게 된 것은 1975년 김종필 총리가 프랑스를 방문하면서 양국의 경제협력을 이끌어 왔다. 이 결과로 프라마톰 제작의 원전 2기를 도입하기로 한 것이다. 1호기는 출력 960 MW, 2호기는 출력 962 MW로 프랑스 프라마톰이 미국 웨스팅하우스의 PWR을 기준으로 만든 원자로였다. 프라마톰은 프랑스 정부의 적극적인 지원하에 고전하는 웨스팅하우스로부터 PWR에 대한 특허권을 매입하여 유럽시장을 석권하려 하였을 뿐 아니라 한국을 비롯하여 중국 등 아시아 시장에 적극 진출하고 있었다.

프랑스는 한 때 박정희 대통령의 핵무기개발에 적극 참여할 의향도 있었다. 그것은 아마도 미국 주도의 핵확산금지조약이 유럽을 소외시켰다고 생각해서일 것이다. 프랑스는 이스라엘의 핵무기개발도 적극 도왔는데,

캐나다가 실험용원자로(중수감속로–천연우라늄 사용)를 한국에 팔려고 하자 그 재처리시설을 제공할 의사를 표시했었다. 결국 미국 정부의 압력으로 포기하고 원전건설에 대한 협력을 얻게 되었다.

프라마톰은 한국에 진출하기 위해 월성 1, 2호기 공사에서 한국측의 거의 무리한 요구를 수용했다. 그것은 막 설비를 마쳤으나 한 번도 제대로 가동해 보지 못한 창원종합기계공장–한국중공업–의 초대형 프레스를 가동하여 원자력발전소 터빈주축을 단조가공하는 작업을 허용한 것이다. 이 계약은 경제적으로는 미친 짓이었다. 터빈주축을 완전히 가공하는 것도 아니고 단조하여 황삭으로 초벌다듬질만 하는 공정인데, 이것을 창원에서 제작하여 배를 타고 프랑스에 가서 정삭하고 완전한 터빈으로 완성하는 것이었다. 터빈주축 가격보다 운반비 등 부대비용이 훨씬 더 큰 이런 공정을 구태여 삽입한 것은 한국 정부의 중기계공업에 대한 염원이 살아있었기 때문이다. 이렇게 억지를 쓰며 대한민국의 산업기술은 성장했다.

울진원전 1, 2호기는 1983년 1월과 7월 거의 동시에 착공했다. 그러면서 영광 3, 4호기 건설에 적용할 한국표준형 원자로 OPR–1000을 적극 개발했다. 실제로 영광원전 3호기는 89년 12월에 착공했으므로 한국 표준형 원자로를 완성할 시간이 그리 넉넉하지 않았다. 한국전력은 울진원전 1, 2호기는 프라마톰에 맡겼으나 그 다음 3호기부터는 반드시 한국 표준형원자로를 건설하기로 작정하고 있어 증기터빈 주축을 창원의 한국중공업에서 초벌가공하도록 계약서에 요구한 것이다. 이런 국산화 의지는 경제성이나 공기를 따지지 않았다. 그렇게 자주기술에 대한 의지가 강했던 것이다.

C–E의 등장으로 한국 표준형 원자로개발은 출범하였고 영광원전 3호기는 새 설계로 1989년 12월 23일 착공했다. 영광원전 3호기가 건설되는 동안 한전은 원자력연구소와 함께 PWR설계를 완성했다. 이 한국형 표준설계의 원자로 이름이 OPR–1000이다. OPR–1000 원자로는 1993년 7월 21일 울진원자력단지에 건설되면서 울진원전 3호기가 되었다. 이어 6호기

까지 4기의 원전이 OPR-1000으로 울진원전 단지에 건설되면서 울진원자력전소 단지는 세계에서도 대단위 원전단지로 자리매김했다.

2000년 12월 23일 '전력산업 구조개선 촉진에 관한 법률'이 통과되면서 한국전력은 발전회사를 분할하게 되었다. 화력발전소와 양수발전소는 5개 발전회사로 분할되었고 원전은 수력과 함께 한국수력원자력(주)로 분할되었다. 약칭 한수원은 이후 4개 원전단지를 지역명이 아닌 새로운 이름으로 변경하였는데, 다음 [표-2]와 같다.

한국의 원전은 50년의 역사를 가지게 되었다. 그 길지 않은 역사에서도 한국은 세계원자력발전사에 뚜렷한 족적을 남겼다. 그것은 원전의 가동률이 세계 제일이라는 사실이다. 그리고 심각한 원전사고는 1건도 없었다. 1990년대까지도 미국의 원전가동률은 70%대에 머물러 경제성 논쟁이 계속되었었다. 다행히 2000년대에 와서는 크게 향상되고 있다. 또 아직은 원전의 발전단가를 원전폐기와 보존을 고려하여 책정하지는 않았으나 가장 저렴한 가격으로 납품하여 한국 산업발전과 국민생활에 크게 기여했다. 이제는 전기 없는 세상은 생각할 수 없게 되었다. 더구나 화력발전소들은 각종 공해와 탄소배출문제로 더욱 고전할 것이다.

그런데 [표-2]에서 보여주는 자료는 우리에게 큰 실망을 준다. 한국 최신의 원자로로 세계가 인증한 APR-1400이 정부의 탈원전 정책 하나로 건설 중단으로 정지되어 있는 것이다. 원전은 계획단계에서 정부의 정책에 따라 취소하거나 연기할 수 있다. 그러나 건설 중인 원전의 건설 중단은 원전이 국민의 재산이기 때문에 정부정책만으로 결정하면 안 된다. APR-1400형 원전이면 건설비가 60조원 정도 소요된다. 그리고 공기는 6년 이상이다. 이렇게 방대한 경비가 들어가는 원전을 정치권에 따라 공기가 달라진다면 누구도 앞으로 원전을 건설할 수 없다. 원전 없는 한반도를 생각하면 기뻐할 사람도 있겠지만, 과연 대한민국 국민들이 행복해 할지 모르겠다.

[표-2] 한국의 원자력발전소

원전 단지	명칭	원자로 형식	모델	가동상태	용량 (MW)	건설개시	가동개시
고리	1	PWR	WH60	폐쇄	576	72. 4. 27.	78. 4. 29.
	2	PWR	WHF	가동중	640	77. 12. 4.	83. 7. 5
	3	PWR	WHF	가동중	1011	79. 10. 1.	85. 9. 30.
	4	PWR	WHF	가동중	1012	80. 4. 1.	86. 4. 29.
신고리	1	PWR	OPR-1000	가동중	996	06. 6. 16.	11. 2. 28.
	2	PWR	OPR-1000	가동중	996	07. 6. 5.	12. 7. 20.
	3	PWR	APR-1400	가동중	1416	08. 10. 16.	16. 1. 15.
	4	PWR	APR-1400	가동중	1418	09. 8. 19.	19. 8. 29.
	5	PWR	APR-1400	건설중단	1340	17. 4. 1.	-
	6	PWR	APR-1400	건설중단	1340	18. 9. 20.	-
월성	1	PHWR	CANDU-6	폐쇄	657	77. 10. 30.	83. 4. 22.
	2	PHWR	CANDU-6	가동중	655	92. 6. 22.	97. 7. 1.
	3	PHWR	CANDU-6	가동중	684	94. 3. 17.	98. 7. 1.
	4	PHWR	CANDU-6	가동중	688	94. 7. 22.	99. 10. 1.
월성	5	PWR	OPR-1000	가동중	991	07. 11. 20.	12. 7. 31.
	6	PWR	OPR-1000	가동중	960	08. 9. 23.	15. 2. 26.
한빛	1	PWR	WHF	가동중	960	81. 6. 4.	88. 8. 25.
	2	PWR	WHF	가동중	958	81. 12. 10.	87. 6. 10.
	3	PWR	OPR-1000	가동중	997	89. 12. 23.	95. 3. 31.
	4	PWR	OPR-1000	가동중	997	90. 5. 26.	96. 1. 1.
	5	PWR	OPR-1000	가동중	997	97. 6. 29.	02. 5. 21.
	6	PWR	OPR-1000	가동중	996	00. 9. 29.	05. 4. 25.
한울	1	PWR	FRANCE CPI	가동중	960	83. 1. 26.	88. 9. 10.
	2	PWR	FRANCE CPI	가동중	962	83. 7. 5.	89. 9. 30.
	3	PWR	OPR-1000	가동중	994	93. 7. 21.	98. 8. 11.
	4	PWR	OPR-1000	가동중	998	93. 11. 1.	99. 12. 31.
	5	PWR	OPR-1000	가동중	996	99. 10. 1.	04. 7. 29.
	6	PWR	OPR-1000	가동중	996	00. 9. 29.	05. 4. 25.
신한울	1	PWR	APR-1400	건설중단	1340	12. 7. 10.	-
	2	PWR	APR-1400	건설중단	1340	12. 7. 19.	-

주: 총 30기 중 폐쇄 2기, 건설중단 4기, 가동 중 24기이다.

3.2 한국형 원자로개발

1) OPR-1000형 원자로

한국 표준형원자로는 영광원전 3호기를 기획하면서부터 국제입찰의 조건으로 제시했다. 기술이전 비용은 한국전력이 부담할 터이니 건설하는 원전은 반드시 한국전력 기술팀과 공동으로 설계하여 핵심기술을 이전해야한다는 조건이었다. 물론 기술이전은 선진 전력회사들의 노하우가 들어있는 것이므로 비용을 지불해야 했다. 선진회사들은 기술적 우위를 바탕으로 적어도 2기 이상의 원전건설로 이익을 창출하고 기술을 이전한다는 정책을 실시하고 있었다. 중국에 진출하는 프랑스의 프라마톰도 이런 조건을 수락하고 최초 2기의 원전은 수출하고 그 이상의 원전은 중국측과 협조하는 선에서 기술이전이 실시되고 있었다.

영광원전 3호기 입찰에서 그 동안 6기나 건설한 실적이 있는 웨스팅하우스가 탈락한 것은 당시로서는 이변이었다. 일본에 진출한 GE가 적극적으로 영광원전 3호기 경쟁에 뛰어들었으나, 마침 타이완에서의 방사성누출문제로 낙찰되지 않은 것은 천만다행이었다. 타이완은 일찍이 1972년에 GE의 BWR-4형 원자로를 건설하기 시작하여 1979년까지 4기의 BWR을 건설하고 있었다. 만일 그때 GE가 진출하여 한국표준형을 차지했다면 한국은 세계 원자력발전 업계에서 설자리를 마련하지 못했을 것이다. 지금 전 세계는 모두 PWR의 전성시대로 러시아마저도 가압수형인 VVER로 전환하였다.

원자로가 대형화됨에 따라 C-E(combustion Engineering)는 대형원자로 설계에서 웨스팅하우스보다 10% 이상 우수한 원자로를 설계는 것으로 알려졌다. 그것은 컴퓨터 프로그램을 개발하였기 때문이다. 이것이 한국의 영광원전 3, 4호기에 진출하게 된 계기가 되었다. 1990년 C-E는 스위스-스웨덴의 ABB에 인수되어 세계에서 가장 큰 전기엔지니어링 회사의 하나가 되었다. 그러나 석면사건 때문에 피소되어 경제적으로 어려워졌다. ABB와 알스톰이 1999년 발전소 부문에서 합병하였고 결국 모두 알스톰으로 넘어갔다.

C-E가 우리나라에 원전기술을 이전하게 된 것은 참으로 다행이었다. 한국표준형 원자로의 모델이 된 C-E의 System 80+는 1990년 당시로서는 가장 발전된 원자로였다. 냉전이 종식되고 미국과 러시아에서 핵탄두를 감축하자 원자폭탄용 플루토늄이 100톤이나 폐기하게 되었다. 아직 Pu-239를 U-235에 대체하여 핵연료봉을 농축하는 실정은 아니었으나 System 80+에서는 복합연료인 MOX연료를 사용할 수 있게 개발한 것으로 알려졌다. 복합연료의 사용이 가능하면 연료비가 저렴하게 되어 원자로의 경제성이 향상된다. 이 원자로형이 한국의 OPR-1000에 모델로 사용되었고 한국은 계속하여 다음 세대인 APR-1400을 개발하게 되었다.

웨스팅하우스는 영광원전 3, 4호기 입찰에서 탈락되자 집요하게 C-E 원자로의 안전성을 들고 나와 수년간 한국 원자력산업계를 공략했다. 여기에 정치권도 가세하여 어려움이 많았으나 관련 기술진이 불굴의 의지로 지켜 결국 한국형 원전이 탄생했다. 웨스팅하우스도 결국 파산하여 일본 도시바(株式會社東芝)에 넘어가고 말았는데, 이제 미국 내에서는 새로운 원전의 희망이 보이지 않기 때문이다.

미국은 풍부한 천연가스 자원을 가지고 있다. 일찍부터 천연가스 배급망을 전국에 고루 설치하고 값싼 천연가스를 공급해왔다. 더구나 세일가스가 발견되면서 천연가스의 가격안정성은 매우 높아졌다. 드리마일 아일랜드 원전사고로 TMI-1만 가동하고 있는 전력회사도 TMI-1을 수명까지 사용하지 않고 폐쇄하기로 결정했는데, 천연가스발전소에 경제성이 떨어지기 때문이다. TMI-1은 중도에 증기발생기를 교체하면서 정기발전 계획을 추진했으나 폐쇄를 결정한 것은 미국의 원전사업이 탄소배출 문제만 아니라면 이미 경제성을 잃고 있다는 증거이다.

OPR-1000은 한국이 설계한 2 루프의 100만 kW 출력(1000 MWe)의 PWR 제2세대 원자로이다. 이 원자로는 본래 한국표준형 원자로(KSNP)로 명명되었으나 외국에 수출하기 위해 OPR-1000으로 다시 고쳤다. 여기서 'O'는 'optimized'라는 영어의 두문자인데, 부분적으로 C-E의 설계를 기본으로 하여 새로 개발한 것이다. 원자로 노심설계는 C-E의 아칸소 원전 1(ANO: Arkansas Nuclear One)의 2호기의 설계로부터 끌어왔고, 원자로 증기공급시스템(NSSS)은 아리조나주(Arizona)에 설치한 팔로 베르데(Palo Verde)원자력발전소의 설계를 이용했다. 그리고 부속설비들은 이미 영광원전 1호기와 2호기에서 사용했던 설계였다. 이렇게 이미 실증된 설계였으나 열용량이 축소되면서 노심설계는 완전히 우리 기술진이 새로 개발한 것이다. 웨스팅하우스는 끝까지 한국 기술수준을 무시하고 그들의 논리를 펼쳤던 것이다.

우리나라는 새로 개발한 OPR-1000형 원자로를 신고리에 2기, 월성에 2기, 영광(한빛)에 4기, 울진(한울)에 4기를 건설하여 총 12기의 원자로로 전력을 생산하고 있다. 그리고 가동률 90% 이상으로 전 세계 원전에서 가장 가동률이 높은 원전국가가 되었다. 참으로 대견한 일이다.

그런데 이런 안전한 설계의 OPR-1000이 세계의 주목을 받지 못하고 오히려 수치를 당하게 되었으니, 그것이 제어계통 케이블의 불량품 납품 사건이었다. OPR-1000은 한빛 3, 4호기를 비롯하여 신고리 1, 2호기, 그리고 한울 3, 4호기 등에 적용되어 건설이 진행되었다. 신고리 1호기는 2011년 2월 28일 완공하고 가동에 들어갔다. 그런데 제1차 고장이 2012년 10월 2일 8시 10분에 일어났다. 제어봉에 고장(malfunction)이 일어났다는 신호가 들어왔다. 제어봉은 원자로 운전의 핵심설비이므로 즉시 원자로 정지(shut-down)로 이어졌다.

정밀한 조사결과 그것은 제어봉 자체의 결함이 아니고 신호를 연결하는 케이블의 불량으로 신호처리의 신뢰성이 떨어진 것이었다. 케이블의 불량이었으므로 동일한 케이블을 설비한 다른 원자로의 안전에도 문제가 되었다. 결국 한빛 5, 6호기의 케이블을 교체하기로 하고 부품을 완전히 교체할 때까지 운전을 정지하게 했다. 그리고 이미 오래 사용한 한빛 3, 4호기 그리고 한울 3호기의 수리는 연기하기로 했다. 케이블의 불량사건은 결국 설비와 기술이 부족한 국내 전선회사가 정부의 독과점금지법을 빌미로 하여 부품의 낙찰을 받고 이를 신뢰성이 없는 외국 연구소의 시험검사서를 변조한 전형적인 사기사건이었다. 이 사건은 결국 세계에 알려져(World Nuclear News, Nov. 7, 2012.) 한국 표준형원자로를 OPR-1000으로 바꾸고 수출을 꿈꾸던 국민의 마음을 아프게 했다.

여기서 원자력발전소의 설비와 같은 중요한 설비에 있어 일반 공개입찰이란 미명의 사기사건은 한국 정부의 크나큰 무지와 무관하지 않다. 특히 정치권에서는 공정이란 단어를 아무데나 사용한다. 기계부품은 외모로만 평가되는 것이 아니고 그 부품이 가지고 있는 기술과 전통도 함께 평가해야 한다. 마치 명품 가방이 비슷한 모조품의 수백 배의 가격인 것과 마찬가지이다. 원전에 사용하는 주요기기 중에는 아무나 만들지 못하는 설비들이 있다. 급수펌프나 비상용 디젤발전기는 아무 회사 제품이나 쓸 수 있는 것이 아니다. 성능이 비슷하거나 우수해 보여도 전통이 없으면 신뢰할 수 없다. 미국 드리마일 아일랜드의 원자로가 웨스팅하우스 제품이 아니고 B&W사의 제품이었는데 그 후 B&W는 결국 파산하고 팔려나갔다.

방위산업 건설의 핵심이었던 한국형 탱크는 현대가 들어와 겨우 완성했다. 박정희 대통령은 현대가 들어올 때까지 다른 곳에 맡기지 않고 정주영이 손을 대기를 기다렸다. 그것은 결코 특혜가 아니었다. 대우에는 장갑차를 맡겼다. M-16도 맡겼다. 그러나 그것이 한계였다. 대우는 아무것이나 할 수 있다고 했다. 그런데 이 탱크에 들어가는 베어링을 신설 회사가 한다고 했다. 50년 전통 한국베어링이 독점하는 것이 불공정하다는 이유에서였다. 물론 기계가 좋으니까 똑같은 모양으로 깎을 수는 있다. 그러나 똑같은 성능을 내지 못하면 탱크는 서고 만다. 결국 많은 고장을 보고나서야 깨닫게 되었다. 탱크는 서면 수리하여 다시 쓸 수도 있다. 그러나 원전은 안 된다. 원전 사고는 회사만 망하고 끝나는 것이 아니기 때문이다. 한국전력은 그런 아픔을 안고 다음 세대의 원전을 개발하기 시작했다.

2) APR-1400형 원자로

한국표준형 원자로 OPR-1000이 CE의 System 80+ 설계를 기초로 개발된 것인데, 이 원자로 설계는 안전성 향상에서 특징을 가지고 있었다. 원자로 노심의 임계상태를 제어하는 제어봉은 이 설계에서는 12개로 하고, 정상운전에서는 4개만 사용하고 원자로 완전정지에서는 12개를 모두 사용하도록 되었다. 다른 원자로와 같이 정상운전 상태의 열평형을 냉각수 유동으로 해결하지 않고 제어봉을 더 배치하여 적극적인 제어를 하는 이 방식은 원자로 안정성을 크게 높였다.

APR-1400에서 처음 글자인 A는 Advanced(개량)를 의미하고 1400은 발전용량이 1400 MWe임을 나타낸다. 원자로에서 “advanced”라는 것은 경제성과 안전성을 향상시켰다는 의미이다. 이 원자로는 열출력 3983 MW(공칭 4000 MW)에서 실제 전력 1455 MW를 생산하여 열효율이 36.53%인 고효율의 원자로이다.

원자로 설계는 43개의 설계조건을 만족하도록 개발하였는데, 먼저 용량을 키우고, 수명을 연장하며 안전을 강화한 것이 특징이다. 따라서 설계의 초점을 경제성 제고와 원자로규제에 대한 안전강화로 대처했다. OPR-1000에 비하여 개선된 점은 다음과 같다.

- 전력용량, 1400 MW(40% 증가)
- 설계수명 60년(50% 증가)
- 지진강도 0.3g(50% 증가)

- 코어손상주기-10^{-5}/년(10배 감소)
- 코어연료다발수 241개(30% 증가)

그 밖에 전자제어 장치를 개선하고 안전배출시스템(SIT)를 채용한 것이다.

코어설계는 출력이 증가하므로 214개의 연료다발을 가지며 제어봉도 93개로 증가하였다. 각 연료다발은 236개 연료봉을 16x16의 조합(array)으로 구성한다. 이 사이에 제어봉다발이 삽입된다. 주연료는 농축우라늄으로 평균 농축도 2.6%이며 여기에 30%의 복합산화물(Mixed Oxide) 연료봉을 섞을 수 있다. 여기서 복합산화물 연료(Mixed oxide fuel)란 천연우라늄에 플루토늄, 재생우라늄, 열화우라늄이 섞인 것이다. 값이 비싼 U-235를 덜 사용하기 때문에 연료 가격이 싼 특징이 있다. 코어는 18개월의 교체주기를 가지며 열마진(thermal margin) 10%로 60,000 MWD/MTU까지 태울 수 있다. 제어봉다발은 76개 탄화보론(Boron carbide)으로 된 펠렛 봉으로 전출력 제어봉으로 사용되며 17개의 인코넬-625가 보조제어용으로 사용된다.

APR 1400은 기존의 OPR-1000이나 C-E 설계와 같이 2개의 냉각루프(loop)를 가지고 있다. 각 루프는 가열된 상태의 온수관(hot leg)이 한 개는 가압기로 한 개는 증기발생기로 갔다가 두개의 냉각된 루프로 돌아온다. 각 루프에 원자로 냉각펌프(RCP-reactor coolant pump)가 있다. 이 루프는 원자로의 중심에 대하여 대칭으로 배치되어 있어 가열부(hot leg)는 원자로 용기의 좌우에 반대로 있게 된다. 증기발생기가 원자로 용기 보다 위에 있으므로 냉각수 펌프가 정지되었을 때에도 자연대류가 일어난다. 가압기는 파일럿 릴리이프밸브가 설치되어 있어 원자로냉각수의 과압(over pressure)을 막을 뿐 아니라 냉각수 손실이 일어날 때 수동으로 감압시킬 수 있다.

증기발생기에는 13,102개의 인코넬 690튜브가 있다. 이 재료는 종래 사용했던 인코넬 600 보다는 응력부식에 대한 강도(resistance)가 크다. C-E의 System 80+설계와 같이 증기발생기에 들어가는 냉각수를 예열하는 이코너마이저가 설비되어 있다. 증기발생기 튜브의 마진이 10% 여서 출력이 10% 상승해도 견디게 되어 있다. 2개의 주증기관에는 각기 5개의 안전밸브가 설치되어 있고 1개의 주 릴리이프밸브와 1개의 차단밸브(isolation valve)가 추가로 설비되었다.

APR-1400은 7년간의 연구 끝에 APR+를 2014년 8월 14일 인가받았다. APR+는 연료봉다발을 16개 더 많이 하여 출력을 1550 MW까지 높일 수 있게 했다. 안전장치 강화를 위해 비상발전기(backup generator)를 2개에서 4개로 증가시켰다.

APR-1400 원자로는 중동의 아랍 에미리트(UAE)에 수출됨으로써 세계를 놀라게 했다. 이 4기의 원자력발전소단지는 프랑스의 프라마톰과 경쟁한 것이어서 더욱 이목을 집중시켰다. 이로서 아랍 에미리트는 전력을 15 GWe에서 2020년 40 GMe까지 증대시킬 수 있게 되었다.

2009년 12월 UAE는 미국과 원자력의 평화적 이용에 관한 협약(Section 123 Agreement)에 서명하고 NPT조약도 서명했다. 2008년 UAE는 장래의 전력 수요를 위해 원자력발전에 대하여 관심을 가지고 있다고 발표했다. UAE는 대표적인 산유국으로 전 세계 석유매장량의 7%를 점하고 있으며 약 1000억 배럴의 석유가 매장되어 있다고 추정되었다. 그런 UAE가 원전을 건설할 계획이라고 하니 이 발표는 세상을 놀라게 할 수밖에 없었다. 우선 아마 석유가 고갈되어 가고 있을지 모른다는 우려였다.

또 한편으로는 이스라엘과의 관계를 고려할 때 아랍 에미리트의 원전 건설은 핵으로의 첫 걸음이 아닌가 하는 의구심도 일어났다, 그것이 미국과의 협의를 촉진시겼을 것이다. 2009년 9월 24일 원자력규제연방기구(Federal Authority for Nuclear Regulation)가 설립되었고 원자력의 평화적 이용을 위한 원자력법도 발효되었다. 미국과의 평화적 이용에 관한 협약을 체결하여 미국으로부터 원자력기술의 전수도 가능하게 되었다. 그런데 엉뚱하게 원전건설은 미국 업체가 아닌 한국이었다.

2009년 12월 아랍에미리트 원자력공사(Emirtes Nuclear Energy Corporation-ENEC)는 한국전력과 200억 달러에 달하는 4기의 APR-1400 원자로를 바라카(Barsakah)에 건설하여 2017년부터 2020년 사이에 발전을 시작할 것이라 발표했다. 한국은 추가적으로 원전운영(운영, 연료공급, 보수 등)으로 200억 달러를 더 벌어들일 것으로 예견되었다. 실로 엄청난 프로젝트였다. 드디어 한국의 APR-1400 원자로가 세계에서 가장 효율적인 원자로로 인정받기에 이른 것이다.

1992년부터 개발하기 시작한 제4세대 원자로 APR-1400은 원자력안전위원회에서 2002년 5월 승인받았다. 이 설계는 2014년 12월 미국 원자력안전위원회(NRC-Nuclear Regulatory Commission)에 승인을 신청했다. APR-1400 원전이 세계로 나가려면 우선 미국 NRC의 승인부터 받는 것이 일의 순서이다. NRC는 침체되는 미국의 원자력발전 사업이 더욱 부진해지면서 더욱 까다로워졌다. 이미 미국에서 원자력설비를 공급하던 대부분의 원전업체가 결국 파산하여 외국의 발전회사로 팔려나가고 있었다.

2018년 9월 NRC는 APR-1400의 설계가 미국의 안전기준에 적합하다고 판단했다. 그리고 유효기간을 15년으로 했다. 관련기사는 Atomic power review에 자세히 소개되었다. 그 내용은 APR-1400 원전의 조감도가 그대로 전재되어 있다.

2019년 4월 NRC는 APR-1400 표준설계를 증명하는 규정(rule)을 연방정부등록(Federal Register)으로 등재한다고 발표했다. 이로서 APR-1400은 미국내에서 수주활동도 가능하게 되었다. 그러나 미국의 원전현실로 보아 NRC의 승인은 APR-1400의 수출 길을 터 준 것이라 할 수 있다. 한국에서는 이후 건설되는 모든 원전은 APR-1400으로 설계하기로 했다.

[표-3] APR-1400으로 건설 중인 원전

원전단지	단위	운전상태	건설착공	완공시기	가동예정
신고리	3	가동중	2008. 10. 16.	2015.10.30.	2016. 12. 12.
	4	가동중	2009. 9. 19.	2015. 11.	2019. 8.
	5	건설중	2016. 9.	-	미상
	6	건설중	2019. 9.	-	미상
신한울	1	건설중	2012. 7. 10.		2019. 11.
	2	시험중	2013. 6. 19.		2020. 9.
	3	연기	2018		2023.
	4	연기	2018		2023.
바라카(AEM)	1	가동중	2012. 7. 16.	2017. 5. 5.	2021. 4. 6.
	2	건설중	2012. 5. 28.	-	2019.
	3	건설중	2014. 9. 24.	-	2019.
	4	건설중	2015. 9. 2.	-	2020.

자료: 위키피디아(영문).

한국전력은 더 나아가 2014년 8월 14일 7년간의 연구개발 끝에 개량 설계한 APR+를 한국 원자력안전위원회의 승인을 받았다. 한국의 원전 기술이 계속 진보하고 있다는 증거였다. 이 개량된(plus) APR은 전기출력 1550 MWe로 발전용량만 증가시킨 것이 아니라 원전에서 가장 중요한 안전성을 크게 향상시킨 것이다. 노심손상빈도가 APR-1400에 비하여 1/10 단위로 줄어든 것이다. 이제 한국의 원전은 APR-1000을 토대로 하여 세계로 뻗어나갈 것이다. [표-3]에서는 APR-1400 원전의 건설 형황을 보여준다.

[표-3]을 보면서 한국의 원전산업이 얼마나 취약한 것인가 하는 생각을 한다. 신고리나 신한울 원전단지의 건설 중단은 정부의 탈원전 정책추진으로 어쩔 수 없다고 해도 아랍 에미리트 바라카원전은 왜 그리 진척이 느린가. APR-1400은 건설기간이 오래 걸리지 않기로도 유명했는데, 공기가 2년 이상 늦어지는 것은 이미 한국의 원자력사업이 붕괴되었다는

의미가 아닌지 염려된다. 고리원전이나 영광원전을 건설할 때에는 미국 웨스팅하우스의 차관이어서 공기가 늦어지면 막대한 손실이 났었는데, 이제 바라카원전은 우리가 수출한 것이고 돈은 UAE전력공사가 내는 것이니까 공기손실의 책임은 한국전력이 질 것이다. 원전의 경제성은 공사비가 막대하기 때문에 공기단축에 있는데, 어쩌다가 한국의 플랜트건설이 이렇게 늘어지게 된 것인지 모르겠다. 미국 NRC의 설계승인을 받으며 그렇게 호기롭던 한국의 원전기술이 하루아침에 무너진 것 같아 두려움이 앞선다.

우리가 주춤하는 사이 세계는 제3세대 원자로의 시대에 들어갔다. 제3세대 원자로는 제2세대 원자로의 개량형으로 제2세대 원자로의 경험을 바탕으로 각종 특성을 개량한 것이다. 즉, 연료기술의 개선, 열효율의 상승, 안전시스템의 개량, 보수절감과 자본투입의 감소를 위한 표준설계 등이다. 첫 제3세대 원자로는 1996년에 준공한 일본의 가시와자끼(Kashiwazaki) 6호기로 개량된 비등수형원자이다. ABWR(Advance boiling water reactor)는 현재 GE-Hitach Nuclear Energy 및 Toshiba에 의해 공급되고 있다. 이 원자로는 수명을 60년으로 하고 원자로를 교체한다면 100년까지 연장할 수 있도록 설계한 것이다. 현재 제2세대 원자로는 수명 40년으로 설계하였으나 20년 수명연장이 가능한 것으로 보고 있다. 유럽에서 공통으로 사용하는 유럽표준원자로(EPR)도 프랑스의 프라마톰과 프랑스전력 및 독일의 지멘스의 협력 작품인데, 우라늄 사용량을 제2세대보다 줄이도록 개발되었다. 프라마톰은 또한 중국과 협력하여 CPR-1000을 개발했는데, 이것은 제2세대 원자로인 French 900 MWe를 개선한 것으로 수명도 60년으로 한 것이다. 현재 운영 중이거나 건설 중인 제3세대 원자로는 다음 [표-4]와 같다.

이 표에서 보면 일본은 하는 수 없이 비등수형원자로로 가고 나머지 나라들은 PWR로 가고 있음을 알 수 있다. 일본이 BWR을 버리지 못하는 것은 너무 일찍부터 일본산업이 깊이 들어간 때문이다. 특히 중국의 비약이 무서운데, 한국이 이렇게 뒷걸음질 친다면 결국 값싼 원전은 중국 차지가 될 것이다. 중국은 세계에 원전건설비를 최대 $3,500/kW면 된다고 선전하고 있는데, 전기자동차에 이어 세계 원전의 최대 수출국이 될 것이다. 가끔 SMR이나 핵융합원자로를 거론하는 사람들이 있는데, 그것은 아마도 자기 일거리가 떨어질까 염려하여 미래를 과장하는 것일 것이다. 세계는 그리 어수룩하지도 녹녹하지도 않다.

[표-4] 각국의 제3세대 원자로

개발자	원자로 명칭	형식	MWe (net)	MWe (gross)	비고
GE, Toshiba, Hitachi	ABWR, US-ABWR	BWR	1350	1420	Kashiwazaki, 1996
KEPCO(한국)	APR-1400	PWR	1383	1455	2016 이래 신고리원전
CGNPG(중국)	ACPR-1000	PWR	1061	1119	양장 5, 2018
CGNPG, CNNC	HPR-1000	PWR	1090	1170	중국 ACPR-1000
OKBM Africanov	VVER-1000/428	PWR	990	1060	대만전력 1-2, 2007
	VVER-1000/428M	PWR	1050	1126	대만전력 3-4, 2017-8
	VVER-1000/412	PWR	917	1000	Kudankulam

자료: 위키피디아(영문).

3.3 원전사고와 안전

1) 원자력 및 방사선 사고(Nuclear and radiation accidents and incidents)

원자력 및 방사선 사고는 IAEA에서 정의하기를 "국민, 환경과 시설에 중대한 결과를 가져오는 사건으로 예를 들면, 개인에 대한 치명적인 피해, 환경에 대규모 방사성물질 방출, 원자로 노심용융 등이다." '주요 원자력 사고'는 원자로 노심이 파괴되어 대량의 방사성 물질이 배출되는 경우인데, 1986년의 체르노빌 재난이나 2011년의 후쿠시마 제1원전의 재난 등이다.

원자로 사고의 여파는 1954년 원전이 세워질 때부터 논쟁거리였고 원자력시설에 대한 일반의 관심의 중심이었다. 이런 사고의 위험을 감소시키고 방사성 물질의 확산을 최소화하는 기술적 방법은 적용되었으나, 인간의 실수는 남아있어 많은 사고가 인간의 실수나 사건으로 일어났다. 2014년 현재 100건 이상의 심각한 사고가 원자력발전소에서 일어났다. 57건의 사고와 심각 단계의 사건(incidents)들이 체르노빌 재난 이후에도 발생했고 실제로 원자력관련 사고나 사건의 60%는 미국 내에서 발생했다. 심각한 원전 사고는 2011년의 후쿠시마 제1원전 재난을 비롯하여, 체르노빌 재난(1986), 드리마일 아일랜드 사고(1979), 그리고 잘 알려지지 않았으나 미육군의 실험용 원자로인 SL-1사고(1961)가 포함된다. 원전사고는 생명의 손실과 복구 작업을 위한 막대한 경비지출을 가져올 수 있다.

원자력잠수함 사고도 상당히 빈번하게 일어났고, 핵무기 제조시설에서의 방사선 누출도 상당히 있었다. 병원에서 방사성물질의 누출이 있어 사고로 이어진 곳도 많다. 다행히 한국에서는 이런 방사선누출사고나 원전사고 없이 지내왔다. 아래의 [표-5]에서는 인명 피해와 경비 지출이 과다한 원전관련 사고를 보여준다.

[표-5] 원전사고와 주요사건

일자	사고의 위치	사고내용	피해	사고 등급
1957. 9. 29.	소련 Mayak, Kyshtym	방사성오염사고	200명 암 가능	6
1957. 10. 10.	영국 Sellafield	화재와 방사성누출	240명 암 가능	5
1961. 1. 3.	미국 SL-1 실험로	원자로 폭발	3명 사망	4
1966. 10. 5.	미국 미시간주	Fermi-1 연료봉 용융	0(대규모 복구비)	-
1969. 1. 21.	스위스 Lucens원자로	냉각수 손실사고	0	4
1975. 12. 7.	동독 Greifsbald	화재와 냉각수손실	0	3
1976. 1. 5.	체코	연료봉 재장전 중 사고	2	4
1979. 3. 28.	미국 TMI-2	작업원 실수에 의한 사고	0	5
1984. 9. 15.	미국 앨러바마주	안전규칙 위반	0	-
1985. 3. 9.	미국 앨러바마주	시동시 계기시스템 고장	0(막대한 복구비)	-
1986. 4. 11.	미국 매사츄세츠주	시설고장으로 긴급정지	0(막대한 복구비)	-
1986. 4. 26.	우크라이나 체르노빌	설계불량, 훈련미흡, 화재 및 폭발	28명 사망, 4000명 암사망 추정	7
1986. 5. 4.	서독 Hamm-Uentrop	실험용원자로 사고	0	-
1986. 12. 9.	미국 버지니아주	급수관 파열	4	-
1987. 3. 31.	미국 펜실바니아주	냉각수 고장으로 정지	0(복구비)	-
1987. 12. 19.	미국 뉴욕주	제어기능 사고, 정지	0(복구비)	-
1989. 3. 17.	미국 메릴랜드주	가압관 크랙발생	0(복구비)	-
1989. 10. 19.	스페인	화재로 냉각관 손상	0	3
1992. 3.	러시아	방사성 요드 대기중 누설		
1996. 2. 20.	미국 콘넥티컷주	밸브누설로 정지	0(복구비)	-
1996. 9. 2.	미국 플로리다주	설비균형 고장, 정지	0(복구비)	-
1999. 9. 30.	일본 이바라끼현	도까이무라 사고	사망 2	4
2002. 2. 16.	미국 오하이오주	심한 원자로 부식	24개월 수리	3
2003. 4. 10.	헝가리	연료봉 파손	0	3
2004. 8. 9.	일본 후꾸이현	증기 폭발	사망 4	1
2006. 7. 25.	스웨덴	전기고장	0	-
2011. 3. 11.	일본 후꾸시마현	쓰나미 해일, 3개로 용융	사망 4, 노인 사망 2명 익사, 1명 사망	7
2011. 9. 12.	프랑스	1명 사망 4명 부상(핵사고 아님) 사망 1		-

자료: 위키피디아(영문)

[표-5]를 보면 한국은 중대한 사고가 한 번도 없었는데, 이것은 고리 1호기 건설 당시부터 철저한 심사와 근무자들의 성실성 그리고 한국전력 당국의 철저한 훈련 및 보수관리에 있었다. 미국이나 소련의 경우 초기에는 군관계 핵시설에서 사고가 발생했는데, 이것은 전시의 타성과 운영규정의 철저하지 못한 전통에서 비롯된 것으로 보인다. 전시에는 대개 웬만한 사고는 보고도 하지 않고 처리하는 습성이 있기 때문이다. 원자력관련 사건의 처리는 철저해야 더 이상 사고로 번지는 일이 없어진다.

한편 2011년 미국에 대한 테러의 위협이 현실화하면서 원전을 비롯하여 핵물질을 다루는 우라늄 농축시설, 재처리시설, 우라늄 광산까지 공격의 대상이 될 수 있다는 우려가 팽배하다. 미국은 2011년 9월 11일 뉴욕시에 대한 항공기 공격 이후 원자력 시설에 대한 공격가능성을 배제하지 않고 있다. 핵시설은 또한 군사작전 중에도 공격 대상이 될 수 있다. 이 면에서 우리나라는 최초로부터 원자로시설에 대한 공중공격을 고려에 넣었다. 이것은 고리 1호기부터의 전통이며 따라서 격납용기건물이 단순한 방사선차폐 이상으로 강화되었다.

2) 원자력발전소 사고

원자력발전소의 사고하면 의례히 방사선 노출을 생각하게 되고 원전의 안전을 논의할 때에도 방사선 누출이 주제가 된다. 그러나 원자력발전소는 그 종류에 관계없이 방사선 누출에는 안전하다. 왜냐하면, 방사선 누출방지가 원전설계의 기본이기 때문이다. 그런데 왜 원전사고에서 방사선이 누출되었고 그로 인하여 많은 인명피해가 발생했는가 하면 그것은 사고로 인한 원전시스템의 붕괴가 방사선 누출을 막지 못했기 때문이다. 따라서 원전의 안전은 사고를 미연에 방지하는 것에 집중된다. 그럼에도 불구하고 일부 원전반대자들은 원전 자체가 방사선 누출원(漏出源)인양 선전하면서 반대하고 있는데, 이것은 공학적 타당성을 가진 것이 아니고 정치적 선동이다. 그러므로 원전사고하면 반드시 원전시스템 즉, 기계공학적 사고의 예방과 철저한 관리에 집중되어야 한다. 원전사고의 예방은 원자핵공학 분야 같지만, 실상은 아주 단순한 기계공학적 사고가 대부분이다. 그 밖의 사고는 사실 원전운전 중에 일어나는 통상 사고로 운전정지가 고작이고 그것은 원전운영자의 경영의 문제이다.

1960년대 처음으로 원자력발전소가 설계되고 건설이 시작되었을 때 설계자들은 상식적인 개념의 설계를 했다.

첫째, 원자력발전소는 화석연료 대신 핵분열물질을 서서히 태워 열에너지를 얻는다는 것. 둘째, 그 에너지는 물이라는 매체를 통해 증기로 만들어 기계적 에너지로 바꾸는데, 증기를 만드는 과정에 직접방식과 간접방식 어느 하나를 사용한다는 것. 셋째, 핵분열의 지속을 위해 감속재를 사용해야 하는데, Fermi가 사상 최초로 사용한 흑연감속재를 사용하느냐, 또는 중수를 사용하느냐, 아니면 농축 우라늄을 연료로 하고 보통의 경수로 하는가. 넷째, 핵분열의 속도를 조절하기 위해 제어봉을 쓰는데 속도만 아니라 완전히 정지시킬 수 있고 정지한 후 원자로의 여열을 충분히 냉각할 수 있는 냉각시스템을 갖추는 것이었다.

영국이나 러시아와 같이 원자폭탄을 만들기 위해 플루토늄을 생산하여야 하는데, 전력도 같이 생산하려는 노력으로 흑연을 감속재로 사용하는 원자로도 있었으나 발전이 주 목적이라면 미국이 추천하는 경수로가 대세였다.

경수로에는 앞에서 설명한 것처럼 가압수형원자로(PWR)와 비등수형원자로(BWR)가 있었는데, 모두 방사선에는 절대로 안전하게 방사선차폐를 실시했다. 그리고 1차 계통에서 작업할 경우 방사선에 노출되는 것을 피할 수는 없으므로 하루에 받을 수 있는 허용방사선량을 정해놓고 그 이상의 방사선에 노출되지 않게 운영했다. 간혹 핵연료봉을 다루면서 실수가 있었으나, 원자로 자체가 손상을 입는 사고는 없었고 또 상상하지도 않았다.

가장 두려운 사고는 원자로를 정상적으로 가동시키는 냉각수가 손실되어 원자로 노심을 식히지 못하는 경우인데, 이 경우에는 전기가 나가 펌프가동이 중단될 경우이므로 반드시 비상발전기 2대를 준비하여 정전 즉시 가동하도록 조처했다. 원자로 연료봉에서 방사하는 방사선은 물로 차폐할 수 있으므로 연료봉을 교체하거나 신규로 장입하는 경우에는 반드시 크레인을 사용하고 또 물속에서 작업했다.

그런데 원자로를 운전하는데 가장 어려운 문제는 시스템에 작은 수리가 필요할 때 원자로를 세우지 않고 할 수 있는가 하는 문제였다. 기존의 화력발전소에서는 발전소의 부속시설에 수리가 필요하면 대개는 발전소를 세우지 않고 가동하면서 수리해도 되는 경우가 많았다. 즉 배관에서 일부만 수리할 때에는 그 부분의 밸브를 잠그고 수리한 다음 밸브를 열어 물을 다시 통하게 할 수도 있었다.

원자로는 핵분열을 제어봉으로 정지시킬 수 있지만, 화석연료와 달리 연료공급을 차단한다고 곧 불이 꺼지는 것이 아니었다. 원자로를 정지(shutdown)시켜도 노심에는 여전히 방사성붕괴를 하며 열을 내는 연료봉이 있다. 그 연료봉이 완전히 식어야 안전한 것이다. 이렇게 원자로를 정지시키는 일은 기술적으로 쉬운 공정이 아니기 때문에 원자력발전소는 가능하면 끄지 않고 운전하는 것이 운전의 원칙이다. 만일 출력조정이 필요하면 다른 화력발전소의 출력을 조정하여 정상적인 전력배분을 유지하도록 노력한다. 그 면에서 우리나라 원전은 훌륭한 성과를 내었다. 그러나 이렇게 안전하다고 생각한 원전에서 사고가 났다. 그래서 세계는 놀랐고 원전반대자들의 목소리는 높아졌다. 주요 원전사고를 살펴본다.

가) 드리마일 아일랜드(TMI) 원전 사고

TMI는 Pennsylvania Londonderry Township에 있는 드리마일 아일랜드에 있는 원자력발전소이다. 바로 대도시인 Harrisburg 인근의

Susquehana강가에 건설되었다. 이 발전소에는 독립된 2기의 원자로가 있었는데, TMI-1은 Exelon Generation 소유였고 TMI-2는 First Energy Group에 소속되어 있었다.

1호기(Three mile Island Unit 1)는 B&W(Babcock & Wilcox)가 제작한 PWR로 발전용량 819 MWe이다. 초기 건설비는 4억 달러였는데, 2018년 가격으로 21억 달러에 해당한다. 1호기는 1974년 4월 19일에 전력망에 연결되었고 9월 2일에 상업운전을 시작했다. TMI-1은 40년의 수명을 인가받았는데, 2009년에 20년이 되었고 2034년 4월 19일까지 20년 더 연장되었다. 2호기(TMI-2)에 사고가 났을 때 TMI-1은 연료재충전을 위해 정지상태에 있었다. TMI-1은 1985년10월에야 다시 운전되었는데, 민간의 반대와 몇 건의 연방법원 판결 및 기술적 규제 때문이었다. 문제의 2호기는 1969년 11월 1일 기공하여 1978년 12월 30일에 상업운전에 들어갔으니 이례적으로 건설기간이 길었다.

B&W(Babcock & Wilcox)는 1891년 창업한 보일러 전문회사이다. 특히 해군전함에 탑재하는 보일러 전문이었는데, 당시 선박이나 함정의 동력은 증기기관이나 증기터빈이어서 선박동력의 핵심기관이었다. 제2차 세계대전 중에는 총 4,100기의 선박용 보일러를 납품하였는데, 미해군의 대부분이 B&W보일러를 장비하고 있었다.

1953년부터 세계 최초의 핵잠수함 노틸러스호(Nautilus)의 원자로 설계부터 제작에 참여하여 성공하였고 이어 원자력상선 사반나호(Savannah)의 원자력동력도 제작했다. 1962년부터 한창 붐이 일던 원자력발전소의 설계와 건설에도 뛰어들었다. 결국 드리마일 아일랜드 원자력발전소에도 2기의 원자로를 공급했다. B&W의 기술적 능력으로 보아 원자로설비에는 문제가 없었던 것으로 보인다.

드리마일 아일랜드 원자력발전소에서 미국 최악의 원전사고가 1979년 3월 28일 TMI-2에서 발생하여 노심이 부분적으로 용융되는 현상이 발생했다. 이 사고는 당시 심각한 위험등급인 5였다. NRC보고서에 따르면 이 사고로 종업원은 죽거나 부상당하지 않았고 인근 주민의 피해도 없었다. 이어진 유행병(Epidemology) 조사에서 사고와 관련된 암 발생은 없었다. 그럼에도 불구하고 드리마일 아일랜드(Three Mile Island) 원전에서 일어난 원전사고는 세계를 놀라게 하였다. 특히 한국은 급등하는 유가에 대항하기 위해 원전건설을 최우선 과제로 하고 있던 때여서 파장은 컸다.

미국 내에서도 아이젠하워 대통령이 제창한 원자력의 평화적 이용의 대명사인 원자력발전이 안전하지 않다는 소식에 놀랐고 반원전 운동에 불을 지폈다. 이 사고 이후 미국의 원자력안전위원회(NRC)를 비롯하여 각국이 원전건설과 운전에 대한 규제를 한층 강화하였으나 원전불신감은 사라지지 않았다. 특히 NRC는 원전 허가를 중단하여 1979년부터 2012년 사이에 1기의 원전도 허가를 발행하지 않았다. 이미 허가를 받은 원전들도 건설을 중단하거나 프로젝트 자체를 취소했다. 규제 강화로 건설허가에서 운전개시까지 시간이 너무 많이 걸려 결국 공사비의 증가를 가져왔다. 이제 그 사고를 공학적 측면에서 살펴본다.

드리마일 아일랜드 원전 2호기 사고는 정확하게 1979년 3월 28일 새벽 4시에 일어났다. 사고가 일어나기 전 야간근무에서 TMI-2 원자로는 97%의 출력으로 가동되고 있었다. 그런데 사고의 한 원인이 된 2차 계통 냉각수 필터의 고장은 11시간 전에 일어났었다. 이 고장은 가동을 정지하고 수리할 정도의 중대한 고장은 아니라고 생각하고 일부 관련부분만 차단하고 수리에 들어갔다. 고장은 증기사이클에서 응축수를 걸러 증기발생기내에 침전물이 고착되는 것을 방지하고 부식방지를 위해 물을 정수하는 필터에 이상이 생긴 것이었다. 모두 8개의 필터가 있었는데, 그 중 1개에서 막힘 현상이 일어나 이를 교체하기 위해 밸브를 잠그고 수리에 들어갔다. 필터케이스를 해체하였으나 고장난 필터의 레진(resin)이 달라붙어 떨어지지 않으므로, 작업자는 통상대로 압축공기를 불어 떼어내려고 하였다. 그래도 떨어지지 않자—흔히 있는 일이다—압축공기를 물에 불어넣어 물로 레진을 녹여내게 하여 레진은 떨어졌으나 약간의 물이 체크밸브를 넘어 계기공기배관으로 들어갔다.

공기배관에 물이 들어가자 자동작동 기능이 있어 급수펌프, 응축부스터펌프, 그리고 응축펌프의 트립(trip)으로 이어져 펌프가 정지되었다. 그러자 자동적으로 터빈이 트립되었는데 발전기를 돌리지 않고 고압고온의 증기를 다시 응축기로 보낸 것이다. 일반 화력발전소라면 이 증기는 대기중으로 그냥 내어보낸다. 그러나 원전이니까 폐회로여서 다시 응축기로 들어갔다.

이제 증기발생기는 증기를 계속 보내지만 터빈의 트립으로 고압의 증기가 사용되지 않고 응축기에 들어가자 증기는 응축되어 물로 변하지 못했다. 순환펌프는 응축된 물을 증기발생기로 보내는 기계인데, 물이 없으니 온도가 올라가고 압력이 올라가서 결국 비상정지(emergency shutdown—SCRAM)를 일으켰다. 이것은 순전히 기계공학적 문제였다. 즉 열사이클이 붕괴된 것이다.

증기터빈은 고압의 증기가 들어가서 저압으로 나오는데 이 과정에서 열에너지가 동력으로 바뀐다. 증기는 압력이 떨어지면 온도도 같이 떨어지는데 트립으로 사용하지 않은 증기가 그대로 응축기로 들어가니 물로 응축시킬 수 없었다. B&W의 원전설비는 이 단계에서 과잉으로 작동한 것 같다. 당시 원자로의 기술적 추세는 NRC의 개입으로 안전장치 설계개념이 능동안전(active safety)이었다. 즉, 고장을 미리 가정한 후 이에 대해 철저하게 대비하는 안전설계 개념이다.

일반 화력발전소나 화학플랜트에서는 이렇게 까지 하지 않고 수동안전 개념(passive safety concept)을 사용한다. 즉 고장이 발생하면 그것에 대하여 적절한 안전조치를 취하는 것이다. 예를 들면 압력이 지나치게 올라가면 릴리이프 밸브(relief valve)가 열려 압력을 완화한다. 물탱크의 물이 넘치지 않게 수위가 올라가면 자동으로 급수가 차단되는 원리와 같다. 그것마저 고장이 나면 하는 수 없이 배수밸브를 열어 물을 밖으로 뽑는 수밖에 없는데, 원전시스템에서 단계적 트립이 일어나게 한 것은 설계상 무리가 있었던 것이다. 결국 21세기의 제4세대 원전에서는 수동안전 개념이 많이 들어가게 되었는데, 과거의 실패경험에서 얻은 결과이다.

증기발생기에 냉각수가 들어가지 않자 과열되기 시작했고 8초 내에 제어봉이 떨어져 원자로내의 핵분열은 정지되었다. 그러나 원자로 노심에는 여열[4](余熱, decay heat)이 남아있었고 급수펌프가 작동되지 않아 결국 온도를 낮출 수 없었다. 2차 급수펌프가 정지하자 3개의 보조펌프가 자동으로 작동하였으나 작업자가 필터를 수리하느라 미리 밸브를 막아버렸기 때문에 냉각수가 순환되지 않았다. 이 실수는 미국 원자력안전위원회(NRC)의 규정 위반이었다. NRC규정은 보조펌프를 수리하기 위해 밸브를 차단할 경우 먼저 원자로부터 정지시켜야 했는데, 이 규정을 지키지 않았다. NRC당국자는 드리마일 원전사고의 핵심으로 이 규정을 지키지 않은 것을 지적했다. 이런 경우 압력을 조정하는 릴리이프밸브(relief valve)가 닫혀있어야 하나 기계적 고장으로 닫혀있지 않아 결국 안전을 위해 설비한 릴리이프 밸브로 냉각수가 계속 유출되어 냉각수 부족에 따른 노심용융의 대사고가 발생한 것이다.

냉각시스템이 작동하지 않자 원자로 노심의 일부가 녹아내렸다. 이 사고로 상당량의 방사성물질이 배출되었다. 약 43,000 큐리의 방사성 크립톤(kripton)−85 가스−반감기 10년−와 덜 해로운 요드−131(반감기 8일)이 주변에 확산되었다. 또 방사성물질에 오염된 폐수와 요드(I−131)오염수가 150톤가량 서스퀘하나(Susquehanna)강으로 흘러들어갔다.

4 여열은 핵분열로 생긴 동위원소가 붕괴되면서 발생하는 붕괴열이다. 대개 원자로 용량의 6% 정도로 적은 양이 아니므로 원자로가 비상정지 된 후에도 냉각수를 계속 순환시켜 원자로를 안정된 상태(cold down)로 유지하여야 한다.

NRC는 즉시 TMI원전 인근에 2개의 구역을 설정했다. 하나는 반경 10마일 이내의 지역으로 방사능오염이 있을 곳으로 예견된 지역이다. 이 지역의 주민 특히 임산부와 어린이들 14만명이 소개되었다. 다른 하나는 반경 50 마일 지역으로 방사성물질이 산포될 우려가 있는 지역으로 식물과 물이 오염될 염려 때문이었다. 펜실바니아주 보건당국은 TMI 주변 5마일 이내의 주민 3만 명을 동록하고 건강을 살폈다. 이 동록은 거의 20년간 유지하였는데 비정상적인 건강이상을 발견하지 못했다. 컬럼비아대학교의 유전병학(epidemiology) 해치(Maureen Hatch) 교수가 이를 확인했다.

그래도 소개의 피해를 당한 주민들은 민사소송으로 피해보상금을 타내었다. 그것은 고소를 취하하는 주민들에게 약 2,500만 달러의 보상금을 전력회사가 지불한 것이다. 그리고 TMI-2는 해체하여 청소했다. 이 폐기작업(cleanup)은 14년이 지난 1993년 12월에 종료되었다. NRC에 따르면 230만 갤런의 폐수가 옮겨졌다고 했다. 이 폐기작업에 들어간 돈은 약 10억 달러로 새 원전 1기를 건설하고도 남는 돈이었다. 그런데 건진 것은 TMI-2의 발전기 하나로 노스캐롤라이나주의 Shearon 원자력발전소에서 사용할 것이라고 NRC가 발표했다. 즉, 원전은 사고로 폐기하면 회사가 망하는 것이다.

그러나 2010년 드리마일 아일랜드 인근 10마일 내의 인구는 211,261명으로 10년 사이에 10.9% 증가했다. 2010년 50마일이내의 인구는 2,803,322명으로 10.3% 증가했다. 여기에는 대도시에 속하는 Harrisburg, York, Lancaster가 포함된다. 결국 원전사고는 생각한 것보다 방사성 피해가 적었다. 그리고 단순해 보이는 작업자의 실패가 이런 어마어마한 결과를 가져왔다. 결국 NRC는 새 규정을 도입하여 규제를 강화하게 되었고, 안전개념에서 1차계통에 직접 관련이 없는 사소한 고장이라도 적절히 대응하도록 고쳐졌다.

미국의 TMI-2에서 사고가 발생하기 까지 원자력발전소는 심층방어와 다중방벽으로 철저하게 대비하도록 설계되어 원전 관계자들은 사고의 발생을 사전에 예방하고 실제로 일어나더라도 심각한 상태로 확대되기 전에 사고를 관리하고 수습할 수 있다고 믿어왔다. 그러나 원전의 안전은 구조적 안전성 뿐 아니라 운전하는 사람의 실수로도 중대 사고로 발전할 수 있기 때문에 이를 예방하기 위한 강력한 규제가 도입되었다. 따라서 종래의 결정론적 안전성 분석방법에 추가하여 확률론적 안전성 평가방법을 도입하여 안전성을 강화하도록 하였다. 이에 따라 미국 NRC는 TMI원전사고로부터 도출한 단기조치권고사항(NUREG-0578), 종합조치권고사항(NUREG-0660) 등의 개선 사항을 권고하였다.

TMI-2의 원자로 노심은 사이트로부터 옮겨졌으나 그 부지는 해제(decommission)되지 않았다. 즉, 아직도 회사의 관리상태에 있다. 2호기는 사고 이후 계속 가동정지(dormant)상태로 있으며 사용 후 핵연료도 에너지성에서 가져가지 않아 2037년에나 폐쇄될 예정이다. 남아있는 1기의 원자로인 TMI-1은 가동정지가 풀리지 않아 1985년 10월에야 다시 운전허가를 받았는데, 고장이 난 것이 아니라 원전반대론자들의 민원, 피해주민-소개 등으로 입은 피해-들의 민사소송, NRC의 까다로운 조건 등으로 지연된 것이다. 그래도 1998년 7월에 운영사인 Exelon Generation이 소유주인 GPU로부터 1억 달러에 매수하였다.

그런데 2009년 11월 21일 작업자가 배관을 자르다가 방사성물질이 다시 누출되었다. 이 작업은 TMI-1의 증기발생기가 고장이 나서 새 증기발생기로 교체하기 위해 격납용기 일부를 도려내고 교체작업을 준비하던 중 일어났다. 이 사고도 NRC가 개입했고 회사는 곤욕을 치렀다. 그러나 방사성오염문제는 일시적으로 계기만 올라갔을 뿐 영향은 없었다. 약 20명의 종업원이 가벼운 방사선 노출로 치료를 받았다. 2009년 11월 22일 격납용기로부터 어떤 방사성 물질도 나오지 않자 직업은 계속되었고 2010년

1월 24일 다시 가동에 들어갔다. Exelon은 TMI-1을 운영하고 있었는데 2015년 적자가 생기게 되었다.

2017년 6월 20일 Exelon은 펜실바니아주 의회의 지원이 없다면 NRC에 TMI-1을 2019년 9월 30일에 폐쇄할 것이라고 공문을 보냈다. 결국 주의회의 지원을 받지 못했고 TMI-1은 결국 폐쇄되었다. 문제는 그 이후에 나온다. 폐기한 원전은 해체하여야 하는데, 우선 연료봉의 처리이다. 연료봉은 풀에서 꺼내어 보관 캐스크에 넣어 에너지성(DOE)이 보관소로 옮길 때까지 ISFSI 패드에 넣어 보관해야 한다. 플랜트를 해체하는 것은 8년 내지 10년 걸릴 것이다. 둘째 선택은 Exelon이 장기 보관하는 것이다. 완전히 건물을 해체하기 전에 60년 정도 걸려 방사능이 약화되기를 기다리는 것이다. 그런데 이렇게 장기간 보존 후에 해체에 필요한 숙련된 작업자를 구하기 어려울지도 모르는 일이다. Exelon은 보관 기간 동안에도 60년 이상 플랜트를 유지하기 위해 비용을 지불해야 할 것이다.

여기서 우리는 원전사고가 가져오는 재난이 얼마나 심각한지 알 수 있다. 그 재난은 방사선 오염에 따른 피해뿐 아니라 회사가 겪는 굴욕스런 파산이기에 더욱 우리를 놀라게 한다. 한 번 사고가 나면 모든 화살이 운영회사로 날아든다. 정상적인 작업도 규제당국이 개입하여 지연시키고 폐기처분도 받아들여지지 않는다. TMI-2의 처리가 대표적이다. 미국 정부는 NPT 때문에 사용 후 연료봉을 처리하지 못하게 하는데, 정부는 가져가지도 않는다. 따라서 부지도 해제하지 않아 다른 용도로 사용할 수도 없다. 해체한 원자로는 아이다호주에 있는 고준위방성폐기물 저장소로 가져갔는데, 그 비용이 새 원전을 짓는 비용만큼 들었다. TMI-1은 2019년 폐쇄하면서 낡은 발전기 하나 겨우 처분했다. 건진 것은 그것뿐인데, 1호기를 폐기하는 비용은 얼마나 더 들겠는가.

한국은 고리 1호기를 폐쇄했다. 간혹 청와대에서 폐원전기술 운운하지만 어림없는 소리다. 고리 1호기는 1차 계통을 해체하지도 못한다. 그 고철을 가져갈 곳이 없기 때문이다. 우리는 겨우 월성에 저준위방사성폐기물 저장소를 가지고 있을 뿐이다. 그곳은 원전을 운영하면서 생기는 간단한 방호복, 공구류, 기타 방사성에 오염된 소품 등이 저장될 뿐이다. 또한 사용후 연료봉은 아직 풀 속에 잠긴 채 있다. 이것은 어디 가져갈 곳도 없다. 미국은 연료봉의 원료는 팔아먹었으나 그 재는 가져가지 않는다. 재처리하여 다시 썼으면 좋으련만 그것도 엄격히 금지한다. 명분은 플루토늄을 1g이라도 만들면 안 된다는 것이다.

폐원전 기술을 개발하려면 우선 고준위방사성폐기물 저장소부터 지어야 한다. 그러나 어디에 지을 것인가. 울진원전단지 인근이 가장 적지이지만 건설 중인 원전까지 중단한 곳에 원전 찌꺼기를 받으라고 하면 누가 받아들이겠는가. 울진이라고 과거 부안이나 안면도를 모르지 않는다. 결국 고리 1호기 내부설비를 해체해도 가져갈 곳이 없으니 해체할 수 없다. 고리 1호기는 고분처럼 수백 년의 세월을 견디어내어야 할 것이고, 슬기로운 후손이 태어나기를 기다려야 할 뿐이다. 이제 2호기, 3호기, 줄줄이 폐쇄하게 되면 부산에서 울산으로 가는 아름다운 기장의 해변이 흉물스런 콘크리트 원통돔으로 가득할 것이다. 누가 이것을 탈원전이라 포장할 수 있을지 궁금하다.

나) 체르노빌(Chernobyl) 원전사고

체르노빌 재난(Chernobyl disaster)은 1986년 4월 26일(토) 일어난 원전사고이다. 이 사고는 우크라이나 수도 키에프(Kiev) 북쪽 벨라루스(Belarus) 국경 인근에 위치한 체르노빌 원전 4호기에서 일어난 사고였다. 체르노빌 원전은 남쪽 대도시 키에프의 주요 전력공급원이었다. 따라서 체르노빌 원전 폐쇄는 전력공급망에 큰 차질을 주기도 했다. 이 사고는 역사상 최악의 사고로 비용면과 사상자 면에서 가장 컸다. 이 사고는 원전사고 등급 7을 받은 2건의 사고 중 하나이다. 이 사고로 주변의 환경을 정화하고 50만 명 이상이 고통을 받았으며 들어간 경비는 당시 180억 루블로 인플레이션을 고려하면 2019년 현재 약 680억 달러라는 어마어마한 돈이 들어갔다. 그런데 그 원인이 참으로 어처구니없는 안이한 설계개념과 작업원들의 무지와 지휘계통의 혼란 등이 야기한 인재였기에 더욱 파장이 컸다.

우선 체르노빌 핵발전소 사고는 최종적으로는 화재 사고였다. 그리고 원인은 원자로 노심의 온도를 제대로 조절하지 못한 냉각수 문제이기도 했다. 이 현상은 이유와 과정은 어떠하든 TMI-2와 다를 바 없었다. 모두 인재였고 적절한 조처가 취해지지 못했고 냉각에 실패한 원자로 노심이 과열로 녹아내리든가 증기가 폭발하든가, 핵연료봉 피복재인 지르코늄과 수증기의 반응으로 수소가 발생하여 폭발하였든가 하는 것이다. 그런데 2011년 3월 일본의 대쓰나미 때, 후쿠시마 제1원전의 전원차단과 이에 따른 노심냉각의 실패 등이 반복된 것을 보면 원전사고의 원인은 자명해진다. 즉, 원전은 2차계통의 잔 고장에서도 반드시 원자로를 정지하고 완전히 식혀 안전성을 확보한 후 작업에 들어가야 한다는 것이다. 전력차단 후 비상전력발생시스템으로 원자로의 냉각수 순환이 보장된다고 하는 설계 개념만 가지고는 사고를 막을 수 없다는 것이 증명된 것이다.

이 사고는 RBMK형 원자로의 안전시험 중 일어났다. 여기서 구 소련의 첫 상업용원자로인 RBMK에 대해 알아본다. 이 원자로는 "고출력 채널형원자로(high-power channell-type reactor)"라는 것을 러시아어로 쓴 것이다. 러시아에서는 1954년부터 1959년 사이에 30 MW의 열출력에 5 MW의 전력을 생산하는 원자로를 Obninsk AM-1으로 개발했다. 전기출력에서 보여주는 것처럼 열효율이 매우 낮은 원자로였다. 이것이 개량되어 출력이 커진 AMB-100과 AMB-200이 벨로야르스크(Beloyarsk) 원자력발전소에 설치되었다. 흑연감속재를 사용했으므로 천연우라늄을 연료로 사용할 수 있는데, 열효율을 위해 2% 농축우라늄을 사용했다. 흑연감속로는 구조가 간단해서 출력을 크게 할 수 있었고 지방의 기술진으로도 운전이 가능했다. 예를 들면 리투아니아에 건설된 RBMK형 이그날리나(Ignalina) 원자력발전소는 1500 MWe 출력으로 당대에는 물론 21세기에 와서도 큰 원자력발전소이다.

RBMK-1000 원자로는 1968년 완성되었는데, 당시로서는 세계 제일 큰 원자로였고 서방세계의 농축우라늄 원자로에 비하면 크기가 20배나 되는 거대한 발전소였다. RBMK원자로는 압력용기가 없었으므로 시험용 원자로도 짓지 않고 곧바로 발전소 현장에서 대량으로 건설하였다. 그러면서 국가 표준형이라고 했다. 격납건물도 비용 때문에 생략하는 경우도 많았다.

RBMK원자로의 피트(pit)는 철근콘크리트로 만든 4각형 구조물로 21.6 m×21.6 m×25.5 m였다. 이 중심에 원자로를 설치했는데, 노심을 수관이 지나가면서 열을 받아 증기가 발생하는 일종의 수관식 보일러의 구조였다. 원자로의 상하는 강판으로 막았다. [그림 21]에서 RBMK원자로의 개념도를 보여준다.

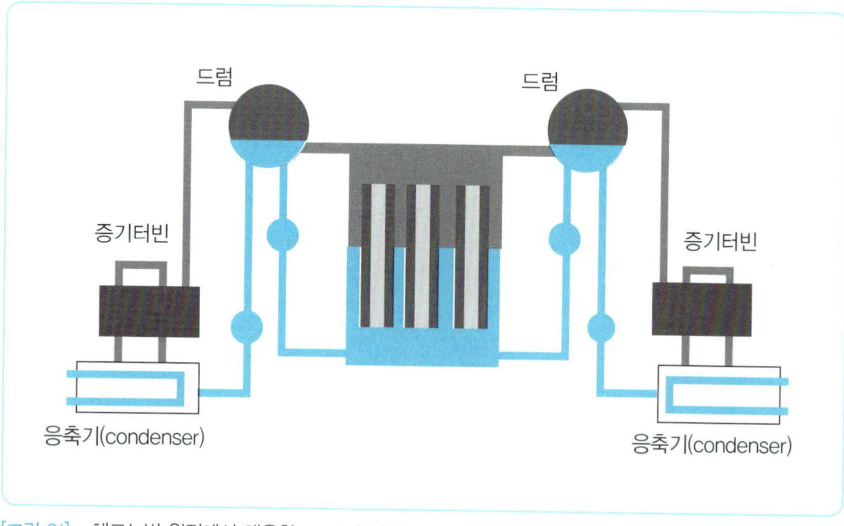

[그림 21] 체르노빌 원전에서 채용한 RBMK형 흑연감속로.

원자로용기는 속이 빈 벽으로 된 강제 실린더인데, 질소가스로 채워져 있다. 이 용기의 내경은 14.52 m이고 높이는 9.75 m이다. 그러나 벽두께는 16 mm 밖에 되지 않았다. 축방향의 열팽창을 흡수하기 위해 벨로우 보상장치가 2개 설치되어 있다. 이 용기의 외벽에는 흑연벽돌로 쌓아 감속재 역할을 하게 했다. 흑연 벽은 헬리움–질소혼합물로 채워져 있는데, 흑연에 화재가 생길까보아 예방하는 것이다. 흑연의 최고 온도는 730도로 제한되었다.

RBMK–1000 원자로에는 흑연벽돌이 1700톤이나 들어간다. 가압된 질소가 흑연 스택(stack)을 식히는 헬리움–질소혼합물이 누출되는 것을 막는다. 원자로용기의 상부는 상부 생물학적 차폐(UBS–upper biological shield)로 덮는데, 원판으로 두께 3 m 지름 17 m로 무게만 2000톤이 나갔다. 하부에도 마찬가지로 강판 차폐가 있는데, 4 cm의 강판으로 되어 있다. 체르노빌 원자력발전소의 사고는 기계공학적으로 설명하기 곤란한 기본 설계에 있었다. 첫째 원자로의 가동을 정지시킬 상황이 발생할 때 전원이 차단되면 보조전원이 즉시 연결되어 냉각수 공급을 원활하게 해야 하므로 체르노빌 원자력발전소는 3개의 디젤발전기를 사용하도록 건설되었다. 그런데 원자로를 정지시킬 경우 냉각수가 일시적으로 차단되어도 15초 이내에 재공급하면 노심안전에 문제가 없었다. 정전이 된 경우 비상 디젤발전기가 자동으로 가동하여 전기를 공급해주는데, 디젤발전기가 제 성능을 내기까지 60–75초나 걸렸다. 즉 약 60초 정도는 냉각수 공급이 제대로 되지 않는다.

설계자는 이 구간을 터빈의 관성회전에 의해 45초 동안 전력생산이 가능하다고 판단했다. 그러나 이 전력으로는 냉각펌프를 돌려 열을 완전히 제거할 수 없어 원자로의 가동률을 미리 낮추어서 원자로를 정지하도록 운전지침을 정했다. 안전시스템을 개량하지 않고 운전지침으로 출력을 규제하였으니 소련에서나 통하는 안전개념이었다. 즉 기계적으로 부족한 것은 사람이 때운다는 개념이다. 이것을 보증하기 위해서는 아무리 상황이 시급해도 원자로는 출력을 정상의 320만 kW에서 7만 kW로 낮추어 놓고서 정지하여야 하는 까다로운 조건이 붙어 있었다. 이 조건은 사실 지켜지기 어려운데, 원전에서 계획을 세워–연료 재장전 등–출력을 조정할 수 있으면 가능하지만 외부여건으로 비상 정지하는 경우 지킬 수 없는 조건이었다. 그래도 당시 소련에서는 이런 개념의 설계도 국립연구소에서 개발하면 무조건 채용해야했다.

체르노빌 원자력발전소 운영자들은 이 약점을 알고 있었다. 그래서 정상운전 상태에서 비상정지와 이에 따르는 적절한 조치를 연습하였다. 그것은 유사시에 안전을 확보하기 위한 매뉴얼의 작성과 관련인력의 훈련용이었다. 그러나 1984년과 1985년 정기수리를 위해 정상 운전정지 때에 시험하였으나 성공하였다고 판단 할 수 없어 1986년 다시 시험하기로 했다. 사고의 정확한 과정은 운전책임자들과 현장의 다수의 운전요원들이 사망하였고 또 폭발과 화재로 모든 자료들이 소실되어 정확히 알 수 없으나 비상정지 조건의 비현실성과 이를 지키지 못한 운전책임자의 적절하지 못한 대처로 일어난 인재였다.

체르노빌 원자력발전소에서 원자로 비상정지 시험은 낮 근무조에서 실시하기로 하고 계획을 수립하였다. 그러나 시험이 지체되어 저녁 근무조로 넘어가게 되었다. 원자로 정지시 비상급수시스템 작동시험을 위해 원자로의 출력을 7만 kW로 낮추는 과정에서 전력당국의 출력증가 요구를 받았다. 즉, 저녁 피크타임을 피해 밤중에 다시 시험하라는 요구였다. 안 그러면 키에프 시내 전역에 정전이 불가피하다는 것이었다. 주간 운전책임자는 규제당국과 상의하지 않고 단독으로 전력당국의 요청을 받아 출력을 내리고 있던 원자로의 출력을 다시 높이는 작업지시를 내렸다. 즉, 제어봉을 다시 빼내어 핵분열을 조정하는 것이다. 그러나 이 작업에 이상이 생겼다.

자동시스템이 작동하지 않자 운전자는 자동시스템을 끄고 수동으로 작업했는데, 여의치 않자 중앙통제실의 각종 계기에 비상벨이 울리고 시험이 비상정지 상태로 돌입하게 되었다. 결국 원자로는 정상을 유지하지 못하고 노심에 물이 부족하면서 중성자 감속을 할 수 없는 증기가 가득 차게 되어 노심은 온도가 급증했다. 결국 국소폭발이 일어났고, 감속재인 흑연이 공기에 노출되면서 화재가 일어났다. 이 화재는 노심의 연속 폭발로 이어지면서 지붕을 날려버리고 인근의 3호기까지 화재가 번졌다. 이런 상황은 단순 화재가 아니므로 많은 소방대원들이 현장에서 진화에 나섰으나 성공하지 못하고 사망하는 사고로 이어졌다. 체르노빌 원자력발전소는 너무나 허술한 방어시스템을 가지고 있었다. 천정은 가연성 재료의 평면 지붕으로 덮여있어 쉽게 불에 탔고, 또 고압의 증기분출을 막지 못했다. 냉각수 처리도 가까운 강물을 이용한 것이 아니고 냉각탑에서 열을 교환하는 방식이었는데-TMI도 마찬가지였다-이런 냉각계통은 운전시스템으로는 기계적 고장 요인이 너무 많은 불안한 시스템이었다.

체르노빌 핵발전소 화재사고는 그 피해가 너무나 컸다. 사고 당일 사망자는 31명이라고 당국은 발표하였으나 우크라이나 서부, 벨로루시 전역, 그리고 러시아와 인근 서방국가에 퍼진 방사성 낙진으로 수천 명의 암 환자가 발생하고 또 발생하는 것으로 추정되었다. 암은 주로 핵발전소 붕괴로 비산된 방사능이 강한 요드(I-131)에 의한 갑상선암으로 나타났는데, 환경단체에서는 피해자를 많이 잡고 정부 당국은 적게 잡아 정확한 숫자는 집계되지 않고 있으나 약 25,000명이 암으로 사망할 것으로 추계되고 있다. 1986년 사고부터 2000년까지 35만 400명이 소개되었고, 50만 명의 근로자가 작업에 투입되었으며 사고처리와 안전조치에 손해액이 180억 루블이 되었다. 이런 미증유의 재난이 사소해 보이는 작업 실수로 인해 발생하였다고는 보이지 않는다. 체르노빌 원전사고는 국제원전사고등급 7로 2011년에 일어난 일본의 후쿠시마원전과 함께 최악의 사고로 역사상 기록되었다.

다) 후쿠시마 제일원전(福島第一原電) 사고

2011년 3월 11일, 일본 동북지방에 엄청난 지진과 이에 따른 해일(tsunami)로 18,000여 명의 사망자가 나왔고 수십만의 이재민이 생기는 일본어로 대진재(大震災)가 일어났다. 그런데 더욱 문제가 된 것은 진원의 바로 남쪽에 있던 후쿠시마(福島)현의 후쿠시마 제1원전 1–4호기에서 단전에 따른 냉각수 손실이 야기되어 노심용융상태라는 대재난이 발생한 것이다. 이 원전의 사고는 1986년의 체르노빌 원전사고 이후 최악의 원전사고로 국제원전 사고등급에서 최악인 7급을 받기에 이르렀다. 체르노빌 원전사고에 비해 사망자나 방사선 물질 확산은 많지는 않았으나 계속 방출되고 있어 그 피해가 어디까지 갈 것인지 알 수 없는 상황이다.

후쿠시마 제1원전(Fukushima Daiichi Nuclear Power Plant)은 모두 6기로 총출력 4.7 GW(470만 kW)의 거대한 발전단지이다. 이 중 1–4호기는 일찍 건설되어 해면에서 10 m 이상 높은 부지에 조성되었으며 추후로 건설된 5, 6호기는 더 높은 위치에 설치되었다. 5, 6호기는 지진 발생 당시에 정기보수를 위해 정지 상태에 있어 지진에 이은 원자로 비상정지상황에서도 비교적 안전했다. 그러나 문제는 초기에 건설된 1–4호기에 예상외의 해일(15 m)이 밀어닥쳐 방조제를 넘어 발전소 건물을 침수시킴으로서 지하실에 있던 비상발전기가 침수로 가동 불능에 빠진 일이다. 지진에 따른 안전조치로 도쿄전력은 규정에 따라 1–3호기를 비상정지(SCRAM)시켰다. 그러나 지진이 일어난 지 50분 후 엄청난 해일이 밀어닥쳤다.

후쿠시마 제1원전은 1호기(시설용량 439 MW)를 일찍이 1967년 7월 건설을 시작하여 1971년 3월 26일 상업운전을 개시하였다. 내진설계는 0.18 g의 가속력에도 견딜 수 있게 하였다. 그러나 1978년 미야기현의 지진에서 0.125 g의 강도로 30초간 진동이 계속되었으므로 일본정부는 안전을 위해 2, 3호기는 0.42 g까지 견딜 수 있게 강화하였으며 4호기에서는 0.46 g로 더욱 강화시켜 이번의 지진에서 보는 바와 같이 지진에 의한 비상정지는

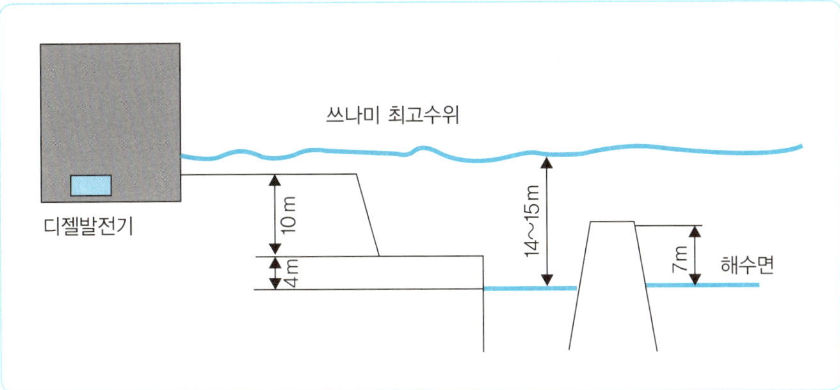

[그림 22] 후쿠시마 제일원전 1–4호기 배치도.

순조롭게 이루어졌다. 그러나 문제는 비상정지 후 일어나는 노심의 여열(decay heat)을 냉각시킬 순환펌프의 가동이 단전으로 불가능했던 것에 있었다. 비상발전기가 자동으로 가동하기 시작했으나 지하실에 설치하여 침수에 무방비로 둔 도쿄전력과 일본원자력안전위원회의 불찰에 있었다. 결국 후쿠시마 원전사고는 인재였다.

후쿠시마 제일원전은 평균해수면에서 4 m 높이로 기초지면을 정하고 거기서 10 m 높여 부지를 정지했다. 건설 당시 쓰나미도 고려했으나 10 m면 충분할 것으로 보았다. 그리고 디젤발전기는 주요 안전설비인데 일본의 지진특성으로 무거운 설비는 지하에 두었는데, 이것이 실수였다. 또한 배전반도 지하에 둔 것은 도쿄전력 당국의 무신경이었고 더욱이 원자력안전원의 불찰이었다. 안전설비는 어떤 경우에도 안전하게 유지되어야 하기 때문이다. 실제로 건물은 지진에 대하여 충분한 강도로 설계되었다. 사용 후 연료봉은 식히기 위해 수조를 윗층에 설비했는데 지진에도 피해가 없었다.

13~15 m의 해일이 10 m인 방호벽을 넘어 비상발전기가 있는 하층부를 침수시켰으며 이로 인해 가동 중이던 비상 디젤발전기의 가동이 중단되었다. 비상발전기 가동 중단으로 원자로 노심냉각용 순환펌프가 가동이

중단되어 노심의 온도가 올라갔고 또한 4호기에서는 정기점검으로 냉각상태에 있던 사용 후 연료봉수조의 온도도 상승하기 시작했다. 도쿄전력 측은 즉시 배터리를 가동시켰으나 이 전력은 8시간 정도의 용량으로 밸브작동 및 모니터 유지 등의 소규모 작업만 가능하여 12일 중에 2차 비상펌프가 정지되었다.

이제 원자로는 과열되기 시작했고 운전원들은 전력회복에 노력하였으나 3월 12일 1호기에 수소 폭발이 일어났다. 이 폭발은 원자로 노심이 이미 고온 상태에 있음을 의미했고 15일에는 4호기에서도 폭발이 일어났다. 바로 체르노빌 원전의 초기 사고와 같았다. 이들 폭발은 원자로 노심의 연료봉 피복관과 수증기의 작용으로 수소가 1기당 800–1000 kg 발생하여 용기 밖으로 누설되면서 폭발한 것으로 추정된다. 이 사고는 일본 동북대진재로 약 18,000명의 사망자가 발생한 것에 더하여 앞으로 각종 암(백혈병, 갑상선암, 유방암 등)에 의한 희생자가 계속 발생할 것으로 예상되었다. 일본 마이니찌(每日)신문에 따르면, 약 30만 명의 이재민이 발생하였고 1,600명이 이 와중에 사망했다. 이 숫자는 대지진과 해일로 직접 사망한 후쿠시마현의 총 사망자 1,599명과 같은 숫자이다.

후쿠시마 원전에 채용한 발전방식은 미국의 GE가 개발한 비등수형원자로(BWR)였으며 체르노빌에 비해서는 비교적 안전한 설계개념이었다. 그러나 노심냉각을 원자로 아래에 위치한 도넛형의 냉각수 탱크에서 펌프로 급수하게 되어 있다. 만일 우리나라 PWR과 같이 원자로 상부에 위치하여 비상시 중력으로 급수하였다면 노심용융과 같은 대형사고는 나지 않고 원자로를 폐기하는 손해로 끝났을 것이다. 후쿠시마 제일원전의 재난(disaster)은 걱정했던 지진이 아닌 쓰나미의 침입으로 시작되었다.

지진이 발생하고 나서 약 50분 후 쓰나미가 몰려왔다. 해일의 높이는 13–14 m로 처음 보는 높이였다. 이 쓰나미는 수면위 10 m의 발전소 부지위로 넘쳐 들어왔다. 이 광경은 카메라에 찍혔다. 이 해일이 발전소 지하실에 들어와 15시 41분경 비상발전기를 멈추게 했다. 도쿄전력은 당국에 "1급 비상상태"를 통보했다. 발전소 건물의 뒤쪽 고지대에 있는 전환소(switching station)도 3대의 비상발전기로부터 전력을 물에 잠겨 받지 못하게 되었다. 원자로 1–4호기에 공급되는 모든 AC(교류)전력이 단전되고 1호기와 2호기에 공급되던 직류(DC)전력도 홍수 때문에 차단되었다. 3호기에만 배터리에 의한 작은 직류전류가 흐를 수 있었다. 2호기와 3호기에는 증기로 가동되는 냉각수 펌프가 있었는데, 결국 이들 펌프도 가동 중단되어 여열에 의한 연료봉은 과열이 계속되었다. 냉각수가 부족하니 노심은 달아올랐고 결국 원자로 1, 2 및 3호기에서 노심용융이 일어났다.

밖에서 배터리와 이동식 발전기가 운반되고 있었으나 도로상태가 악화되어 지진이 발생한 지 6시간 후인 21시에야 도착했다. 이동식 발전설비를 연결하려고 했으나 실패했다. 발전소의 터빈홀이 이미 물에 잠겼는데 적절한 연결 케이블이 없었다. 도쿄전력은 새 케이블로 연결을 시도했다. 6호기 운전원은 3월 17일에 재가동시켰으나 5호기와 6호기에는 3월 20일에야 외부전력이 연결되었다.

종업원들이 원자로 냉각시스템에 전력을 공급하기 위해 사투하고 있는 동안 수소와 공기가 접촉하면서 3월 12일 1호기에서 폭발이 일어났다. 원자로 노심이 과열되면서 연료봉 피복재인 지르코니움이 증기에 산화되어 원자로 1–3호기에서 800–1000 kg의 수소가스가 발생한 것으로 추정되었다. 고압의 수소가스가 원자로에서 새어나와 공기와 접촉하면서 폭발농도를 넘은 것이다. 같은 상태가 4호기의 사용 후 연료저장풀에서도 일어났다. 이들 폭발은 격납건물 상부에서 발생했다. 원자로 외부는 드론을 띄워 촬영했으나 내부는 접근할 수 없었다. 3월 14일에는 유사한 폭발이 3호기에서도 일어났다. 이 폭발은 발전소 건물 지붕을 날려 보내고 종업원들을 부상시켰다. 3월 15일에는 4호기에서도 폭발이 일어났는데, 3, 4호기가 같은 배기관을 쓰기 때문에 여기서 폭발이 일어난 것이다.

원자로 노심이 얼마나 녹아내렸는지, 격납건물내의 어디에 용융된 원자로가 있는지 알 수 없었다. 도쿄전력은 여러 차례 추정을 수정했다. 3월 16일 1호기의 연료의 70%이 녹았고 2호기에서는 33%가 녹아내렸다고 추정했다. 2015년 현재 대부분의 연료가 녹아내려 1차격납용기(PCV: primary containment vessel) 바닥에 있는 것으로 추정했다. 격납용기 바닥은 콘크리트로 두께가 7.6 m인데, 용융된 연료가 이 바닥을 0.7 m 정도 파고들었을 것으로 추정했다. 그리고 1호기가 제일 심했고 2, 3호기는 용융상태가 비교적 덜할 것이라 추정했다. 냉각수 차단이 비교적 늦게 일어났기 때문이다. 일본에서는 가장 심각한 1호기의 용융연료 노출이 지하까지 침투했을 것이냐에 대해 논란이 많았다. 그렇다면 지하를 통해 방사선의 유출이 심각할 것이기 때문이다.

저자는 후쿠시마 제일원전 사고가 난 후 해마다 일본을 방문할 기회가 있어 이 사고에 대한 기록을 찾았으나 발견하지 못했다. 주요 언론사들도 모두 잠잠했다. 잡지들도 전혀 기사를 싣지 않았다. 여기서 저자는 일본 언론의 정체를 본 것 같았다. 일본은 1940년부터 41년까지 대규모 군중집회가 열려 미국과 영국에 선전을 포고하라고 촉구했다. 관제데모였다. 이 군중의 목소리대로 1941년 12월 8일(일본 기준) 진주만을 기습폭격하고 야마모또 사령장관은 국민적 영웅이 되었는데, 패전하고 나서도 누구 하나 이것을 비판하고 사죄하는 것을 보지 못했다. 그러고도 히로시마에 떨어진 원자폭탄에 대해서는 비윤리적이라고 비난을 멈추지 않는다.

일본은 1941년 프랑스가 독일에 항복하자 3국동맹을 구실로 하여 베트남에 군대를 진출시켰다. 그리고 베트남의 쌀을 빼앗아 조선에 가져다가 조선쌀과 바꾸어 배급을 주었다. 저자도 성북동에 살면서 그 썩은 쌀을 배급으로 몇 번 받았다. 보관이 잘 안 되어 쩔어서 붉은 색이 나는 그런 냄새나는 '안남미'였다. 우리에게는 썩은 쌀이었지만, 베트남 사람들에게는 생명이었는데, 이 약탈로 수백만의 베트남 사람들이 굶어죽었다고

[그림 23] 후쿠시마 제일원전사고의 진상-최초로 나온 책-멜트다운 연쇄의 진상.

한다. 그래도 말이 없었다. 그러다가 참으로 운이 좋게 NHK 취재진에서 편집한 책 "メルトダウン 連鎖の眞相"을 구했다. 2013년 6월 14일 발행이었다. 이 책에서 비로소 후쿠시마 제일원전 사고의 진면목이 들어났다. 찌라시에 가까운 주말 타블로이드판에서 잠깐 기사가 나기도 했다. 내용은 도쿄대학 원자력공학과 교수들의 은폐와 전력회사와의 밀착이 이번 사고의 먼 원인이 되었다는 비평이었다. 그것은 전문가들이 전력회사의 연구비를 받으며 밀착관계를 유지하는 것이 원자력안전위원회의 감시능력을 약화시켰다는 이야기이니, 작은 목소리이지만 일본에도 '원자력마피아'라는 소문이 있기는 했나보다.

그런데 더 시급한 문제는 냉각수 펌프가 모두 정지되고 노심용융이 일나났는데, 그 원자로들을 식힐 물이 없는 것이었다. 냉각시스템이 완전히 파괴되었으니 외부에서 물을 부어 끄는 수밖에 도리가 없었다. 결국 소방차를 동원하여 밖에서 물을 뿌려 불을 껐다. 그 과정에서 바닷물을 투입해야 했는데, 결정을 내리지 못하고 30시간이나 지체되었다. 무엇보다 아직 원자로 내부 압력이 높았다. 만일 차단도어를 열면 그리로 고농도의 방사성 물질이 밖으로 새어나올 것이었다. 더 이상의 폭발이 있을지도 몰랐다.

후쿠시마 제일원전 종업원들은 필사적으로 노력했다. 그러나 평소의 부주의가 모든 노력을 허사로 돌렸다. 원자로는 방사선 노출 때문에 외부와 철저히 차단되어 있다. 그래서 물도 격납용기 내부로 넣을 수 없었다. 밖에서 퍼붓는 수밖에 없는데 엄청난 바닷물을 부었다. 그리고 그 물은 바다로 보내지 못하고 저장해야 했다. 방사성에 오염되었기 때문이다.

후쿠시마 제일원전사고는 1-4호기가 녹아 아래로 가라앉았는데, 도쿄전력은 이 용융된 금속덩어리가 그래도 바닥의 차폐콘크리트를 뚫지 못하고 정지했다고 가정하고 있다. 그러나 누구도 모른다. 접근할 수 없기 때문이다. 다행히 방사능에 피폭되어 사망한 사람은 집계되지 않았다. 그러나 지진과 해일로 피난한 사람들이 원전폭발로 돌아올 수 없게 되자 우울증에 시달리든가 평소의 지병이 악화되어 사망하는 사람이 속출했다. 이 수습과정에서 일본정부와 도쿄전력이 보인 조처는 무능의 극치였다. 정권이 자민당으로 바뀌고 강력한 아베내각이 들어섰다.

이제 세계는 후쿠시마 제일원전 사고로 인해 주변으로 확산되었을 방사성오염의 문제가 크게 대두되었다. 우선 BWR원자로에는 배기굴뚝(venting)이 있는데, 이 굴뚝을 통해 나온 가스에 방사성물질이 섞여 있을 것이었다. 이 배기설비는 터빈트립 등 운전 중의 배기용으로 사용하는 것인데, 사고로 폭발하였으니 분명 방사능에 오염되었을 것이다. 우선 반경 20-30 km내의 주민들에게 집밖으로 나오지 말고 집안에 있을 것을 지시했다. 영국과 프랑스 그리고 일부 서방국가들은 자국민을 도쿄에서 철수하는 것도 생각했다. 2015년에 도쿄의 수돗물이 다른 지역의 물보다 오염도가 높았다. 이 오염에서는 요드(I-131)와 카에시움(Cs-134, 137)이 광범위하게 검출되었다. 이들 방사성물질은 대기 중으로 날아가 태평양에도 영향을 미쳤을 것으로 추정되었다.

두 번째는 불을 끄는데 사용했던 냉각수가 바다로 유입하는 것이었다. 원자로 내부의 기능이 마비되었으므로 부득이 바닷물을 퍼부어 불을 껐는데, 이 물은 당연히 바다로 흘러들었다. 후쿠시마 해안은 유명한 구로자끼(黑潮)난류의 영향으로 강한 해류가 흐르고 있는데, 지상에서 빗물에 씻겨 바다로 계속 오염물질이 흘러들 것이었다. 비록 카에시움의 오염도가 인체에 해로울 정도는 아니지만, 누적된다면 그 영향도 무시할 수 없을 것이다. 실제로 미국 태평양 연안에서는 떼를 지어 이동하는 물고기를 먹지 말라는 경고도 있었다. 일본정부는 계속 바다로 흘러드는 표면수가 절대로 해로울 정도의 오염은 아니라고 강변했다. 한국은 특히 북해도산 명태 수입이 많았는데, 후쿠시마의 해류는 곧바로 북해도 어장으로 이어지기 때문에 북해도로 이어지는 몇 개현의 수산물 수입을 금지시켰다. 그래도 일본 정부는 절대로 해롭지 않은데 한국정부가 반일감정으로 수입을 막고 있다고 비난하고 있다.

반핵실험조약기구 준비위원회(CTBTO)는 전 지구적인 확산을 측정하려고 40개의 모니터링 스테이션을 가지고 있다. 3월 12일 첫 관측치가 일본 200 km 떨어진 다까사끼 모니터링 스테이션에서 관측되었다. 그리고 14일에는 러시아 동부에서 관측되었다. 2일 후에는 미국 서해안에서 관측되었다. 1개월 이내에 남반부 해안에서도 방사성 동위원소의 관측치가 나왔다. 참으로 해류는 빨리 확산되고 있다. 추정된 관측치는 체르노빌 원전사고의 10-40% 수준이고 심각하게 오염된 지역도 체르노빌의 10-12%로 추정되었다.

2011년 3월 일본정부는 유아에게 해로운 정도의 오염치가 도쿄와 5개 현의 18개 정수장에서 검출되었다고 발표했다. 2011년산 시금치, 차잎, 우유, 생선 및 소고기에서 발전소로부터 320 km이내의 지역에서 오염이 검출되었으나 2012년 곡물에는 영향이 없다고 발표했다. 양배추와 쌀, 그리고 소고기에서는 해롭지 않은 수준의 오염도만 검출되었을 뿐이라고 했다.

방사성오염으로 곧바로 사망한 사람은 나오지 않았으나 인근 주민들이 대피하면서 사망한 수는 상당했다. 2018년 9월 현재 보상금 협상이 끝난 1명의 발전소 근무자가 나왔고 약 18,500명이 지진과 쓰나미로 사망했다. 암으로 사망할 추정치는 1,500에서 1,800명으로 추정되었으나, 실제로는 더 낮아 수백 명에 그칠 것으로 예측하고 있다. 또 재난으로 소개된 주민들은 다른 지역의 주민 보다 정신질환이 5배나 많은 것으로 조사되었다. 우울증 환자가 급증한 것이다. 그리고 아이들은 밖에 나가 놀지 말도록 권고했다. 2013년 WTO는 원전 사고로 소개된 주민들은 낮은 수준의 방사능에 조사되어 이로 인한 건강상 피해는 낮은 것으로 판단했다. 또 여자 어린이의 갑상선암 위험성은 사고전의 0.75%에서 요드 동위원소에 노출되어 1.25%로 상향될 것이라고 했다.

도쿄전력은 후쿠시마 제일원전 사고 이후 계속하여 화재를 끄느라 퍼부은 바닷물로부터 오염된 물이 지하수로 흘러들어간 것을 부정했었는데, 2013년 7월 22일 오염수가 지하수로 흘러들어간 것을 인정했다. 이후 도쿄전력은 국민들의 신임을 잃게 되었다. 그 전에 이미 도쿄전력은 2011년 4월 11,500톤의 처리하지 않은 물을 태평양에 버렸는데, 탱크를 비우기 위해서였다. 이 물은 적어도 법정허용량의 100배 이상의 방사성물질로 오염되어 있었다. 후쿠시마 제일원전은 바닷가에 세워졌으므로 사고수습을 위해 사용한 물이 바다로 흘러들어가는 것은 어쩔 수 없었다. 그래도 이를 부인만 하고 있었으니 신임을 잃은 것도 당연한 결과였다.

2019년 10월 현재 117만 입방미터(m^3)의 오염수가 저장되어 있다. 이 물은 정화시설을 통해 방사성물질을 걸러–3중 수소는 제외–일본 규제당국이 허용하는 수준으로 오염도를 낮추어 바다에 방류한다. 2019년 12월 오염수의 28%는 오염도를 줄였으나 나머지 72%는 더 정화시켜야 했다. 일본정부에 의해 용역을 받은 위원회는 오염수의 방류에 대하여 바다로 직접 보내는 것과 물을 끓여 공기 중에 날리는 두 가지 방법을 연구했다.

바다로 방류하는 쪽이 주민에게 1년에게 0.81 마이크로 시벳(Sv)의 방사선을 줄 것으로 물을 끓여 공기 중에 발산시키는 것보다 유리하다고 보고했다. IAEA는 이 처방이 적절하다고 판단했으며 오염수 방류를 속히 결정하라고 촉구했다. 그럼에도 불구하고 위원회는 오염수를 바다에 방류하는 것이 후쿠시마현의 명성을 해쳐 특히 어민들과 관광에 피해를 줄 것으로 보았다. 2021년 2월 9일 한국과 일본의 캐톨릭 추기경들은 오염수의 바다 방류를 반대했으며 어민들과 지방의회도 반대했고 한국의 제주지사도 반대했다.

2021년 3월까지 원전에는 1,061탱크에 총 125만 톤의 오염수가 저장되어 있었다. 일본정부는 원전 주변의 사람이 살 수 없는 오염지역에 탱크를 더 건설하도록 조처했다. 그리고 4월 13일 일본의 스가(菅)내각이 저장중인 후쿠시마 제일원전의 방사성 오염수를 정화하여 바다에 방류할 것이라고 공표하자 세계는 들끓었다. 일본정부는 2013년부터 지하수를 흘러들어간 물을 저장하여 오고 있었다. 그러다가 그 용량이 모자라게 되자 이렇게 결정한 것이다. 우선 한국과 중국이 반대했고 후쿠시마 어민들도 생산하는 어패류의 판매가 막힐 것이라고 반대했다. 도쿄신문은 2021년 4월 13일 어민들이 정부나 도쿄전력(東電)을 믿지 못하겠다고 항의한다고 보도했다. 도쿄전력은 6년 전에 후쿠시마 제일원전의 처리오염수는 해양방출을 하지 않겠다는 약속을 했었다. 일본정부에서는 충분히 오염도를 낮추어 방류하니 음용으로 해도 좋다고 선전했다.

후쿠시마 제일원전의 처리오염수 방류문제가 세계적으로 큰 이슈가 되자 드디어 2021년 8월 일본정부와 국제원자력기구(IAEA)는 9월에 본격적으로 오염수 해양방류 안전성검토를 시작한다고 발표했다(8. 20. 니혼게이자이신문 보도). 한국에서도 1명 옵서버가 참가할 예정이다. 오염수의 정화와 해양방류는 부득이한 조치이기도하다. 그러나 핵심은 방류 자체보다는 충분히 정화되었는가 하는 문제일 것이다.

일본은 2013년부터 도시바에서 제작한 다핵종제거설비(多核種除去設備, ALPS)을 운용해 왔다. 그러나 이 시스템에 대한 공식적인 성능이나 전문가적인 평가는 아직 없다. 그러고 이 시스템은 오염수 속에 포함되어 있는 3중수소(tritum)는 분리하지 못하는데, 3중수소는 중성자만 수소보다 하나 더 있을 뿐 분자는 같으므로 어쩔 수 없는 모양이다. 원전을 운영하는 각국은 부득이 원자로에서 나오는 물중에서 삼중수소는 걸러내지 못하고 그냥 희석하여 방류하고 있다.

2021년 4월 후쿠시마 제일원전에서는 860 TBq의 3중수소를 보관하고 있는데, 이를 방류하겠다고 하자 논란이 일어난 것이다. 일본측에서는 다른 나라 모두 방류하는데 왜 자기는 안 되느냐고 항의한다. [표-6]에서는 각국의 연간 배출량을 보여준다.

[표-6] 원전시설에서 바다로 방류하는 3중수소 현황

국명	원전 시설	인접해역	액체(TBq)	증기(TBq)	총계	연도
영국	Heysham원전 B	아일랜드해	396	2.1	398	2019
영국	Sellafield 재처리시설	아일랜드해	423	56	479	2019
루마니아	Cemavoda원전 1호기	흑해	140	152	292	2018
프랑스	La Hague 재처리시설	영불해협	11,400	60	11,460	2018
한국	월성원전	동해	211	154	365	2020
대만	Maashan원전	루존해협	35	9.4	44	2015
중국	Fuqing원전	대만해협	52	0.8	52	2020
중국	Sanmen원전	동중국해	20	0.4	20	2020
캐나다	Bruce원전	5대호	756	994	1,750	2018
캐나다	Darington원전	5대호	220	210	430	2018
캐나다	Pickering원전 1-4호기	5대호	140	300	440	2015
미국	Diablo Canyon원전 1,2호기	태평양	82	1.7	84	2019

자료: 위키피디아.

3중수소는 약한 베타방사능을 가지고 있다. 이 베타선의 강도는 약해서 피부를 뚫을 수 없을 정도이다. 그러나 물에 녹아 몸속에 들어가면 축적되어 해로울 수 있다. 중수는 전지의 원료로도 쓰이기 때문에 조심하여 관리하여야 한다.

후쿠시마 제일원전사고의 경제적 피해는 놀랍다. 도쿄전력은 보상금으로 이미 7조 엔이 소요될 것으로 추산했다. 그리고 일본정부의 재정지출도 12조 엔이 넘을 것으로 결국 일본국민의 세금으로 충당될 것이다. 2016년 12월 일본정부는 오염제거, 보상금, 원전해체, 방사성오염물질의 보관 등에 21.5조 엔의 비용이 들것으로 추정했는데, 2013년의 예상 보다 2배나 많은 액수이다.

후쿠시마 제일원전사고 이후 일본의 정치권은 탈원전 논의로 시끄러웠다. 외국 논평가들은 일본은 기술력과 경제력이 높으므로 원전을 폐기하고 재생에너지로 정책을 바꾸는 것이 가능하다고 전망했다. 그러나 2012년 12월 총선에서 승리한 아베총리는 만일 원전을 모두 폐기한다면 일본은 매년 4조 엔의 전력비 증가가 필요할 것이라고 하며 강력히 원전정책을 유지하겠다고 했다. 2013년 6월 2일에는 도쿄에 3만 명의 시위군중이 정지한 원자로의 재가동을 반대했다. 2013년 10월 도쿄전력과 가타 8개의 전력회사들은 2010년에 비하여 화석연료 수입에 3.6조 엔을 더 지불했다고 발표했다. 2016년에서 2018년 사이에 일본은 8개의 새 화력발전소에 불을 지폈다. 앞으로 10년 내에 36개 새 석탄화력발전소을 건설하기로 하여 선진국 중 가장 큰 석탄화력의 증설이었다. 새 전원개발계획에는 2030년까지 일본 전력수요의 26%를 석탄화력발전소가 담당하는 것으로 계획되었다. 이것은 일본이 약속한 2050년까지 온실가스 배출을 80% 로 낮추겠다는 계획에 차질을 가져올 것이다.

일본의 원전은 모두 해안에 있는데, 쓰나미에 대한 방어가 미흡했던 것이 지적되었다. 후쿠시마 제일원전에서 가까운 오나가와 원전은 방벽높이를 14 m로 한 결과 2011년 3월 쓰나미에서 무사히 견뎠으며 심각한 손상과 방사성물질 누설을 보지 않았다. 일본은 그 동안 지진에 대한 대책만 강화하면서 쓰나미에 대한 대비가 소홀했다. 세계의 원전운영자들은 수소가스가 모여 폭발하는 일이 없도록 PARs(Passive Autocatalytic hydrogen Recombiner)를 설치하기 시작했다. 이 장치는 자동차에서 촉매를 써서 배기가스를 정화하는 것과 비슷한 역할을 하여 수소가스의 폭발 위험을 제거하는 것이다. 또 쓰나미 위험이 있는 지역에서는 백업 배터리를 3+일로 강화하는 것이 비공식적 관행으로 되었다. 결국 원전운영자들은 만일 노심용융이 일어나더라도 폭발로 이어지지 않게 하고 초기에 수습할 수 있는 운영상의 방안을 마련하고 있는 것이다. 이것은 도쿄전력의 안이한 운영과 대비될 수 있다. "소는 잃었지만 외양간을 고쳐야 더 이상의 손실을 막는다."

후쿠시마 제일원전사고는 글자 그대로 재난(disaster)이다. 그것은 국민들에게 "정녕 사고는 막을 수 없었는가?"하는 깊은 회의를 가져다주었다. 정치인들은 국가경제에 미치는 막대한 부담을 우려하며 원전에 의한 전력공급을 정당화하려고 한다. 그러나 그것은 어디까지나 원전이 안전한 경우에 할 수 있는 생각이다. 드리마일 아일랜드 원전사고의 경우 결국 TMI는 경영자 자신에게 막대한 손실을 주었다. 뿐만 아니라 원전설비를 철거하는 일도 쉽지 않아 새 원전을 건설하는데 맞먹는 비용이 들었다. 그리고도 원전의 흔적이 완전히 사라진 것은 아니다. 여전히 남겨진 오염물질을 관리하여야 한다.

만일 이런 비용까지 고려하여 감가상각을 한다면 원전에 의한 전력생산비는 2배 이상 올라갈 것이다. 그래서 미국을 비롯한 선진국들은 모두 원전의 수명을 연장해주고 있다. 원전폐기와 해체에 대한 부담을 후대로 미루는 것이다. 다행히 우리나라는 중대한 원전사고 없이 40년 이상 원전을 운영하여 왔다. 이것은 설비의 문제가 아니라 원전운전에 종사하는 종업원들의 기술적 우수성과 정신적 견실함이 엮어낸 업적이다. 원전사고는 대부분 인재이다. 사고당일 운전원 뿐 아니라 미리 사고를 예방하는 관리책임자와 경영자 모두의 성실함이 요구된다. 분명 원전은 화력발전소의 일종이다. 인류가 홍수를 관리하면서 문명을 발전시킨 것처럼 원자력도 인간의 두뇌와 정성을 기우린다면 안전한 전력생산시설로 인류와 함께 할 것이다.

3) 원전사고의 교훈

우리는 흔히 원전사고하면 방사선오염을 걱정한다. 그러나 핵물질이 방사선을 가지고 있는 것은 누구나 알고 있는 것이고 따라서 원전에서 방사선 방출은 중대사고가 나지 않는 한 일어나지 않는다. 만일 일어난다면, 반드시 즉시 원자로의 가동을 중지하고 수리하여야 한다. 오히려 원전사고는 가장 초보적인 열적 안전성 확보에 있다. 즉, 냉각수 손실이 주된 원인이고 이에 따라 수소폭발이나, 화재 등의 사고가 결국 방사선 노출로 이어진 것이다. 그러므로 원전사고의 방지는 냉각수 손실이 일어나지 않게 열공학적으로 방어하면 되는 것이다.

또 다른 요인은 인재(人災)이다. 즉, 사람이 일으킨 재난이다. 이 인재는 드리마일 아일랜드사고와 같이 작업자의 간단한 실수로도 오고, 체르노빌 원전사고와 같이 완벽하지 못한 설계에서 오기도 한다. 일본 후쿠시마 원전사고는 도쿄전력이 회사의 편이만 생각해서 적절한 조처를 취하지 않았고 이를 묵인한 규제당국의 무성의에 의한 인재이다. 그러므로 원전의 안전운전은 규정의 상세나 운전원의 훈련보다는 회사방침의 철저함에 있어야 한다. 또한, 원자로 비상정지는 상시 일어나는 일이므로 원자로 정지가 방사선의 노출로 오해하는 여론의 왜곡도 경계해야 할 것이다.

특히 근년에 국내에서 물의를 일으킨 영화 '판도라'는 단순한 영화였으나 한국의 탈원전정책을 뒷받침하는 계기가 된 것으로 보인다. 부산 앞바다에

역사상 초유의 대형지진이 일어나고 그 여파로 고리원전단지의 6기의 원자로가 모두 폭발한다는 발상은 과학자로서는 상상할 수 없는 일이다. 그러나 많은 국민 특히 부산일대의 수백만의 국민은 그 영상만 보고도 너무나 놀라워 원전의 존재 자체를 부인하고 싶어 했다. 그러나 고리 1, 2호기를 평가한 저자로서는 그런 픽션을 상상할 수도 없었으나 자세히 설명하지 않을 수 없었다. 설혹, 그런 진도 8이상의 지진이 바로 부산 앞바다에 발생하였다고 하면, 부산시 전역의 피해는 상상할 수 없겠으나, 고리원전의 경우 절대로 폭발하는 일은 없다고 단언했다. 물론 격납용기내의 원전은 정지되고 다시는 내부에 진입하지 못할 수도 있다. 그러나 절대로 일본 후쿠시마원전처럼 폭발하는 일은 없다. 그것은 원자로형식이 일본의 BWR이 아니라 PWR이기 때문이다. 그래서 과학은 고리원전단지가 절대로 폭발하지 않는다고 단언할 수 있다.

그럼에도 불구하고 원전은 앞으로 한국 국민과 분리될 수 없다. 우선 화석연료를 사용하지 않고 태양광 등 무공해전력으로 대체할 가능성이 없기 때문이다. 태양광 발전은 너무 광대한 토지를 요구한다. 대한민국은 그럴 토지여유가 없다. 둘째로 풍력발전도 마찬가지이다. 제주도 한림항 부근에 가 보면 풍력발전의 한계를 곧 알 수 있다. 대한민국의 모든 해안선을 풍차 기둥으로 채울 수는 없기 때문이다. 결국 불안해도, 그리고 정치적 선동이 판을 쳐도 결국 대한민국은 원전에 의해 지속적 발전을 추구할 수밖에 없는 지리적 한계를 가지고 있다.

원전은 안전하지 않을 때 즉시 가동을 중단하고 필요하면 폐쇄할 수 있다. 그러나 경제성을 이유로 정부가 폐쇄를 명령할 수 없다. 월성원전 1호기는 어쩌면 앞으로 10년 더 사용할 수 있을지 모른다. 한수원측에서 수명연장을 위해 미리 설비를 갱신했기 때문이다. 그런데 정부의 압력에 굴해 엉터리 경제성평가로 폐쇄한 것은 원전 책임자로서 회사에 배임한 것뿐 아니라 국민을 배신한 것이다. 1970-90년대의 한국인이 그렇게 비겁했다면, 오늘날 세계10위의 경제대국은 꿈도 꾸지 못했을 것이다. 한국의 원전은 결코 순탄하게 자라온 것이 아니다. 그럼에도 불구하고 우리 기술로 산업국가를 건설하여 잘 사는 나라를 만들겠다는 의지 하나로 모든 역경을 헤쳐 나왔다.

3.4 원자력산업정책

현재 한국이 처한 원자력산업에 대한 처리는 매우 복잡하고 어려운 과제이다. 우선 원자력산업에서 발생하는 방사성위험물질을 처리하고 보관할 시설의 건설이 시급하다. 미국이 주도하는 비핵화정책으로 세계의 모든 나라 특히 한국은 사용 후 핵연료에 대해 아무런 대책을 세울 수 없다. 일본은 한국과 처음부터 여건이 달라 사용 후 핵연료의 처리에 있어 다양한 정책을 취할 수 있다. 이것은 미국이 유독 한국에 대해 차별하는 것이 아니라 일본의 핵물질 처리능력을 차단하기 위해 인정한 최저의 허용이었다. 일본은 후쿠시마 제일원전 건설 전에 이미 플루토늄 생산이 가능한 영국제 흑연감속로를 도입하였었다. 그러나 일본의 지진안정성과 미국의 압력 때문에 포기하고 미국 GE의 BWR 1기를 후쿠시마원전에 설치하고 2, 3, 4호기를 미국 웨스팅하우스사 설계에 일본 국내제작으로 건설하였던 것이다. 추후에 증설한 5, 6호기의 원전설비는 완전한 일본제로 후쿠시마원전 1, 2, 3, 4호기 보다 높은 대지위에 건설되어 이번 대진재에서도 무사했다.

드리마일 아일랜드의 사고원자로인 2호기는 사고 후 5개월 만에 클린업(clcanup)이 시작되었는데, 실제로 내부 시설물을 제기하기 시작한 것은 1985년이었다. 먼저 방사성핵연료가 제거되고 나서 나머지 설비 140톤은 아이다호주(Idaho)에 있는 방사성폐기물연구소로 이송되었다. 그래도 아직 TMI-2에는 사람이 접근하지 않는다. 미국 NRC는 1988년 사고원자로의 위험이 사라졌으므로 더 이상 해체를 하지 않고 현재 가동 중인 1호기의 폐쇄를 기다려 같이 하는 것이 경제적이라 공고했다. 2010년 드리마일 아일랜드 원전 주위(10마일 이내)에는 인구가 오히려 증가했다. 이것은 반핵주의자들이 선전하는 바와 같이 원전사고가 반드시 암을 발생시킨다는 우려가 허구임을 증명했다.

그럼에도 불구하고 사용이 정지된 원전의 해체는 막대한 비용을 요구한다. 그래서 세계 모든 나라들은 가능하면 원전을 오래 사용하려고 한다. 지금은 60년 수명이 일반적이지만, 앞으로 80년 아니면 100년까지 사용하려고 할 것이다. 그 이유는 가동 중인 원전이 가장 안전하기 때문이다. 원전사고 1호로 유명한 드리마일 아일랜드 원전의 가동 중인 TMI-1은 중대수리를 한번 했다. 물론 방사성에 오염된 증기발생기를 교체하는 것이어서 반대도 많았다. 그래도 격납건물의 일부를 뚫고 고장난 증기발생기를 새 것으로 교체하였다. 그럼에도 방사능피해는 없었다. 한국의 가동 중인 원전도 고장난 설비는 교체할 수 있다. 그리고 수명 이상으로 사용할 수 있을 것이다. 고리1호기는 현재 완전폐기 상태에 있다. 그러나 언제 1호기의 격납건물까지 완전히 철거하게 될지는 누구도 모른다. 그러므로 남은 원전이라도 안전하게 운영하고 수리하면서 오래 사용해야 한다. 그것이 정부의 책임이다.

우리나라는 겨우 저준위방사성폐기장을 경주에 시설하고 있다. 이 시설을 건설하는데도 엄청난 지역갈등과 국세의 낭비를 가져왔다. 폐기된 핵연료를 국외로 반출하지 못한다면 폐원자로기술은 엄두도 내지 못할 일이다. 경주 저준위방폐장 전례를 보더라도 앞으로 국내에 고준위방사성물질 폐기장은 건설이 용이하지 않을 것이다. 완전한 한반도의 비핵화가 전력생산에서도 이루어지려면 정부는 도망만 갈 것이 아니라 과감한 정책의지로 국민과 함께 고민하고 대책을 강구하여야 할 것이다.

저자는 원전의 전력생산단가가 저렴하다고 주장하지 않는다. 그러나 대한민국의 발전을 위해서는 원전건설이 부득이하다고 생각한다. 즉, 꼭 필요하니까 잘 생각하며 건설해야 하는 것이다. 앞에서 충분히 설명했지만. 원전은 중대사고가 나지 않을 때에만 경제적이다. 만일 중대사고가 나서 피해가 심하면 절대로 원전은 값싼 동력원이 아니다. 지식백과에서는 [표-7]과 같이 동력원별 전력요금을 공표했다. 여기서 원자력은 가장 저렴한 동력원으로 나와 있다. 참고가 될 것이다.

[표-7] 동력원별 발전단가 (단위: 원/kWh)

동력원	2010	2012	2014	2016
원자력	39.61	39.52	54.70	67.91
석탄	60.79	66.25	65.13	78.05
LNG	128.06	168.16	160.96	100.13
유류	184.60	253.12	220.78	109.15
양수	202.61	213.93	171.50	106.21
신재생	117.34	136.10	129.71	102.26

자료: 지식백과, 원자력발전.

저자는 한국의 원자력발전 비중이 전력수요의 50%는 담당하여야 한다고 생각한다. 이것은 한국의 지리적 특성상 어쩔 수 없는 선택이다. 대한민국은 현재 10만 평방킬로미터가 채 되지 않는 작은 땅에 살고 있다. 그러면서도 산림녹화를 이루어 세계 어느 나라에 비해서도 녹림이 우거져 있다. 그리고 산과 골짜기가 많고 아름답다. 그래서 우리는 삼천리금수강산이라 자부한다. 이런 아름다운 강산에 태양광 전지판이 들어설 장소가 없다. 지금도 도처에 양지바른 산허리를 잘라 만든 태양광 발전시설을 보면 눈이 아프다.

다행히 우리나라는 CANDU형 원자로를 가지고 있다. 이 원자로는 천연우라늄 외에도 다양한 저급원료를 사용할 수 있다. 월성원전 1호기도 지금 폐쇄했으나, 이미 상당한 비용을 들여 설비를 개선했으므로 다시 가동시킬 수 있을 것이다. CANDU형 원자로 4기이면 미래의 한국원자력기술발전을 위해 충분하다. 중국이 1990년대에는 우리에게 매우 친절했다. 그래서 한국전력은 중국에 한국형 원자로를 수출해 보려고 노력했다. 그러나 중국의 야심은 정보를 얻는데 있었다. 그리고 프랑스를 끌어들여 적극적으로 중국화에 성공했다. 이제 중국은 최저가 원전건설비용을 내세우며 세계시장에 진출할 것이다. 중국이 CANDU형 원자로를 보유하고 있는 것은 저렴한 핵연료를 개발하기 위해서이다. 이런 좋은 실험시설을 가지고도 수명이 가까웠다고 폐기하는 것은 참으로 어리석은 일이다.

흔히 독일의 탈원전 예를 들어 합리화하려고 하는데, 독일은 우리와 사정이 다르다. 독일은 러시아로부터 값싼 천연가스를 받고 있다. 발틱해를 통한 배관은 이미 끝났고 다시 지상으로 배관이 오고 있다. 이 천연가스는 분명 원전과 경쟁이 가능하다. 그러니 탈원전이 가능한 것이다. 미국도 곧 천연가스 발전이 원자력보다 저렴해졌다. TMI-1도 벌써 연장된 수명을 다하지 않고 폐쇄해버렸다. 그러나 우리는 그럴 수 없다. 천연가스가 없기 때문이다. [표-7]에서 보면 액화천연가스가 발전단가가 아주 높다. 그리고 석유류가격은 세계 경제의 호불황에 따라 언제나 변한다. 정부는 국민에게 불필요한 지출을 강요하면 안 된다. 더구나 탄소배출 증가를 막아야 하는 현실에서 탈원전은 불가능하기 때문이다. 또 정부는 전기자동차의 보급을 적극 지원하고 있다. 대기오염을 막기 위해 부득이한 정책이다. 만일 유럽처럼 2030년부터 내연기관 신차의 등록을 허용하지 않는다면, 전기자동차의 전력수요는 감당할 수 없는 비율로 증가할 것이다. 이런 전기 수요에 대응하기 위해서도 원전을 폐기할 수 없다. 서민 교수는 그의 칼럼에서 "필요한 전기 쓰지 못해 죽는 이 부지기수로 나올 것."이라고 제목을 붙였다. 전기료가 너무 오르면 그럴 수도 있을 것이다.

에필로그

일본이 세계 최초의 그리고 유일한 원자폭탄 희생국이라는 것을 모르는 사람은 없다. 미국인들도 부득이해서 원자폭탄을 투하하고는 늘 자책감에 시달렸다. 일본 국민들은 해마다 8월이 되면 히로시마와 나가사끼에서 희생된 자국민을 기린다. 그러면서도 징용으로 끌려가 원폭의 희생자가 된 조선인들에 대해서는 일본국적 상실로 책임이 없다며 입을 다문다.

1968년 핵무기확산금지조약(NPT)이 유엔에서 가결되고 세계 각국이 모두 서명에 나섰는데, 일본은 서명에 참여하지 않고 버텼다. 그것은 플루토늄 생산에 대한 집념 때문이었다. 사또(佐藤)정부는 이미 영국에서 플루토늄생산이 가능한 Calder Hall형 원자로 1기를 도까이무라(東海村)에 설치하여 가동하고 있었다. 그리고 재처리시설도 도입했다. 원폭의 피폭국이라고는 상상할 수 없는 이중적 행보였다. 미국의 압력으로 간신히 마감인 1970년 NPT에 가입한다고 서명했다. 그러나 국회에서 비준이 되지 않았다. 닉슨 대통령이 하와이까지 날아와 협박에 가까운 협상을 하고야 의회에서 1976년 비준했다. 이 협상에서 재처리시설은 살아남았다.

이런 사실은 저자가 이 책을 집필하면서 비로소 안 것이다. 원전정책이란 참으로 어려운 것이다. 일부 국가나 시민단체의 반핵운동에 휩싸여 결정하기에는 너무도 국익에 관계된다. 원전은 전력생산과 직결된다. 종합적으로 볼 때 원전은 결코 값싼 전기가 아니다. 그럼에도 불구하고 각국이 원전 비중을 늘리고 있는 것은 어쩔 수 없기 때문이다. 프랑스가 1973년 석유위기를 겪고 나서 원전 의존도를 거의 100%로 계획했던 것은 그만큼 심각했었기 때문이다. 벨기에도 50%가 넘는다.

6.25전쟁 직후 우리나라 전력은 하도 궁핍해서 발전선을 하나 바다에 정박시키고 전력을 공급받은 적이 있었다. 이승만 대통령은 화천의 수력발전소 하나가 복구되자 준공식에서 화천과 양구에 걸쳐 있는 호수 이름을 파로호(破虜湖)라 명명했다. 중공군 오랑캐를 격파하고 얻은 값비싼 발전소이기 때문이다. 이렇게 우리나라 전력은 피를 뿌려 얻어냈다. 그리고 국민들은 모두 제한송전의 고통을 감내했다. 나라를 믿었기 때문이다.

영광원전 3, 4호기를 계약하며 한전은 오만한 웨스팅하우스를 제치고 이름 없는 C-E를 계약자로 선정했다. 우리에게 원전설계기술을 전해주겠다고 하였기 때문이다. 그러나 탈락한 웨스팅하우스의 모략에 우리나라 정치권도 합세했다. 안전성이 보장되지 않은 새 원전을 호남에 지어 불안하다는 이유였다. 그런데 김대중 평민당 총재가 이해하고 동의하여 영광원전에 4기가 더 건설되어 잘 가동하고 있다. 만일 당시 한전고위층이나 기술진들이 몸을 사렸다면 한국의 원전은 꽃도 피우지 못하고 사그라졌을 것이다. 위대한 국민들이었다.

저자가 또 하나 느낀 것은 북한의 핵무장이 이미 도를 넘었다는 것이다. 핵무기보유국들이 전후 착실하게 발전시킨 핵무기 개발프로그램을 북한은 단기간에 따라잡았다. 그런데도 왜 미국이 이렇게 느긋한가 하는 것이 의문이다. 이란의 핵개발은 사실 아직도 걸음마 단계이다. 그것도 러시아에서 준 실험용 원자로를 가동하고 원심분리기로 우라늄 농축을 하고 있는 수준이다. 그런데도 이란의 핵개발에는 단호하면서 북한 핵무기에는 여유가 있다. 이것은 북한이 이미 핵무기의 필요한 기술은 확보했기 때문에 군축협상은 의미가 없고, 핵물질 생산의 포기만이 진정한 비핵화의 길이기 때문이다.

미국은 오래전부터 북한의 핵개발을 막기 위해 영변 핵연구단지를 공격하는 군사작전 계획을 세운 바 있다. 그러나 이제는 너무 늦었다. 이제 남은 것은 북한이 핵무기를 사용할 경우 이를 응징하는 핵무기 보복밖에 없게 되었다. 핵잠수함에는 20기가 넘는 핵탄두 미사일이 있다. 항공모함에도 그 이상의 핵무기가 탑재되어 있다. 굳이 전략핵미사일을 쏠 필요가 없다. 미 대륙에 있는 전략핵미사일은 과거 소련, 그리고 아마도 미래 중국에 대한 대비일 뿐이다. 그래서 한국인들도 느긋하다. 믿는 구석이 있기 때문이다. 김정은이 바보가 아닌 것도 그런 이유 중의 하나이다.

8월 14일 조선일보 토요판에 서민의 '문파타파'가 실렸다. 오랜만에 보는 탈원전 비평논설이다. 이 글에서 나를 놀라게 한 것은 윤 전총장이 일본 후쿠시마 제일원전사고의 오염수처리에 대한 질문을 받고 실언을 한 모양이다. 윤석열 후보가 원자력에 대해 충분한 지식이 있을 리 없으니 아마도 최근에 전문가에게 특강을 들었을 텐데, 그가 원전수호자여서 문재인 정부의 대일외교를 비판하며 왜곡된 정보를 준 모양이다. 서민 교수는 윤 후보의 실언을 지적하며 아울러 문재인 대통령이 고리 1호기 영구정지 행사에 참석하여 후쿠시마 제일원전사고를 예로 들며 사망자를 왜곡하여 이야기한 것을 꼬집었다. 피장파장이라는 의미였다.

과학을 했다는 사람 중에도 정치물이 들면 이상해지는 사람들이 더러 있다. 그리고 부끄러움을 모른다. 그들의 수법은 진리를 말하는 척 하면서 사실은 왜곡해서 그럴듯하게만 이야기한다. 즉, 진리가 되려면 '필요하고도 충분한 조건을 만족'해야 하고 역도 성립해야한다. 그런데 대중을 속일 때에는 필요조건만 이야기하고 충분조건은 슬쩍 뺀다. 필요조건만 이야기하면 새빨간 거짓말이라 할 수 없으니까 미리 도망갈 출구를 마련하는 것이다. 정치인들은 이런 수법에 아주 능숙하다. 그런데 언제부터인가 과학자라는 사람들이 이런 부류에 서툴게 참여하기 시작했다.

한국의 원전에 대한 설명은 작년 말에 출간한 '한국기계산업사'에서 발전설비의 일부로 기술하였다. 따라서 별도의 단행본으로 낼 생각은 전혀 없었다. 그러나 금년 들어 '탈원전과 탄소중립'이 정치이슈가 되면서 국민에게 진실이 필요하다고 느끼게 되었다. 아울러 북한의 비핵화문제가 자꾸 꼬이니까 핵무기에 대한 국민적 이해도 필요하다고 생각한다. 저자는 전문가가 아니지만 밖에서 본 진실이 객관적일 수 있어 진실에 가깝지 않을까 스스로 변명한다.

참고문헌

1. 살아있는 전력사 I, II, 한국전력공사, 1998. 2.
2. 1998 원자력발전백서, 산업자원부, 한국전력공사, 1998. 7.
3. 한국원자력안전기술원10년사, 한국원자력안전기술원, 2000. 2.
4. 원자력발전30년사, 한국수력원자력주식회사, 2008. 4.
5. 현대중공업사, 현대중공업주식회사, 1992. 3.
6. 두산중공업50년사, 두산중공업주식회사, 2012. 9.
7. 삼성중공업30년사, 삼성중공업주식회사, 2004. 10.
8. 대우중공업성장사, 대우중공업주식회사.
9. 한국비파괴검사학회30년사, 한국비파괴검사학회, 2010. 5.
10. 한국은 어떻게 원자력강국이 되었나, 이종훈, 나남, 2012, 12.
11. 원자폭탄 만들기, 1, 2, Richard Rhodes, 문신행 역, 사이언스북스, 2014. 7.
12. 멜트다운(メルトダウン)連鎖의 眞相, NHK스페셜 '멜트다운' 취재반, 講談社, 2013. 6.
13. Manhattan Project, Wikipedia.

14. Nuclear fission, Wikipedia.

15. Chain reaction, Wikipedia.

16. Zippe-type centrifuge, Wikipedia.

17. Nuclear weapon design, Wikipedia.

18. Atoms for Peace, Wikipedia.

19. Treaty on the Non-Proliferation Nuclear Weapons, Wikipedia.

20. IAEA, International Atomic Energy Agency, Wikipedia.

21. Nuclear power plant, Wikipedia.

22. Nuclear fuel, Wikipedia.

23. Nuclear cross section, Wikipedia.

24. Uranium 235, Wikipedia.

25. Pressurized water reactor, Wikipedia.

26. Boiling water reactor, Wikipedia.

27. Fast-neutron reactor, Wikipedia.

28. SMR-Small modular reactor, Wikipedia.

29. Economics of nuclear power plants, Wikipedia.

30. ITER-International Thermoinuclear Experimental Reactor, Wikipedia.

31. Nuclear power in the United States, Wikipedia.

32. Nuclear power in United Kingdom, Wikipedia.

33. Sellafield, Wikipedia.

34. Nuclear power in France, Wikipedia.

35. Nuclear power in Japan, Wikipedia.

36. Nuclear power in China, Wikipedia.

37. Nuclear power in South Korea, Wikipedia.

38. OPR–1000, Wikipedia.

39. APR–1400, Wikipedia.

40. Hiroshima, Wikipedia.

41. Three Mile Island accident, Wikipedia.

42. Chernobyl disaster, Wikipedia.

43. RBMK, Wikipedia.

44. Sellafield, England, Wikipedia.

45. Fukushima Daiichi nuclear disaster, Wikipedia.

46. Discharge of radioactive water of the Fukushima Daiichi Nuclear Power Plant, Wikipedia.

47. List of commercial nuclear reactors, Wikipedia.

48. VVER(water–water energetic reactor), Wikipedia.

49. Westinghouse Electric Corporation, Wikipedia.

50. GE–General Electric, Wikipedia.

51. B&W–Babcock & Wilcox, Wikipedia.

52. Framatome, Wikipedia.

53. C–E: Combustion Engineering, Wikipedia.

54. Hitachi–GE nuclear energy, Wikipedia.

55. 고체역학연구실, 김천욱, 좋은 땅, 2017. 12.

56. 김천욱, 김세영, 원자로압력용기의 응력해석, 대한기계학회지, 제14권, 제3호, pp. 233-239, 1974.
57. 김천욱, 압력용기 노즐부의 응력해석, 대한기계학회지, 제16권, 제2호, pp. 210-217, 1976.
58. 침몰하는 원전-"필요한 전기 쓰지 못해 죽는 이 부지기수로 나올 것", 서민의 문파타파, 조선일보 주말의 시선-B9, 2012년 8월 14일.

저자 약력

김천욱(金天旭, Chon Wook Kim)
1936년 11월 17일생

[학력]

1955년 4월 1일	서울대학교 공과대학 기계공학과 입학
1959년 3월 28일	서울대학교 공과대학 기계공학과 졸업(공학사)
1963년 2월 26일	서울대학교 대학원 석사학위 수여(공학석사)
1972년 3월 18일	미국 University of Florida 공학박사수여(Ph.D.)

[경력]

1961년 4월 4일	육군기술연구소 연구원(4급10호)
1963년 3월 1일	연세대학교 이공대학 전임강사
1973년 3월 2일	문교부 교육정책심의회 전문위원
1973년 8월 30일	과학기술처 원자로시설안전심사위원회 위원
1977년 11월 28일	상공부 기계기술연구단 위원
1978년 2월 16일	동력자원부 열관리위원회 위원
1981년 11월 17일	교통부 자동차형식승인심의위원회 위원
1993년 1월 1일	대한기계학회 회장
1993년 5월 12일	한국공학교육학회 회장
2002년 3월 1일	연세대학교 공과대학 명예교수